住房和城乡建设部"十四五"规划教材
高等学校建筑电气与智能化专业推荐教材

建筑设备管理系统

巫春玲　刘盼芝　主　编
冯志文　李淮周　查　波　副主编
段晨东　主　审

中国建筑工业出版社

图书在版编目（CIP）数据

建筑设备管理系统 / 巫春玲，刘盼芝主编；冯志文等副主编. -- 北京：中国建筑工业出版社，2024.11.（住房和城乡建设部"十四五"规划教材）（高等学校建筑电气与智能化专业推荐教材）. -- ISBN 978-7-112-30419-6

Ⅰ. TU8

中国国家版本馆 CIP 数据核字第 20245PB074 号

本书依据《智能建筑设计标准》GB 50314—2015，系统介绍了建筑设备管理系统（BMS）的基本知识和各子系统监控内容以及设计和施工。全书共 10 章，其中第 1 章至第 3 章介绍 BMS 概述、技术基础中的感知与执行模块，第 4 章至第 8 章介绍 BMS 中各子系统监控内容以及设计、施工中的相关内容，第 9 章为建筑设备自动化系统的设计，第 10 章介绍典型工程案例。所编内容涵盖了《智能建筑设计标准》GB 50314—2015 的所有内容；所选典型工程实例具有工程实践性，可读性强。

本书聚焦落实立德树人根本任务、服务国家重大战略，旨在培养学生的品德、思想、价值观和社会意识等方面，以帮助学生形成良好的社会态度和行为习惯，为社会培养出更多的优秀人才。本书可作为建筑类本科院校、职业院校的建筑电气与智能化专业、电气工程及其自动化专业、建筑环境与能源应用工程专业以及其他相关专业的专业课教材，也可作为建筑设计院、建筑智能化公司、从事建筑、计算机、通信和自动控制等领域的技术人员和管理人员参考，并可作为与建筑设备自动化工程相关的技术人员的培训教材。

为了更好地支持相应课程的教学，我们向采用本书作为教材的教师提供课件，可直接扫封面二维码兑换查看，有需要下载者可与出版社联系。

建工书院：http：//edu.cabplink.com

邮箱：jckj@cabp.com.cn 电话：（010）58337285

QQ 群：739220747

责任编辑：胡欣蕊

责任校对：芦欣甜

住房和城乡建设部"十四五"规划教材
高等学校建筑电气与智能化专业推荐教材

建筑设备管理系统

巫春玲 刘盼芝 主 编
冯志文 李淮周 查 波 副主编
段晨东 主 审

*

中国建筑工业出版社出版、发行（北京海淀三里河路 9 号）
各地新华书店、建筑书店经销
北京红光制版公司制版
建工社（河北）印刷有限公司印刷

*

开本：787 毫米×1092 毫米 1/16 印张：20½ 插页：3 字数：518 千字
2024 年 12 月第一版 2024 年 12 月第一次印刷
定价：52.00 元（赠教师课件、含数字资源）
ISBN 978-7-112-30419-6
（43721）

版权所有 翻印必究
如有内容及印装质量问题，请与本社读者服务中心联系
电话：（010）58337283 QQ：2885381756
（地址：北京海淀三里河路 9 号中国建筑工业出版社 604 室 邮政编码：100037）

出 版 说 明

党和国家高度重视教材建设。2016 年，中办国办印发了《关于加强和改进新形势下大中小学教材建设的意见》，提出要健全国家教材制度。2019 年 12 月，教育部牵头制定了《普通高等学校教材管理办法》和《职业院校教材管理办法》，旨在全面加强党的领导，切实提高教材建设的科学化水平，打造精品教材。住房和城乡建设部历来重视土建类学科专业教材建设，从"九五"开始组织部级规划教材立项工作，经过近 30 年的不断建设，规划教材提升了住房和城乡建设行业教材质量和认可度，出版了一系列精品教材，有效促进了行业部门引导专业教育，推动了行业高质量发展。

为进一步加强高等教育、职业教育住房和城乡建设领域学科专业教材建设工作，提高住房和城乡建设行业人才培养质量，2020 年 12 月，住房和城乡建设部办公厅印发《关于申报高等教育职业教育住房和城乡建设领域学科专业"十四五"规划教材的通知》（建办人函〔2020〕656 号），开展了住房和城乡建设部"十四五"规划教材选题的申报工作。经过专家评审和部人事司审核，512 项选题列入住房和城乡建设领域学科专业"十四五"规划教材（简称规划教材）。2021 年 9 月，住房和城乡建设部印发了《高等教育职业教育住房和城乡建设领域学科专业"十四五"规划教材选题的通知》（建人函〔2021〕36 号）。以下简称为《通知》。为做好"十四五"规划教材的编写、审核、出版等工作，《通知》要求：(1) 规划教材的编著者应依据《住房和城乡建设领域学科专业"十四五"规划教材申请书》（简称《申请书》）中的立项目标、申报依据、工作安排及进度，按时编写出高质量的教材；(2) 规划教材编著者所在单位应履行《申请书》中的学校保证计划实施的主要条件，支持编著者按计划完成书稿编写工作；(3) 高等学校土建类专业课程教材与教学资源专家委员会、全国住房和城乡建设职业教育教学指导委员会、住房和城乡建设部中等职业教育专业指导委员会应做好规划教材的指导、协调和审稿等工作，保证编写质量；(4) 规划教材出版单位应积极配合，做好编辑、出版、发行等工作；(5) 规划教材封面和书脊应标注"住房和城乡建设部'十四五'规划教材"字样和统一标识；(6) 规划教材应在"十四五"期间完成出版，逾期不能完成的，不再作为《住房和城乡建设领域学科专业"十四五"规划教材》。

住房和城乡建设领域学科专业"十四五"规划教材的特点，一是重点以修订教育部、住房和城乡建设部"十二五""十三五"规划教材为主；二是严格按照专业标准规范要求编写，体现新发展理念；三是系列教材具有明显特点，满足不同层次和类型的学校专业教学要求；四是配备了数字资源，适应现代化教学的要求。规划教材的出版凝聚了作者、主审及编辑的心血，得到了有关院校、出版单位的大力支持，教材建设管理过程有严格保障。希望广大院校及各专业师生在选用、使用过程中，对规划教材的编写、出版质量进行反馈，以促进规划教材建设质量不断提高。

住房和城乡建设部"十四五"规划教材办公室
2021 年 11 月

前　言

本教材严格按照最新发布的国家标准《智能建筑设计标准》GB 50314—2015 的要求，对书中章节内容进行安排。建筑设备管理系统主要对建筑机电设备监控系统、绿色建筑能效监管系统以及需纳入管理的其他业务设施系统等进行集中监视和统筹科学管理，并与公共安全系统等其他智能化系统关联，构建科学有效的建筑设备综合管理模式。尤其是绿色建筑能效监管系统以及需纳入管理的其他业务设施系统两个章节的内容，是其他同类教材中所没有的。教材首先给出建筑设备管理系统概述。随后重点对建筑设备管理系统的技术基础、建筑设备管理系统中的感知与执行模块、建筑设备监控系统、智能照明控制系统、建筑能效监管系统以及需纳入管理的其他业务设施系统进行论述，最后给出建筑设备管理系统设计步骤及具体的典型工程案例。

建筑设备监控系统通过对建筑内机电设备进行监测和控制，确保各类设备系统运行稳定、安全和可靠，在创建智能热湿环境、智能光环境、智能气环境的同时，达到节能和环保的管理要求。智能照明控制系统是一个集多种照明控制方式、现代化数字控制技术和网络技术于一体的智能化控制系统，它的出现与发展，不仅为建筑提供了多种艺术效果，而且使照明控制和维护管理变得更为简单和便捷。绿色建筑能效监管系统对建筑内各用能设施的能耗信息予以采集、显示、分析、诊断、维护、控制及优化管理，通过资源整合形成具有实时性、全局性和系统性的能效综合管理系统。需纳入管理的其他业务设施系统重点讲述了绿色建筑可再生能源监管系统，该系统集可再生能源过程监控、能源调度、能源管理于一体，在确保能源调度的科学性、及时性和合理性的前提下，实现对太阳能、地热能等各种可再生能源利用系统进行监控与管理、统一调度，提高能源利用水平，实现提高整体能源利用效率的目的。

本书由长安大学能源与电气工程学院副教授巫春玲、长安大学能源与电气工程学院副教授刘盼芝共同担任主编，陕西省建筑设计研究院（集团）有限公司电气专业总工程师冯志文、郑州轻工业大学李淮周、中国建筑西北设计研究院智慧城市与建筑技术研究中心主任教授级高级工程师查波共同担任副主编，北京捷为智能化科技有限公司销售总监于明超和安科瑞电气股份有限公司董事长周中参与了本教材的编写。长安大学能源与电气工程学院教授段晨东担任主审。具体编写分工为：第1、5、6章和第7章的7.1~7.3节由巫春玲编写，第2、3、9、10章由刘盼芝编写，第8章由冯志文编写，第4章和第7章的7.4~7.7节由郑州轻工业大学李淮周老师编写，全书由巫春玲负责统稿。

本书在编写过程中，得到了安科瑞电气股份有限公司西北办事处总经理冯维刚以及中国建筑工业出版社编辑的大力支持与帮助，在此向他们表示衷心的感谢。

建筑设备管理系统所涉及的知识面很宽，而且不断涌现出新技术和新工艺，知识更新速度加快，因此书中不足之处在所难免，敬请广大读者批评指正。

目 录

第1章 建筑设备管理系统概述 ... 1
  1.1 智能建筑与建筑智能化系统 ... 1
  1.2 建筑设备管理系统概述 ... 4
  1.3 建筑设备管理系统的发展 ... 6
  复习思考题 ... 10

第2章 建筑设备管理系统的技术基础 ... 11
  2.1 计算机控制技术 ... 11
  2.2 通信技术 ... 22
  2.3 计算机通信网 ... 25
  2.4 建筑设备管理系统中的分布式控制系统 ... 29
  2.5 本章小结 ... 38
  复习思考题 ... 39

第3章 建筑设备管理系统中的感知与执行模块 ... 40
  3.1 传感器与变送器 ... 40
  3.2 控制器 ... 50
  3.3 执行器 ... 56
  3.4 调节阀的选择与计算 ... 61
  3.5 本章小结 ... 68
  复习思考题 ... 69

第4章 建筑设备监控系统 ... 70
  4.1 概述 ... 70
  4.2 冷热源系统监控 ... 74
  4.3 空气调节和通风系统监控 ... 82
  4.4 给水排水系统监控 ... 93
  4.5 供配电监控系统 ... 97
  4.6 照明系统监控 ... 107
  4.7 电梯及扶梯监控系统 ... 111
  4.8 电动窗、电动遮阳系统监控 ... 117
  4.9 电加热、电伴热监控 ... 123
  4.10 智能灌溉系统监控 ... 124
  4.11 雨水回收系统监测 ... 127
  复习思考题 ... 131

第5章 智能照明系统 ... 133
  5.1 智能照明系统简介 ... 133

  5.2 光源调光原理及控制信号 ·· 140
  5.3 智能照明系统的传感器 ·· 144
  5.4 智能照明控制系统的设计 ··· 146
  5.5 典型照明控制系统工程案例 ·· 162
  复习思考题 ··· 177

第6章 建筑能效监管系统 ·· 178
  6.1 概述 ·· 178
  6.2 能耗数据采集系统 ·· 188
  6.3 能耗数据传输系统 ·· 192
  6.4 能耗数据中心管理平台 ·· 193
  6.5 典型能源管理系统建设方案 ·· 196
  复习思考题 ··· 205

第7章 建筑可再生能源监管系统 ··· 206
  7.1 绿色建筑可再生能源监管系统概述 ································ 206
  7.2 太阳能热水系统及其监控 ··· 209
  7.3 太阳能供热供暖系统及其监控 ······································ 217
  7.4 太阳能供热制冷系统及其监控 ······································ 219
  7.5 太阳能光伏系统及其监控 ··· 225
  7.6 地热供暖系统及其监控 ·· 232
  7.7 地源热泵系统及其监控 ·· 236
  复习思考题 ··· 240

第8章 建筑设备管理系统的集成技术 ··································· 241
  8.1 系统集成基础知识 ·· 241
  8.2 系统集成体系结构 ·· 243
  8.3 系统集成的模式 ··· 245
  8.4 系统集成工程案例分析 ·· 250
  8.5 建筑设备管理系统集成设计 ·· 258
  8.6 三维可视化运维管理系统 ··· 262
  8.7 本章小结 ·· 272
  复习思考题 ··· 273

第9章 建筑设备自动化系统的设计 ······································ 274
  9.1 建筑设备自动化系统设计要素 ······································ 274
  9.2 建筑设备自动化系统设计步骤 ······································ 276
  9.3 建筑设备自动化系统设计文件的编制 ···························· 279
  9.4 本章小结 ·· 280
  复习思考题 ··· 280

第10章 典型工程案例 ··· 281
  10.1 深圳市某办公楼 BMS 监控系统 ·································· 281
  10.2 产业园地热供暖项目自控系统 ···································· 301

10.3 本章小结 ·· 314
复习思考题 ·· 315
参考文献 ·· 316

第 1 章 建筑设备管理系统概述

建筑设备管理系统（Building Management System，BMS）是一个概括性的专有名词。它用来泛指基于计算机的楼宇控制系统，从专用控制器、独立远程工作站，到包括中央计算机和打印机的大型系统。建筑设备管理系统是智能建筑系统的一个主要系统，是为实现绿色建筑的建设目标，而对建筑的机电设施及建筑物环境实施综合管理和优化功效的系统。随着智能建筑技术的发展，智能建筑的数量越来越多，建筑设备管理系统对智能建筑的有效运行和实现节能降耗起着至关重要的作用。

1.1 智能建筑与建筑智能化系统

1.1.1 智能建筑

智能建筑（Intelligent Building IB）是建筑技术与现代控制技术、计算机技术、信息与通信技术相结合的产物，随着科技水平的迅速发展，人们对信息、环保、节能、安全的观念和要求在不断地提高，对建筑的"智能"也提出了更高的期盼，因而智能建筑的内涵和定义也在不断地发展完善。

智能建筑的概念是由美国人提出来的。智能建筑一词，最早出现于 1984 年美国一家公司完成对美国康涅狄格州的哈特福德市的都市大厦（City Place）改建后的宣传词中。该大楼采用计算机技术对楼内的空调设备、照明设备、电梯设备、防火与防盗系统及供配电系统等实施监测、控制及自动化综合管理，并为大楼的用户提供语音、文字、数据等各类信息服务，实现了通信和办公自动化，使大楼客户在安全、舒适、方便、经济的办公环境中得以高效地工作，从此诞生了世人公认的第一座智能建筑。随后，日本、德国、英国、法国等国家的智能建筑相继发展。

我国智能建筑的建设起始于 1990 年建成的北京发展大厦，它被认为是我国智能建筑的雏形。北京发展大厦中装备了建筑设备自动化系统、通信网络系统、办公自动化系统，但 3 个系统未实现系统集成，不能进行统一控制与管理。1993 年建成的位于广州市的广东国际大厦除可提供舒适的办公与居住环境外，更主要的是它具有较完善的建筑智能化系统及高效的国际金融信息网络，通过卫星可直接接收美联社道琼斯公司的国际经济信息，被认为是我国首座智能化商务大厦。之后，智能建筑便如雨后春笋般在全国大城市陆续建成。

按照我国《智能建筑设计标准》GB 50314—2015 的定义，智能建筑是以建筑物为平台，基于对各类智能化信息的综合应用，集架构、系统、应用、管理及优化组合为一体，具有感知、传输、记忆、推理、判断和决策的综合智慧能力，形成以人、建筑、环境互为协调的整合体，为人们提供平安、高效、便利及可持续发展功能环境的建筑。

美国智能建筑学会的定义为：智能建筑是对建筑物的结构、系统、服务和管理这四个基本要素进行最优化组合，为用户提供一个高效率并具有经济效益的环境。经过十几年的发展，美国的智能建筑已经处于更高智能的发展阶段，进入"绿色建筑"的新境界。智能只是一种手段，通过对建筑物智能功能的配备，强调高效率、低能耗、低污染，在真正实现以人为本的前提下，达到节约能源、保护环境和可持续发展的目标。若离开了节能与环保，再"智能"的建筑也将无法存在，每栋建筑的功能必须与由此功能带给用户或业主的经济效益密切相关。在其定义下，智能的概念逐渐被淡化。

欧洲智能建筑集团定义为：智能建筑是能使其用户发挥最高效率，同时又以最低的保养成本、最有效地管理本身资源的建筑，并能提供一个反应快、效率高和有支持力的环境，以使用户达到其业务目标。

日本智能大楼研究会将智能建筑定义为：智能建筑提供商业支持功能、通信支持功能等在内的高度通信服务，并通过高度自动化的大楼管理体系，保证舒适的环境和安全，以提高工作效率。

新加坡政府的公共设施署对智能建筑的定义为：智能建筑必须具备三个条件：一是具有保安、消防与环境控制等自动化控制系统以及自动调节建筑内的温度、湿度、灯光等参数的各种设施，以创造舒适安全的环境；二是具有良好的通信网络设施，使数据能在建筑物内各区域之间进行流通；三是能够提供足够的对外通信设施与能力。

智能建筑是一个发展中的概念，智能建筑是为适应现代社会信息化与经济国际化的需要而兴起，随着现代计算机技术、现代通信技术和现代控制技术的发展和相互渗透而发展起来，并将继续发展下去的多学科、多种高新技术巧妙集成的产物。

1.1.2 建筑智能化系统

建筑智能化系统（Building Intelligent System，BIS）的组成，如图1-1所示，过去通常称为弱电系统，是指利用现代通信技术、信息技术、计算机网络技术和监控技术等，通过对建筑和建筑设备的自动检测与优化控制、信息资源的优化管理，实现对建筑物的智能控制与管理，以满足用户对建筑物的监控、管理和信息共享的需求，从而使智能建筑具有安全、舒适、高效和环保的特点，达到投资合理、适应信息社会需要的目标。智能化系统是智能建筑的必要条件，但不是充分条件。智能建筑是一个综合的系统化工程，建筑、结构、给水排水、供暖与通风、电气等部分构成有机整体，犹如人的身体，只有各个器官协调作业，才能表现为健康状态。智能建筑的"智能"，也就是要建筑像人一样，能"知冷知热"，自动调节空气、水、阳光照射等，创造节能、安全、健康和舒适的环境。

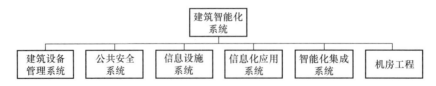

图1-1 建筑智能化系统的组成

依据《智能建筑设计标准》GB 50314—2015，建筑智能化系统由建筑设备管理系统（Building Management System，BMS）、公共安全系统（Public Security System，PSS）、信息设施系统（Information Facility System，IFS）、信息化应用系统（Information Application System，IAS）、智能化集成系统（Intelligent Integration System，IIS）与机房工程

(Engineering of Electronic Equipment Plant，EEEP）等系统组成，如图 1-1 所示。

1. 建筑设备管理系统（Building Management System，BMS）

建筑设备管理系统是为实现绿色建筑的建设目标，对建筑机电设施及建筑物环境实施综合管理和优化功效的系统，是建筑智能化系统工程营造建筑物运营条件的保障设施。主要功能有：

（1）具有建筑设备运行监控信息互为关联和共享的功能；

（2）具有对建筑设备能耗监测的功能；

（3）应具有节约资源、优化环境质量管理的功能；

（4）可与公共安全等其他系统关联构建建筑设备综合管理模式。

建筑设备管理系统主要包括建筑设备监控系统、建筑能效监管系统，以及需纳入管理的其他业务设施系统等。

2. 公共安全系统（Public Security System，PSS）

公共安全系统是为维护公共平安，运用现代科学技术，具有为应对危害社会平安的各类突发事件而构建的综合技术防范或平安保障体系综合功能的系统。其主要功能有：

（1）能有效应对建筑内火灾、非法侵入、自然灾害、重大安全事故等危害人民生命和财产安全的各种突发事件，建立应急及长效的技术防范保障体系。

（2）以人为本、主动防范、应急响应、严实可靠。

公共安全系统主要包括火灾自动报警系统、安全技术防范系统和应急响应系统等。

3. 信息设施系统（Information Facility System，IFS）

信息设施系统是为满足建筑物的应用与管理对信息通信的需求，将各类具有接收、交换、传输、处理、存储和显示等功能的信息系统整合，形成建筑物公共通信服务综合基础条件的系统。

信息设施系统主要包括信息接入系统、布线系统、移动通信室内信号覆盖系统、卫星通信系统、用户电话交换系统、无线对讲系统、信息网络系统、有线电视及卫星电视接收系统、公共广播系统、会议系统、信息导引及发布系统、时钟系统等。

4. 信息化应用系统（Information Application System，IAS）

信息化应用系统是指以信息设施系统和建筑设备管理系统等智能化系统为基础，为满足建筑物的各类专业化业务、规范化运营及管理的需要，由多种类信息设施、操作程序和相关应用设备等组合而成的系统。其主要功能有：

（1）提供快捷、有效的业务信息运行。

（2）具有完善的业务支持辅助的功能。

信息化应用系统主要包括公共服务、智能卡应用、物业管理、信息设施运行管理、信息安全管理、通用业务和专业业务等。

5. 智能化集成系统（Intelligent Integration System，IIS）

智能化集成系统是为实现建筑物的运营及管理目标，基于统一的信息平台，以多种类智能化信息集成方式，形成的具有信息汇聚、资源共享、协同运行、优化管理等综合应用功能的系统。其主要功能有：

（1）以实现绿色建筑为目标，满足建筑的业务功能、物业运营及管理模式的应用需求；

（2）采用智能化信息资源共享和协同运行的架构形式，具有实用、规范和高效的监管功能，并能适应信息化综合应用功能的延伸及增强。

6. 机房工程（Engineering of Electronic Equipment Plant，EEEP）

机房工程是为各智能化系统设备及装置等的安置或运行提供条件，确保各智能化系统安全、可靠和高效地运行与便于维护而实施的综合工程。

机房工程范围主要包括：信息中心设备机房、数字程控交换机系统设备机房、通信系统总配线设备机房、消防监控中心机房、安防监控中心机房、智能化系统设备总控室、通信接入系统设备机房、有线电视前端设备机房、弱电间（电信间）和应急指挥中心机房及其他智能化系统的设备机房。

机房工程内容主要包括机房配电及照明系统、机房空调、机房电源、防静电地板、防雷接地系统、机房环境监控系统和机房气体灭火系统等。

1.1.3 建筑智能化技术与绿色建筑

绿色建筑首先强调节约能源，不污染环境，保持生态平衡，体现可持续发展的战略思想，其目的是节能环保。建筑智能化技术是信息技术与建筑技术的有机结合，为人们提供一个安全的、便捷的和高效的建筑环境，同时实现建筑的健康和环保。在节能环保意识已成为世界性关注焦点的今天，建筑必须朝着生态、绿色的方向发展，而在发展过程中，绿色建筑的内涵也在逐渐丰富。

当前，建筑智能化技术和绿色建筑的有机结合已经成为未来建筑的发展方向，"绿色"是概念，"智能"是手段，合理应用智能化技术的绿色建筑，可大大提高绿色建筑的性能。例如，在绿色建筑中采用电动百叶窗和智能遮阳板，既可满足室内采光，又可防止太阳光的直接照射，增加室内空调的负荷，从而实现节能。又如，通过设备监控系统，对空调、给水排水设备和照明等设备的工作状态进行监控，根据其负荷的变化情况实现温度、流量和照度的自动调节，从而提高能源利用率。在绿色建筑中，应尽可能使用可再生能源，如果采用智能化控制技术，对地热能、太阳能等分布式能源进行优化利用，可使绿色建筑的能耗进一步降低。

1.2 建筑设备管理系统概述

建筑设备管理系统是智能建筑不可缺少的重要组成部分。该系统采用计算机、网络通信和自动控制技术，将建筑物或建筑群内的冷热源、供暖通风与空调、给水排水、供配电、照明、电梯等众多分散设备的运行、安全状况、能源使用状况及节能管理实行集中监视、管理和分散控制，以达到舒适、安全、可靠、经济、节能的目的，为用户提供良好的工作和生活环境，并使系统中的各个设备处于最佳化运行状态，从而保证系统运行的经济性和管理的智能化。

1.2.1 建筑设备管理系统（BMS）的组成

建筑设备管理系统是为实现绿色建筑的建设目标，对建筑设备监控系统、建筑能效监管系统以及需纳入管理的其他业务设施系统等实施优化功效的综合管理，并对相关的公共安全系统进行信息关联和功能共享的综合管理系统。建筑设备管理系统的组成结构如图1-2所示。

第 1 章　建筑设备管理系统概述

图 1-2　建筑设备管理系统的组成结构

1. 建筑设备监控系统（BAS）

建筑设备监控系统也叫建筑设备自动化系统（Building Automation System，BAS），主要是对建筑内的机电设备进行监测和控制的系统。

对建筑设备进行监控应符合以下规定：

（1）监控的设备范围主要包括冷热源、供暖通风和空气调节、给水排水、供配电、照明、电梯等，并应包括以自成控制体系方式纳入管理的专项设备监控系统等；

（2）采集的信息主要包括温度、湿度、流量、压力、压差、液位、照度、气体浓度、电量、冷热量等建筑设备运行状态信息；

（3）监控模式应与建筑设备的运行工艺相适应，并应满足对实时状况监控、管理方式及管理策略等进行优化的要求；

（4）应适应相关的管理需求，与公共平安系统信息关联；

（5）宜具有向建筑内相关集成系统提供建筑设备运行、维护管理状态等信息的条件。

2. 建筑能效监管系统

对建筑能效进行监管应符合以下规定：

（1）能耗监测的范围主要包括冷热源、供暖通风和空气调节、给水排水、供配电、照明、电梯等建筑设备，且计量数据应准确，并应符合国家现行有关标准的规定；

（2）能耗计量的分项及类别主要包括电量、水量、燃气量、集中供热耗热量、集中供冷耗冷量等使用状态信息；

（3）根据建筑物业管理的要求及基于对建筑设备运行能耗信息化监管的需求，应能对建筑的用能环节进行相应适度调控及供能配置适时调整；

（4）应通过对纳入能效监管系统的分项计量及监测数据的统计分析和处理，提升建筑设备协调运行和优化建筑综合性能。

3. 须纳入管理的其他业务设施系统

建筑设备管理系统对支撑绿色建筑成效应符合以下规定：

（1）基于建筑设备监控系统，对可再生能源实施有效利用和管理；

（2）以建筑能效监管系统为基础，确保在建筑全生命周期内对建筑设备运行具有辅助支撑的功能。

建筑设备管理系统还应满足建筑物整体管理需求，应纳入智能化集成系统。

1.2.2　系统的主要作用

1. 提高设备和服务的可靠性

系统运行和维护的目标是确保设备无故障地正常工作和保持高效运行。与对某个部件及时的定期维护所需的费用比较起来，故障部件的维修和替换所需的费用会更高。而且，某个设备的损坏可以造成系统所提供的服务中断，导致用户的不便和（或）业主额外的费用支出。

BMS可以实现不间断监测和提供预防性维护，它在保证系统正常运行方面做出了巨大的贡献。其中一个典型的例子是设备警报，当设备已达到预先设定的运行时间或者设备的性能降低到某个水平时，设备警报就会被触动。

2. 减少运行费用

建筑运营的一个主要成本来自供暖、空调和空间照明所需的能耗。BMS一个关键的功能是尽可能多地减少能耗。这方面典型的例子包括程序化的启停机、负载循环、设定值重设和制冷机优化。

当今，维护建筑及其设备的人力成本占建筑运营总成本的比例相当可观，这是由于人工成本的增加和现代建筑设备系统复杂度的增加造成的现象。BMS的使用可以减少人工成本，这对于降低每年运营建筑的成本是一个很大的贡献。

所有类型的建筑都可以装配某种节能系统以实现建筑节能。如果安装某个系统与节能相关，该系统被称为能源管理和控制系统（Energy Management and Control System，EMCS）或者建筑能源管理系统（Building Energy Management System，BEMS），而不是BMS。因此，一般来讲，EMCS或BEMS被认为是BMS的一部分。EMCS或BEMS可以被认为是对建筑能耗有显著贡献的建筑设备系统中的监测和控制系统。

3. 建筑管理

BMS给负责建筑管理的人员提供了最有成本效益的方法来管理建筑。这就意味着对建筑的状况和服务在所需的水平上提供全天候监测和维护。这也意味着对建筑功能形式的变化和空间使用的变化有能力做出快速和有效的反应。

4. 促进员工的生产力

BMS所提供的效益不是很直观，因此效益很难量化，其中包括由于改善环境条件而促使人员效率的增加。通过BMS，改善了维护人员精神面貌和工作满意度，他们可以花更多的时间去防止不良状况的发生和花更少的时间处理事故。这也是一项难以量化的效益。

5. 保护人身和设备安全

通信网络是BMS所固有的，它遍及整个建筑或建筑群。相同的通信系统可以连接到网络上工作，发送报警信号给操作人员，在冒烟、火灾、侵入等事件中，在可能对设备有损害的情形下提供安全服务。

另外，BMS还可以在其他的安全措施上提供协助。比如，它可以控制对它自己的访问权限，通过提供给建筑管理者授权的能力，对不同的人员给予不同的访问权限。BMS能通过在建筑中设置门禁卡装置帮助防止侵入事件发生，门禁卡装置可以安置在建筑中一些特殊的区域对其监控，并确保监察员按时坚守岗位。

1.3　建筑设备管理系统的发展

建筑设备管理系统的发展也就是BAS的发展。传统的建筑环境控制通常是通过气动装置或机电装置在机械设备上执行的。利用被广泛认同的直接数字控制（DDC）技术和备受欢迎的基于微处理器的系统,楼宇自动化系统取代了传统的控制系统,并作为主要控制系统应用于建筑系统。在现今的建筑市场里,越来越多的建筑服务系统甚至都有了内嵌的控制部件。这方面典型的例子有带有控制面板的制冷机和与控制部件集成在一起的变风量(VAV)末端。

BAS 总的发展历程和演变应该追溯到 20 世纪 40 年代早期。BAS 的发展阶段可以用楼宇自动化系统的各个阶段来重点归纳。

(1) 中央控制和监测面板;
(2) 基于计算机的中央控制和监测面板;
(3) 基于小型计算机并带有数据收集单元的 BAS;
(4) 基于微处理器并使用 LAN 的 BAS;
(5) 与互联网/内联网兼容的开放式 BAS。

1.3.1 前 BAS 阶段——中央控制和监测面板

"前 BAS 阶段"是因为根据 BAS 的定义,这个阶段的系统还不是真正的 BAS。多种不同的技术在这个阶段逐渐被引入进来。在基本层面上,中央控制和监测面板允许操作者读取传感器读数、启停状态或者重设系统,这些操作可以集中在一个中央地点统一操作,见图 1-3,而不需要人员穿梭于分布于建筑的每个角落的每个传感器间或开关间操作。很明显,与现代的 BAS 系统比较,这个阶段的传感器和开关的数量受到很大的限制。而现代的 BAS 可以包容成千上万个输入/输出点。

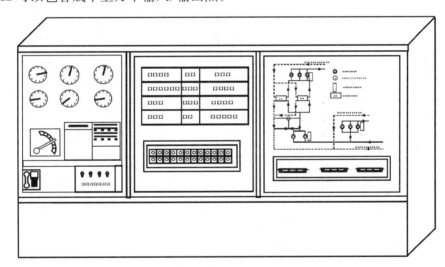

图 1-3 中央控制和监测面板

气动中央装置是通过使用气动式敏感变送器,允许本地指示信号和远程信号与接收机控制器通信来实现的,它是这个阶段该系统较早期的技术。其他被引入的技术包括信号放大技术,它允许空气信号通过一个安装在设备与其控制器间的多塑料管束维持信号恒定不变。因此,用在建筑中的本地控制面板的数量可以减少,并集中到一个主控中心。

电子传感器和模拟控制环路的引入使得硬连线中央控制中心成为可能。在使用电子技术的早期阶段,所面临的问题是电子信号在传输时需要过多的连线,因此安装费用太高。在 20 世纪 60 年代,机电多路系统的引入减少了连线数量,降低了安装成本和维护成本。

连线数量由原来上百个减少到每个多路器服务几十个。商业数字显示和登录系统在这个时候也实用化了,并允许对所选择的测量点进行自动记录。

1.3.2 第一代——基于计算机的中央控制和监测面板

在20世纪40年代现代计算机发明后,第一个基于计算机的楼宇自动化控制中心是在20世纪60年代被投入市场的。计算机被连接到远程多路器和控制面板,允许所有的信息、传感器和设备通过同轴电缆或双线数字传送器与之通信。它可以对系统所有点寻址,该能力能提供给操作者非常有用的信息。如图1-4所示的系统提供了可控设备的调度编程、模拟输出的自动重设、最高和最低报警极限和相关报告。

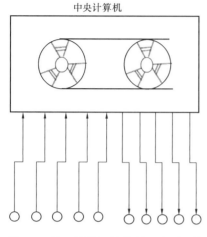

图1-4 基于计算机的控制和监测系统

第一代的系统非常昂贵,而且不容易操作。由于硬件的成本过高,硬盘容量非常小,程序通过一个磁带机人工录入,而且改变程序非常困难。这个阶段的BAS的可靠性差,因为整个系统是基于单个中央计算机建立的,并且有过多的连线。这一代基于计算的BAS没有被广泛应用,而且很快被升级为新一代的BAS。

1.3.3 第二代——基于小型计算机并带有数据收集单元的BAS

20世纪70年代,小型计算机、中央处理器(CPU)和可编程逻辑控制器(PLC)在楼宇自动化系统中的应用增长非常迅猛。新的应用软件包开始安装在基本的自动化系统中,并收取额外费用。能源管理的应用软件包,如负载循环、需求控制、优化启停、优化温度重设、昼夜控制和焓控制,都被引入进来了。

20世纪70年代,硬件成本开始大幅度降低。计算机开始在生产实践中得到使用,在一般的应用中也有尝试,并可以被普通使用者所拥有。与前一阶段的计算机系统比较起来,新系统的用户友好的特点更加突出,编写程序和建立新的数据库变得更加容易。键盘和其他硬件的使用提供了与楼宇自动化系统间更加方便的主要人机界面(HMI)。基于计算机的自动化系统所采集的数据和信息可以被打印到纸上或者显示在屏幕上。而且操作者与基于计算机系统的通信方法也开始起步了,这些通信方法至今还很受欢迎。然而,一些特定软件的成本开始增加,这是因为它们还不能用简单的方法来定制。在大多数情况下,做这种工作只能由一个被专门培训过的程序员来完成。

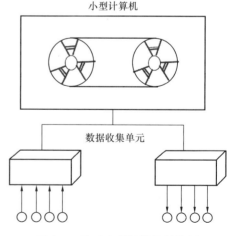

图1-5 基于小型计算机并使用数据收集面板的建筑管理系统

另一个重要的进步是使用数据收集单元(Data Gathering Unit),见图1-5。它可以把传感器所采集的数据和送给控制执行装置的控制信号通过很少的线路进行传输。这非常显著地降低了电缆负荷,并允许楼宇自动化系统装载更多数量的监测和控制点,这也是建筑工业实践所需要的。

1.3.4 第三代——基于微处理器并使用局域网的 BAS

微处理器和个人计算机(PC)的使用在工业控制领域掀起了一场革命,并导致了新一代 BAS 的诞生。微处理器和芯片的低廉价格是楼宇自动化与管理中新技术发展的根本原因。基于微处理器的分布式直接数字控制(DDC)的引入并被广泛采用是这一代 BAS 的主要特点。使用局域网(LAN)把基于微处理器的各个控制站集成在一起,勾画出了这个阶段 BAS 的系统架构,见图 1-6,这个架构甚至在今天仍然有效。

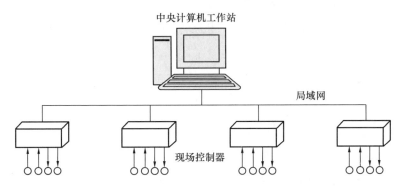

图 1-6 典型的基于微处理器并使用 LAN 的 BAS

用于存储数据和载入应用程序的硬盘的使用在应用 BAS 和 BAS 编程时提供了巨大的便利。更便利的编程环境或工具在这个阶段开始实用化。一般来讲,BAS 提供了中央监测和管理平台,它运行在计算机工作站上,而计算机工作站通过局域网直接和远程控制站连接起来。在这个阶段或之后阶段,BAS 的一个重要特征是使用了独立的但是集成了微处理器的控制站来分别控制各系统。这便允许了大多数控制决策在本地得到处理,致使 BAS 的可靠性显著增加,而管理和优化可以集中处理。

该阶段 BAS 的主要问题一方面是不同生产商的数据通信协议、信息格式和信息管理的不兼容性,而另一方面,更多的领域和功能要求不同生产商的系统共同使用并集成。这个问题的出现和复杂性是由于楼宇自动化系统还没有任何可被普遍接受的标准可遵守。

1.3.5 第四代——与互联网/内联网兼容的开放式 BAS

20 世纪 80 年代初,为发展和推动标准来解决楼宇自动化系统的兼容问题,人们在组织工作上付出了很多的努力。互联网的广泛使用对 BAS 工业领域的技术标准化产生了巨大的影响。直到 20 世纪 90 年代中期,开放式协议和标准技术开始在楼宇自动化工业中被广泛接受和采用。许多在互联网/内联网或计算机网络领域所使用的通信和软件技术被 BAS 工业直接采用。

当今的 BAS 的主要特点可以概括如下:开放和标准通信协议的使用使得不同生产商的楼宇自动化系统可以容易并且方便地集成起来。IP 协议和标准互联网/内联网技术的使用使得 BAS 被集成到企业计算机网络变得很方便。网络融合给建筑中的所有信息提供了一个统一的网络平台。BAS 集成与信息管理可以通过全球因特网基础网络来实现。

1.3.6 BAS 与计算机技术发展的比较

计算机和 BAS 技术的发展及其关联如图 1-7 所示。很明显,BAS 技术的演化是随着计算机技术的发展而进行的，这是因为 BAS 实际上就是计算机和信息技术在楼宇控制与管理上的应用。然而，在前三个阶段，尽管这些技术都是以计算机技术为先导的，楼宇自动化系统和计算机系统/网络之间有清晰的界限。第四代典型的 BAS 在通信协议和信息处理的方法层面与计算机网络实现兼容，在 BAS 与内联网间就不再有界限了。无论系统在数量或空间上有多大规模，系统间都可以方便地集成到一起。

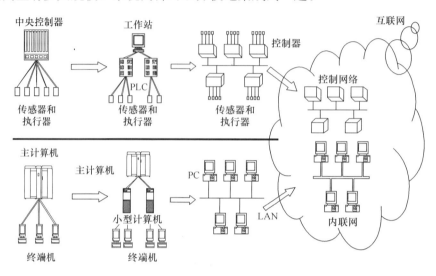

图 1-7　计算机和 BAS 技术的发展及其关联

复 习 思 考 题

1-1　什么是智能建筑？智能建筑的功能是什么？
1-2　简述智能建筑的组成及其核心技术。
1-3　简述建筑智能化系统的组成及结构。
1-4　什么是建筑管理系统？它包括哪些内容？有何特点？
1-5　建筑管理系统的作用是什么？
1-6　建筑设备管理系统的发展经历了哪几个阶段？
1-7　建筑设备管理系统的发展趋势是什么？

第 2 章 建筑设备管理系统的技术基础

智能建筑是现代通信技术（Communication）、现代计算机技术（Computer）和现代控制技术（Control）与现代建筑技术（Architecture）的结晶。它使得传统建筑跃变为能够提供安全、高效、舒适和便捷的建筑环境，将工作、生活在其中的人们带入了信息时代，提高了人们的工作效率和生活质量，实现了信息、资源、任务的共享和重组。

2.1 计算机控制技术

计算机控制技术是计算机技术和自动控制技术相结合的产物，是实现 BAS 的核心技术之一。计算机以其强大的运算、逻辑判断、信息存储等功能，能够完成基于模型的控制算法，实现最优控制，保证建筑设备运行处于最佳工况，使性能指标参数满足工艺要求，性能价格比高。因此，建筑设备只有采用计算机控制技术，才能实现安全、高效、舒适和便捷的建筑环境。

2.1.1 计算机控制系统的基本原理

计算机控制系统一般由计算机（微型计算机）、D/A 转换器、执行机构、被控对象、检测装置和 A/D 转换器组成，通常计算机内部设有相应的控制器算法。计算机控制系统是闭环负反馈系统，其基本框图如图 2-1 所示。

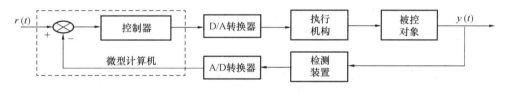

图 2-1 计算机控制系统基本框图

计算机控制系统的控制过程为：①数据采集。对被控参数实时检测并转化成标准信号输入到计算机。②控制。计算机对采集的数据信息进行分析、求偏差并按照已确定的控制算法进行运算，发出相应的控制指令，通过执行机构产生调节作用施加于被控对象。最终控制某些参数按照指定的规律变化，满足设计要求。同时对被控参数的变化范围和设备的运行状态实时监督，一旦发生越限或异常情况，进行声光报警，并迅速采取应急措施做出回应，防止事故的发生或扩大。

2.1.2 计算机控制系统的组成

微型计算机控制系统由微型计算机、接口电路、外部通用设备和工业生产对象等部分组成，本书主要以嵌入式系统为主，其典型结构框图如图 2-2 所示。

图 2-2 中，被测参数经传感器/变换器，转换成统一的标准信号，再经多路开关分时送到 A/D 转换器进行模拟/数字转换，转换后的数字量通过接口送入计算机，这就是模拟

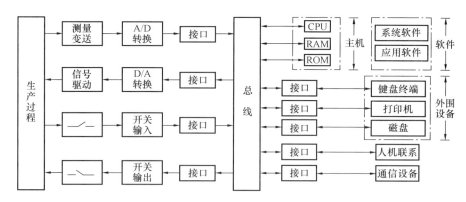

图 2-2 计算机控制系统典型结构框图

量输入通道。在计算机内部,用软件对采集的数据进行处理和计算,然后经模拟量输出通道输出。计算机输出的数字量通过 D/A 转换器转换成模拟量,再经过反多路开关与相应的执行机构相连,以便对被测参数进行控制。

下面介绍微型机控制系统的硬件结构和软件功能。

2.1.3 微型机控制系统的硬件结构

建筑设备自动化系统(BA 系统)的作用是实现建筑物设备的自动化运行。通过网络系统将分布在各监控现场的系统控制器连接起来,实现集中操作、管理和分散控制的综合自动化系统。BA 系统的目标就是对建筑物的各类设备进行全面有效的自动化监控,使建筑物有一个安全和舒适的环境,同时实现高效节能的要求,对特定事件做出适当反应。它的监控范围通常包括冷热源系统、空调系统、送排风系统、给水排水系统、变配电系统、照明系统和电梯系统等。

建筑设备自动化系统和一般的自动化系统一样,除了计算机以外,主要包括三个部分:测量机构、控制器、执行机构。

1. 测量机构

人们常常称它们为传感器,或者测量变送器,其作用就是把一些非电信号物理量转换为电信号,如压力、流量、成分、温度、pH、电流、电压和功率等。

例如压力的测量,常利用压敏或者变电容原理把液体或者气体的压力用导管引入到测压室内;随着压力的变化,测压室中间的不锈钢薄壁被挤压变形,使得两个金属室壁之间的电容发生变化;通过测量这个变化的电容,如振荡电路的频率变化,全臂电桥的输出电压变化。这样就建立了一个关联变化。

再如流量测量,也有很多方法,如涡街流量计、转子流量计、孔板流量计和电磁流量计等。以电磁流量计为例,该仪器一般用来测量带有导电物质的流体,如自来水等。它的原理是霍尔效应,在管壁两侧安装两个电极,形成电场,当流体以一定速度经过管道,其导电粒子被电场作用而按照正负极分别汇聚到两个电极上,从而出现了电压变化。按照霍尔原理,电荷的汇聚数量和运动速度有线性关系,那么电极电压变化和流体速度也有线性关系。

随着技术的进步,现在的测量技术又加进了总线技术。例如,一个成本几十元的单片机,加上一些感应元器件和通信线,可以制成感应一个房间的温湿度值,然后以 RS-485

总线方式传给上级计算机系统或控制器的智能测量机构。

2. 控制器

控制器是实现控制系统自动化、智能化的关键部件。最近 30 年，国内控制器的进步非常大。经历了从早期的动圈仪表到应用集成电路控制器、风行一时的 STD 工控机和智能仪表，再到集散控制系统（DCS）、组态软件控制系统和可编程序（PLC）控制系统，直到今天广泛应用的现场总线控制系统（FCS）这一过程。

FCS 系统完全改变了 DCS 系统传统的、笨重的大柜子形象。各种信号输入、输出已经无需大量导线，取代那一个个 DCS 大柜子的是不到 1kg 的 DDC 控制器，这些 DDC 控制器可以很方便地安装到最接近被控设备的地方。而传感器和执行机构可以用简单的总线连接在一起。在软件构成上，二次开发平台也越来越人性化，图形化开发已经成为主流。

现在的自动化控制技术给设计者或者使用者提供非常自由的结构，使用的连接线已经少到数根。目前，Wi-Fi 技术越来越发达，无线数据传输在控制系统中的使用越来越广泛。

3. 执行机构

控制系统接受了传感器的信号后，使用强大的运算功能对数据进行处理，最后需要对调节系统发出指令，对对象被控参数进行调节，执行这个调节任务的就是执行机构。执行机构是五花八门的，如调节加热功率的调功器、调整阀门开度的阀门执行器和调节风机转速的变频器等。执行机构按照控制器的要求，将调节相关通道的设备，动作到要求的位置，如晶闸管的导通角、阀门的开度、风机的转速。例如，给阀门执行机构一个 5V 的信号，那么阀门执行机构就会动作，带动阀门改变开度。同时，一个铁芯也被同步带动，改变了线圈的不平衡电压。一旦不平衡电压也达到 5V，那么电动机就停止动作，也就意味着阀门目前已经到达 5V 信号所对应的位置。

2.1.4 微型机控制系统的软件

对于微型机控制系统而言，除了上述硬件组成部分以外，软件也是必不可少的。所谓软件是指完成各种功能的计算机程序的总和，如操作、监控、管理、控制、计算和自诊断程序等。软件分系统软件和应用软件两大部分，它们是微型机系统的神经中枢，整个系统的动作都是在软件指挥下进行协调工作的。

按使用语言来分，软件可分为机器语言、汇编语言和高级语言；就其功能来分，软件可分为系统软件和应用软件。系统软件一般由计算机厂家提供，专门用来使用和管理计算机的程序。系统软件包括：①各种语言的汇编、解释和编译软件，如 8051 汇编语言程序，C51、C96、PL/M、Turbo C、BorlandC 和 MS-C 等；②监控管理程序、操作系统、调整程序及故障诊断程序等。这些软件一般不需要用户自己设计，对用户来讲，它们只作为开发应用软件的工具。

应用软件是面向生产过程的程序，如 A/D 或 D/A 转换程序、数据采样程序、数字滤波程序、标度变换程序、键盘处理程序、显示程序和过程控制程序（如 PID 运算程序、数字控制程序）等。应用软件大多由用户根据实际需要自行开发，目前也有一些专门用于控制的应用软件，如 EBTECH/CONTROL 和 ONSPEC 等。这些应用软件的特点是功能强，使用方便，组态灵活，可节省设计者大量时间，因而越来越受到用户的欢迎。

对于嵌入式系统，如中小型控制系统、专用控制系统及智能化仪器，主要使用汇编语言和高级语言，如 WAVE 和 C51 等。

2.1.5 计算机控制系统的基本控制算法

PID 控制算法：按照偏差信号的比例 P（Proportional）、积分 I（Integral）和微分 D（Derivative）进行控制的 PID 算法，以其形式简单、参数易于整定、便于操作而成为目前控制工程领域应用最为广泛、技术成熟的基本控制算法。特别是在工业过程控制中，由于控制对象的精确数学模型难以建立，系统的参数经常发生变化，运用控制理论分析综合要耗费很大代价，却不能得到预期的效果，所以人们往往采用 PID 调节器，根据经验进行在线整定，以便得到满意的控制效果。随着计算机特别是微机技术的发展，PID 控制算法已能用微机简单实现。由于软件系统的灵活性，PID 算法可以得到修正而更加完善。

在模拟控制系统中，PID 控制算法的表达式为：

$$u(t) = K_p \left[e(t) + \frac{1}{T_I} \int_0^t e(t) \mathrm{d}t + T_D \frac{\mathrm{d}e(t)}{\mathrm{d}t} \right] \quad (2\text{-}1)$$

式中　$u(t)$——控制器的输出信号；
　　　$e(t)$——控制器的输入偏差信号，$e(t) = r(t) - z(t)$；
　　　K_p——控制器的比例增益；
　　　T_I——控制器的积分时间常数；
　　　T_D——控制器的微分时间常数；
$r(t)$、$z(t)$——控制器的给定值、测量值。

模拟 PID 控制系统原理图如图 2-3 所示。

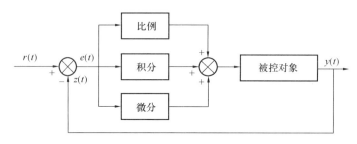

图 2-3　模拟 PID 控制系统原理

由于计算机是采样控制，它只能根据采样时刻点 kT 的偏差值来计算控制量。因此，在计算机控制系统中，必须对式（2-1）进行离散化处理。则可得离散的 PID 表达式为：

$$u(k) = K_p \left[e(k) + \frac{T}{T_I} \sum_{k=0}^n e(k) + T_D \frac{e(k) - e(k-1)}{T} \right] \quad (2\text{-}2)$$

式中　　T——采样周期，必须使 T 足够小，满足香农采样定理的要求，方能保证系统有一定的精度；
　　　　k——采样序号，$k=0, 1, 2, \cdots\cdots, n$；
　　　$e(k)$——第 k 次采样时刻输入的偏差值，$e(k) = r(k) - y(k)$；
$e(k-1)$——第 $(k-1)$ 次采样时刻输入的偏差值，$e(k-1) = r(k-1) - y(k-1)$；
　　　$u(k)$——第 k 次采样时刻的计算机输出值。

因为式（2-2）的输出值 $u(k)$ 与调节阀的开度位置一一对应，所以将该式通常称为位置型 PID 控制算式。位置型 PID 控制系统原理图如图 2-4 所示。

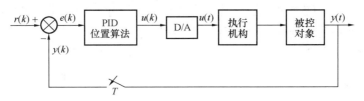

图 2-4　位置型 PID 控制系统原理图

2.1.6　微型计算机控制系统的分类

微型计算机控制系统与其所控制的生产对象密切相关。控制的对象不同，其控制系统也不同。下面根据微型机控制系统的工作特点分别进行介绍。

1. 操作指导控制系统

操作指导控制系统（Operating Indication System）是指计算机的输出不直接用来控制生产对象，而只对系统过程参数进行收集、加工处理，然后输出数据。操作人员根据这些数据进行必要的操作，其原理图如图 2-5 所示。

如图 2-5 所示，在这种系统中，每隔一定的时间计算机会进行一次采样，经 A/D 转换后送入计算机进行加工处理，然后再进行报警、打印或显示。操作人员根据此结果进行设定值的改变或必要的操作。

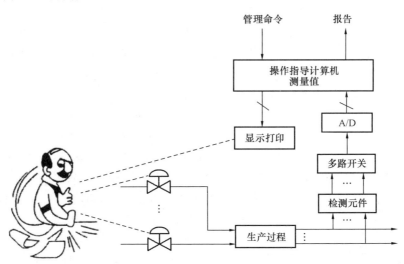

图 2-5　操作指导控制系统原理图

该系统最突出的特点是比较简单且安全可靠，特别是对于未摸清控制规律的系统来说更为适用。常常被用于计算机系统的初级阶段，或用于试验新的数学模型和调试新的控制程序等。它的缺点是仍要进行人工操作，所以操作速度不能太快，太快了人跟不上计算机的变化，而且不能同时操作几个回路。它相当于模拟仪表控制系统的手动与半自动工作状态。

2. 直接数字控制（DDC）系统

直接数字控制（Direct Digital Control，DDC）系统就是用一台微型计算机对多个被控参数进行巡回检测，使检测结果与设定值进行比较，再按 PID 规律或直接数字控制方法进行控制运算，然后输出到执行机构对生产过程进行控制，使被控参数稳定在给定值上。其系统原理如图 2-6 所示。

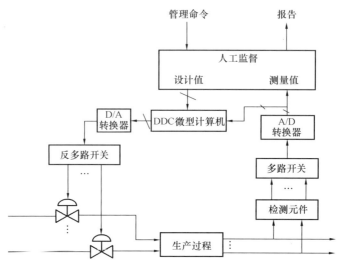

图 2-6　DDC 系统原理

由于微型计算机的速度快，所以一台微型计算机可代替多个模拟调节器，这是非常经济的。DDC 系统的另一个优点是功能强、灵活性大、可靠性高。因为计算机的计算能力强，所以用它可以实现各种比较复杂的控制，如串级控制、前馈控制、自动选择控制，以及大滞后控制等。正因为如此，DDC 系统得到了广泛的应用。

3. 计算机监督（SCC）系统

计算机监督（Supervisory Computer Control）系统简称 SCC 系统。在 DDC 系统中，是用计算机代替模拟调节器进行控制的，而在计算机监督系统中，则由计算机按照描述生产过程的数学模型，计算出最佳给定值送给 DDC 计算机，最后由 DDC 计算机控制生产过程，从而使生产过程处于最优工作状态。

SCC 系统较 DDC 系统更接近生产变化的实际情况。它不仅可以进行给定值控制，同时还可以进行顺序控制、最优控制，以及自适应控制等，它是操作指导和 DDC 系统的综合与发展。SCC 系统就其结构来讲有两种。一种是 SCC＋模拟调节器，另一种是 SCC＋DDC 系统。现在，主要应用的是 SCC＋DDC 系统。SCC＋DDC 系统的工作原理如图 2-7 所示。

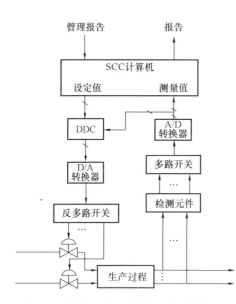

图 2-7　SCC＋DDC 系统的工作原理

该系统为两级计算机控制系统。一级为监督级 SCC，一级为直接数字控制级 DDC。SCC 监督计算机的作用是收集检测信号及管理命令，然后按照一定的数学模型计算后，输出给定值到 DDC。这样，系统就可以根据生产工况的变化，不断地改变给定值，以达到实现最优控制的目的。直接数字控制器（DDC）用来把给定值与测量值（数字量）进行比较，进而由 DDC 进行数字控制计算，然后经 D/A 转换器和反多路开关分别控制各个执行机构进行调节。

总之，一方面 SCC+DDC 系统比 DDC 系统有着更大的优越性，更接近生产的实际情况。另一方面，当系统中的 DDC 控制器出了故障时，可用 SCC 系统代替调节器进行调节，这样就大大提高了系统的可靠性。但是，由于生产过程的复杂性，其数学模型的建立是比较困难的，所以此系统实现起来难度较大。

4. 嵌入式系统（EMS）

嵌入式系统（Embedded System）一般指非 PC 系统，有计算机功能但又不称之为计算机的设备或器材。它包括硬件和软件两部分，嵌入式系统的硬件部分，包括处理器/微处理器、存储器及外设器件和 I/O 端口、图形控制器等。嵌入式系统有别于一般的计算机处理系统，它不具备像硬盘那样大容量的存储介质，而大多数使用 EPROM、EEPROM 或闪存（Flash Memory）作为存储介质；嵌入式系统的软件部分包括操作系统软件（具备实时和多任务操作）和应用程序。应用程序控制着系统的运作和行为，而操作系统控制着应用程序编程与硬件的交互作用。简单地说，嵌入式系统集系统的应用软件与硬件于一体，类似于 PC 中 BIOS 的工作方式，具有软件代码少、高度自动化和响应速度快等特点，特别适合要求实时和多任务的体系。它是可独立工作的"器件"。

嵌入式系统的核心是嵌入式微处理器。目前据不完全统计，全世界嵌入式处理器的品种总量已经超过 1000 种，流行体系结构有三十几个系列，其中属于 8051 体系的占有多半。生产 8051 单片机的半导体厂家有 20 多个，共有 350 多种生产品，仅 PHILIPS 就有近 100 种。现在几乎每个半导体制造商都生产嵌入式处理器，越来越多的公司有自己的处理器设计部门。嵌入式处理器的寻址空间一般从 64KB 到 16MB，处理速度从 0.1 MIPS 到 2000MIPS，常用封装从 8 个引脚到 144 个引脚。

5. 物联网系统（ITS）

物联网系统（Internet of Things System，ITS）的出现被称为第三次信息革命。该系统通过射频自动识别（RFID）、红外感应器、全球定位系统（GPS）、激光扫描器、环境传感器、图像感知器等信息设备，按约定的协议，把各种物品与互联网连接起来，进行信息交换和通信，以实现智能化识别、定位、跟踪、监控和管理。实际上它也是一种微型计算机控制系统，只不过更加庞大而已。

物联网组成原理框图如图 2-8 所示。

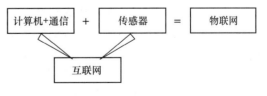

图 2-8 物联网组成原理框图

由图 2-8 可以看出，物联网=互联网+传感器。而传感器与微型计算机的接口正是微型计算机控制技术所研究的范畴。物联网把新一代 IT 技术充分运用于各行各业中，具体地说，就是把感应器嵌入和装备到电网、铁路、桥梁、隧道、公路、建筑、供水系统、大坝、油气管道等中。然后将"物联网"与现有的互联网联通起来，实现人类社会与物理系统的整合。在这个整合的网络当中，存在能力超级强大的中心计算机，能够对整合网络内的人员、机器、设备和基础设施实施实时的管理和控制。作为互联网的扩展，物联网具备互联网的特性，但也具有互联网当前所不具有的特征。

"物联网"概念的问世，打破了之前的传统思维。传统的思路一直是将物理基础设施和IT基础设施分开：一方面是机场、公路、建筑物；而另一方面是数据中心、个人计算机、宽带等。"物联网"时代把钢筋混凝土、电缆与芯片、宽带整合为统一的基础设施，在此意义上，基础设施更像是一块新的地球工地，世界的运转就在它上面进行。其中包括经济管理、生产运行、社会管理乃至个人生活。在此基础上，人类可以以更加精细和动态的方式管理生产和生活，达到"智"的状态，提高资源利用率和生产力水平，改善人与自然间的关系。物联网结构图如图2-9所示。

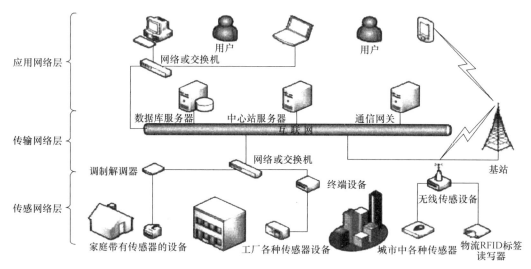

图 2-9　物联网结构图

物联网结构分为3层，自下而上分别是传感网络层、传输网络层和应用网络层。传感网络层实现物联网全面感知的核心能力，是物联网中关键技术、标准化、产业化方面亟须突破的部分，其核心能力关键在于具备更精确、更全面的感知能力，并解决低功耗、小型化和低成本问题。传输网络层主要以广泛覆盖的移动通信网络作为基础设施，是物联网中标准化程度最高、产业化能力最强、最成熟的部分，传输网络层关键在于对物联网应用特征进行优化改造，形成系统感知的网络。应用网络层提供丰富的应用，将物联网技术与行业信息化需求相结合，实现广泛智能化的应用解决方案，应用网络层关键在于行业融合、信息资源的开发利用、低成本高质量的解决方案、信息安全的保障及有效商业模式的开发。

6. 现场总线控制系统（Field-bus Control System，FCS）

现场总线控制系统（FCS）是分布控制系统（DCS）的更新换代产品，并且已经成为工业生产过程自动化领域中一个新的热点。现场总线控制系统（FCS）与传统的分布控制系统（DCS）相比，有以下特点。

（1）数字化的信息传输

无论是现场底层传感器、执行器、控制器之间的信号传输，还是与上层工作站及高速网之间的信息交换,系统全部使用数字信号。在网络通信中,采用了许多防止碰撞,检查纠错的技术措施,实现了高速、双向、多变量、多地点之间的可靠通信;与传统的 DCS 中底层到控制站之间 4～20mA 模拟信号传输相比,它在通信质量和连线方式上都有重大突破。

(2) 分散的系统结构

这种结构废除了传统的 DCS 中采用的"操作站—控制站—现场仪表"3 层主从结构的模式,把输入/输出单元、控制站的功能分散到智能型现场仪表中去。每个现场仪表作为一个智能节点,都带 CPU 单元,可分别独立完成测量、校正、调节和诊断等功能,靠网络协议把它们连接在一起统筹工作。任何一个节点出现故障只影响本身而不会危及全局,这种彻底的分散型控制体系使系统更加可靠。

(3) 方便的互操作性

FCS 特别强调"互联"和"互操作性"。也就是说,不同厂商的 FCS 产品可以异构,但组成统一的系统后,便可以相互操作,统一组态,打破了传统 DCS 产品互不兼容的缺点,方便了用户。

(4) 开放的互联网络

FCS 技术及标准是全开放式的。从总线标准、产品检验到信息发布都是公开的,面向所有的产品制造商和用户。通信网络可以和其他系统网络或高速网络相连接,用户可共享网络资源。

(5) 多种传输媒介和拓扑结构

FCS 由于采用数字通信方式,因此可采用多种传输介质进行通信,即根据控制系统中节点的空间分布情况,采用多种网络拓扑结构。这种传输介质和网络拓扑结构的多样性给自动化系统的施工带来了极大的方便。

FCS 的出现使传统的自动控制系统产生革命性的变革。它改变了传统的信息交换方式、信号制式和系统结构,改变了传统的自动化仪表功能概念和结构形式,也改变了系统的设计和调试方法。现场总线控制系统结构如图 2-10 所示。

现场总线的节点设备称为现场设备或现场仪表,节点设备的名称及功能随所应用的企业而定。用于过程自动化构成 FCS 的基本设备如下。

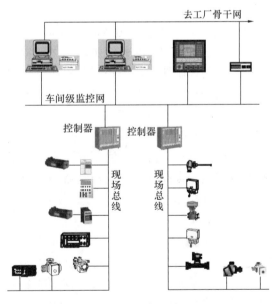

图 2-10 现场总线控制系统结构图

1) 变送器。常用的变送器有温度、压力、流量、液位等类型,每类又有多个品种。变送器既有检测、变换和补偿功能,又有 PID 控制和运算功能。

2) 执行器。常用的执行器有电动、气动两大类,每类又有多个品种。执行器的基本功能是信号驱动和执行,还内含调节阀输出特性补偿、PID 控制和运算等功能,另外还有阀门特性自校验和自诊断功能。

3）服务器和网桥。服务器和网桥下接节点，上接局域网（Local Area Network，LAN）。

4）辅助设备。信号转换器、安全栅、总线电源和便携式编程器等。

5）监控设备。工程师站提供现场总线组态，操作员站提供工艺操作与监视，计算机站用于优化控制和建模。

FCS的核心是现场总线。现场总线技术是20世纪90年代兴起的一种先进的工业控制技术，它将当今网络通信与管理的观念引入工业控制领域。从本质上说，它是一种数字通信协议，是连接智能现场设备和自动化系统的数字式、全分散、双向传输、多分支结构的通信网络。它是控制技术、仪表工业技术和计算机网络技术三者的结合，具有现场通信网络、现场设备互联、互操作性、分散的功能块、通信线供电和开放式的互联网络等技术特点。

国际上较为流行的现场总线主要有：BACnet总线；基金会总线、LonWorks总线、Profibus总线、CAN总线、Hart总线、EIB总线。现场总线具有高可靠性、系统稳定性好、抗干扰能力强、通信速率快、系统安全符合环境保护要求、造价低廉和系统维护成本低等特点。现场总线控制系统利用现场总线技术，构成了一个开放式、全分布式、可扩展的网络控制系统。其控制过程直接面向现场，现场各智能节点相互独立，又可相互组态。接下来介绍几种常见的现场总线：

① BACnet总线

BACnet（Building Automation and Control networks的简称），即楼宇自动化与控制网络，是用于智能建筑的通信协议。一般楼宇自控设备从功能上讲分为两部分：一部分专门处理设备的控制功能；另一部分专门处理设备的数据通信功能。而BACnet就是要建立一种统一的数据通信标准，使得设备可以互操作。BACnet协议只是规定了设备之间通信的规则，并不涉及实现细节。

BACnet标准的诞生，结束了楼宇自动化领域众多厂家各自为政的局面。作为一种标准开放式的数据通信协议，使不同厂家的楼宇设备能够实现互操作，各厂家按照这一协议标准开发与楼宇自控网兼容的控制器与接口，达到不同厂家生产的控制器都可以相互交换数据，实现互操作性。

② CAN总线

CAN是控制局域网络（Controller Area Network）的英文缩写，最早由德国博世公司推出，用于汽车内部测量与执行机构间的数据通信。CAN总线协议是建立在OSI模型基础上的，不过其协议只包括3层：OSI模型中物理层、数据链路层和应用层。其信号传输介质为双绞线，通信速率最高可达1Mb/s；在最高传输速率下传输长度为40m，而直接传输距离最远可达10km（在传送速率为5kb/s的条件下）。CAN总线上可挂接设备的数量最多为110个，具有较强的抗干扰能力。

CAN总线得到了英特尔、飞利浦、摩托罗拉、西门子、日本电气等公司的支持，这些公司生产了大量的CAN总线通信控制器产品。

③ Profibus总线

Profibus是德国国家标准DIN 19245和欧洲标准prEN50170的现场总线标准。该项技术是由西门子公司为主的十几家德国公司、研究所共同推出的。它采用了 OSI 模型的物理层、数据链路层。由 Profibus-DP、Profibus-FMS、Profibus-PA 组成了 Profbus 系列。

DP 型用于分散外设间的高速传输，适合于加工自动化领域的应用；FMS 意为现场信息规范，适用于纺织、楼宇自动化、可编程控制器、低压开关等一般自动化领域；而 PA 型则是用于过程自动化的总线类型，它遵从 IEC 61158—2[①] 标准。

Porfibus 支持主-从系统、纯主站系统、多主多从混合系统等几种传输方式。主站具有对总线的控制权，可主动发送信息。对多主站系统来说，主站之间采用令牌方式传递信息，得到令牌的站点可在一个事先规定的时间内拥有总线控制权，事先规定好令牌在各主站中循环一周的最长时间。按 Profibus 的通信规范，令牌在主站之间按地址编号顺序，沿上行方向进行传递。主站在得到控制权时，可以按主-从方式，向从站发送或索取信息，实现点对点通信。主站可采取对所有站点广播（不要求应答），或有选择地向一组站点广播。

Profibus 总线的传输速率为 96kb/s～12Mb/s，最大传输距离在 12Mb/s 时为 100m，1.5Mb/s 时为 400m，在 12kb/s 时为 1000m，可用中继器延长至 10km。其传输介质可以是双绞线，也可以是光缆，最多可挂接 127 个站点。

④ 基金会总线

基金会现场总线（Foundation Fieldbus，FF）是在过程自动化领域得到广泛支持和具有良好发展前景的技术。以美国 Fisher-Rousemount 公司为首，联合 Foxboro、横河、ABB、西门子等 80 家公司制定了 ISP；以 Honeywell 公司为首、联合欧洲等地的 150 家公司制订了 WorldFIP。1994 年 9 月，制定上述两种协议的多家公司成立了现场总线基金会（FF），致力于开发出国际上统一的现场总线协议。它以 ISO/OSI 开放系统互连模型为基础，取其物理层、数据链路层、应用层为 FF 通信模型的相应层次，并在应用层上增加了用户层。

⑤ LonWorks 总线

LonWorks 是美国埃施朗公司 1992 年推出的局部操作网络，具有现场总线的一切特点，主要应用于楼宇自动化领域。LonWorks 是用于开发监控系统的一个完整技术平台，包括监控网络设计、开发、安装和调试等一整套方法。目前，已被数千家控制工程公司采用，楼宇自控行业中的巨头们已经加入到这个行列之中，正在生产和开发基于 LonWorks 通信技术的产品。现在已经有一千多家公司推出了产品，如霍尼韦尔公司的 EBI 系统、西门子公司的 APOGEE 系统、江森公司的 METASYS 系统等。

LonWorks 网络可以采用多种通信媒体，如双绞线、电力线、同轴电缆、光缆、无线电、红外线，并且提供与上述多种媒体相适应的收发器。这使得同一网络中的信号可以在不同的媒体之间传输，因而可以根据需要组网，不同媒体之间以路由器进行连接。美国埃施朗公司采用扩频传送技术，成功地实现了数百米到数千米距离内的可靠通信，传输速率达 10kb/s。

⑥ 485 总线

EIA-485（过去叫作 RS-485 或者 RS485）是隶属于 OSI 模型物理层的电气特性规定为 2 线、半双工、平衡传输线多点通信的标准。是由电信行业协会（TIA）及电子工业联盟

---

① Industrial communication networks-Fieldbus specifications-Part 2: Physical layer specification and service definition for Fieldbus.

（EIA）联合发布的标准。实现此标准的数字通信网可以在有电子噪声的环境下进行长距离有效率的通信。在线性多点总线的配置下，可以在一个网络上有多个接收器。因此适用在工业环境中。

2.2 通 信 技 术

计算机通信是在20世纪60年代初迅速发展起来的一种新的通信技术，它是面向计算机和数据终端的一种现代通信方式，可以实现计算机与计算机、人（通过终端）与计算机之间数据信息的生成、存储、处理、传递和交换。从计算机应用的广泛与深入的角度出发，要求处于不同地理位置的计算机系统之间能够交换信息、共享资源，以至协同工作，更好地完成给定的任务，这就意味着计算机系统之间需要建立通信。而从通信技术发展的角度来看，需要利用计算机灵活高速的信息处理能力和存储记忆能力，促使通信方式由模拟通信向数字通信乃至数据通信转化，以提高通信系统的综合性能，改善通信系统的服务质量。由此可见，计算机通信的出现与发展是通信与计算机密切结合，相互需要的结果，也是电子技术领域中一个必然的发展趋势。

2.2.1 计算机通信与数据通信、数字通信

广义地讲，数据通信是指两个数据终端之间的通信。计算机属于智能化程度较高的数据终端，因此计算机通信应归于数据通信的范畴。由于计算机是目前应用最普遍的数据终端，有很多人又将数据通信和计算机通信等同起来，因此，在许多地方数据通信和计算机通信几乎成了同义词。在实际中，人们往往把数据通信看成广义的计算机通信，即它的发送接收设备除了计算机外，也包括其他数字终端设备和数据装备。狭义地讲，数据通信仅指计算机通信中的通信子网的具体实现，它完成通信协议子层的功能，主要解决两个数据终端之间的通信传输问题，而计算机通信着重于数据信息的交互，即更侧重于计算机内部进程之间的通信。

数字通信是相对模拟通信来说的，是用数字信号作为载体来传输信息，或用数字信号对载波进行数字调制后再传输的通信方式。这些数字信号既可以表示成数据信息，也可以代表经过数字化处理的话音和图像信息等，主要解决模拟信号的数字化传输问题。一般来说，数字通信并不针对某种用户业务，因而就不涉及用户终端。计算机通信主要是针对数据业务的，是以传输和交换数据为业务的通信方式。由于计算机通信两端的设备是计算机或数字终端，产生的信号本身就是数字形式，所以它不需要像数字通信系统那样，对信息源进行数字化处理。从某种意义上讲，计算机通信可看成是数字通信的特例，它除了具有数字通信的一切优点外，还具有数据信息传输效率高、每次呼叫平均持续时间短、适应多媒体通信、提供新型的综合业务等特点。但是，计算机通信系统对数据传输的可靠性要求高，并且为适应各类用户的需要，必须具备足够灵活的通信接口。

2.2.2 计算机通信的基本特点

计算机通信主要是"人（通过终端）-机（计算机）"通信或者是"机-机"通信。它以数据传输为基础，但又不是单纯的数据传输。它包括数据传输和数据交换，以及在传输前后的数据处理过程。计算机通信本身是数字通信的特例，它具有数字通信的一切优点。例如：抗干扰能力强、无噪声积累、便于加密、设备易于集成化和微型化。而与传统的电话

通信相比，计算机通信还具有以下基本特点。

1. 必须遵循严格的传输控制规程和协议

传统的电话通信是人与人之间的通信，这种通信必须有人直接参加，摘机拨号，接通线路，双方都确认后才开始通话，在通话过程中有听不清楚的地方还可要求对方再讲一遍等。而计算机通信是人-机或机-机的通信，计算机不具有人脑的思维和应变能力，就必须对传输过程按一定的规范进行控制，以便使双方能协调可靠地工作，包括通信线路的连接，收发双方的同步，工作方式的选择，传输差错的检测与校正，数据流的控制，数据交换过程中可能出现的异常情况的检测和恢复，这些都是按双方事先约定的传输控制规程和协议来完成的，而电话通信则没有这么复杂。

2. 数据传输可靠性要求高

在计算机通信中，由于信道的不理想和噪声的影响，可能使数据信号产生差错，只要在传输过程中出现码组内 1bit 的差错，在接收端就有可能被处理成完全不同甚至相反的含义。特别是对军事或银行业务系统，这些差错可能会引起严重后果。因此必须设法控制传输中的差错，一般而言，计算机通信的比特差错率必须控制在 10^{-8} 以下，以提高传输质量。而电话通信中，由于信息的最终接收器官是人的耳朵，耳朵对声音信号微小区别的区分能力是有限的，所以电话通信中对可靠性的要求相对就低，比特差错率可高到 10^{-2}。

3. 每次呼叫平均持续时间短，要求接续和传输响应时间快

据资料统计，大约 25% 的数据通信持续时间在 1s 以下，大约 50% 的数据通信持续时间为 5s 以下，而电话通信的平均持续时间为 3~5min。此外，计算机通信的呼叫建立时间要求小于 1.5s，而电话通信呼叫建立时间较长，一般需 15s 左右。

4. 实时性要求低

电话通信中要求主、被叫都要摘机，主叫和被叫间的通话与两人面对面谈话在时延上根本没有差别，实时性非常高。而计算机通信中有些信息的传递（例如 Email）并不要求是实时的，也不要求信宿必须同时开机，可将信息暂存在服务器或其他存储单元中，在信宿需要时再接收。当然，随着计算机技术和通信技术的发展，计算机网络承担实时性要求高的业务的能力也越来越强（例如 IP 电话）。

5. 适应多媒体通信

语音、文字、数值、图形和图像等多媒体信息都可以用二值信号来传输和再现，也就是说，计算机通信与多媒体通信本质上是一致的；另外，对于数据传输与交换过程中的监控和管理，也是采用计算机处理的二值信号。因此，计算机通信系统不但可以实现多媒体通信，而且可以对多媒体通信的网络和业务进行监控和管理，发展成统一的综合业务数字通信网。

6. 必须具备足够灵活的通信接口

计算机通信的用户主要是各类计算机系统，它们在数据的传输方式、传输代码、通信方式、通信控制以及操作系统等方面存在很大的差别，因此必须具备足够灵活的通信接口，以利于适应各类用户的需要。

2.2.3 计算机通信系统的模型

从概念上讲，把计算机作信源或信宿的通信系统称为计算机通信系统。由于计算机通信系统所传送的消息是数字（如计算机数据、开关状态）、汉字、英文字母等及其组合形

式，所以不论用何种形式的信号来传送这类消息的通信方式都叫作"数据通信"。如今所谓的"数据通信"，更多地是指对计算机数据的通信，即通过计算机与通信线路相结合，完成对计算机或终端数据的传输、交换、存储和处理任务。由于计算机通信需求、通信手段、通信技术以及使用条件的多样化，计算机通信系统的组成也是多种多样的。图2-11给出了一种比较简单的计算机数据通信系统模型。

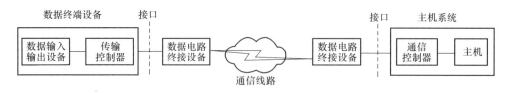

图2-11 计算机通信系统模型

在该模型中，如果数据终端设备就是计算机，则构成了"计算机-计算机"通信系统，如果数据终端设备除了计算机外，还包括其他类型的数字终端设备和数据装置，则构成了"终端-计算机"通信系统。前者直接组成了计算机通信系统，而后者是计算机数据通信系统。由于它们都是把信息源产生的数据，通过模拟传输信道或者数字传输信道，按照一定的通信协议，形成数据流传送到信宿，并且它们都不是单纯的数据传输，而是包括数据传输和数据交换，以及在传输前后的数据处理过程，所以数据通信实际上就是广义的计算机通信。

在图2-11模型中看到，一个典型的计算机通信系统包括：数据终端设备、主机系统、数据电路终接设备、接口和通信线路等。数据终端设备（DTE）由数据输入设备（如键盘、鼠标和扫描仪等）、数据输出设备（如显示器、打印机和传真机等）和传输控制器组成。通信控制器主要执行通信网络中的通信控制，包括对数据进行差错控制和实施通信协议等。为了实现这些功能，主机系统通常由主机和通信控制器组成。

主机主要完成数据处理任务。通信控制器也称前置处理机，是主计算机与各条通信线路之间的"桥梁"，通信控制器具有完成主机与终端之间的线路控制、差错控制、传输控制、报文处理、接口控制、速率变换和多路控制等功能，以减轻主机的负担。

数据电路终接设备（DCE），如调制解调器，它的基本作用就是完成数据终端与传输信道之间的信号变换和编码、低速线路和高速线路的速率匹配、传输的同步等功能。显然对于不同的通信线路，所采用的数据电路终接设备具体也不同。

接口是数据终端设备和数据电路终接设备之间的公共界面。接口标准由机械特性、电气特性、功能特性和规程特性等技术条件规定。

通信线路指使用的电、磁或光信号的传输介质，它是两点间传播信号的通路。通信线路可以有专用线路和交换线路，有时为了提高线路利用率，在若干个终端密集的地区插入集中器。

另外，为了保证通信双方之间的通信，要求双方必须遵守一系列规则和约定，通常称这些规则为通信规程或协议。例如，怎样进行差错控制，怎样完成数据传送、交换控制的定时、格式和顺序，以及怎样解决不同数据设备之间字符编码、数据格式的转换等。在通信控制设备或计算机中用于实现这种协议或规程的程序，统称为"通信软件"。

在计算机通信系统中，不管信源和信宿是终端还是计算机，它们之间的所谓"通信"

是通信双方内部的命令程序或应用程序之间的相互通信，从本质上讲，文件传递过程实现了计算机进程之间的通信。也就是说，通信双方是分布在各个计算机内正在执行的一个程序，以及终端用户的一系列操作活动。

计算机之间的通信可举例来加以说明。例如，用户甲想利用一台计算机将数据（如电子邮件）发送到另一个用户乙，首先进入电子邮件程序，用键盘输入要发送的信息（如"祝新年快乐"），此时字符串存在计算机存储器中。这个电子邮件就是所要发送的数据。通过计算机 I/O 线（如 RS-232C 总线）和调制解调器（Modem），将所要发送的信息调制成模拟信号，然后通过公用电话网络传送到乙方计算机（邮件服务器）。服务器暂时将邮件信息存储起来。

以上为信号的"产生—发送—传输"过程。与电话通信不同，这种通过计算机网络发送信息的过程不是实时的。如果用户乙想得到信息，也必须上网，从服务器取回该信息，经过 Modem 把模拟信号转换成串行数字量，通过 I/O 接口（RS-232）传送到计算机，把接收到的信号显示在计算机上。

为了正确安全传送信息，必须有一系列的技术措施来保证通信的正确性和安全性，这包括差错检测与校正、数据加密和认证等，这就是计算机通信所要解决的问题。概括起来，所涉及的相关技术有：信号的产生和接口技术、数据链路控制技术、传输系统的利用技术、多路复用技术、拥塞控制技术、交换技术、寻址和路由技术等。

2.3　计算机通信网

2.3.1　计算机通信网的基本组成

计算机通信技术的研究和应用是从单机的远程联机开始的，最初还只称为"数据通信"系统，但在出现分组交换网之后，则开始使用"计算机通信网"概念。

一个计算机通信网从物理组成上看应当具备以下三个主要组成部分：

（1）若干台地理位置不同的、具备独立功能的计算机、终端及其附属设备；

（2）一个通信子网，由通信设备（如路由器、交换机等，也称为网络节点，节点的主要功能是提供交换场所、选择路由和流量控制等）和连接这些设备的通信链路、信号变换器所组成；

（3）为支持上述硬件配置而设置的网络通信协议。它是计算机和计算机，计算机和通信子网，或通信子网中各节点之间通信所必须遵循的一组规则。

如前所述，从逻辑功能上看，计算机通信网由通信子网和资源子网两部分组成。图 2-12 给出的就是这种带有二级子网的计算机通信网框图。用户子网也称资源子网，包括计算机、终端控制器及终端等设备，这些设备负责运行用户的应用程序，向网络用户提供可共享的软硬件资源。通信子网由若干网络节点、传输链路及信号变换设备组成，负责完成计算机之间的通信任务。

随着网络通信技术的迅猛发展，各种各样的网络应运而生，如公共数据网、公用分组交换网、分组无线交换网、局域网等，这些都是计算机通信网的具体实现形式。而这些网络又为某个应用目的而服务，如：可视图文系统、分布数据库系统、电子数据交换系统、远程联机通信系统、电子邮件和办公自动化系统等，这些都是由上述某个网络实现的应用

建筑设备管理系统

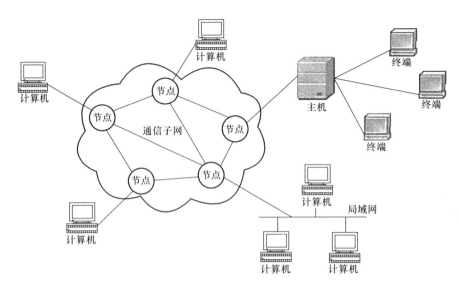

图 2-12　计算机通信网的组成

系统。

在计算机、网络和通信的发展进程中,计算机通信网和计算机网络在学术上或在不同的阶段,有着不甚相同的含义。

从宏观上讲,计算机通信网和计算机网络没有本质上的区别。当人们侧重于如何使用网络资源时,称该系统为"计算机网络"。站在用户的立场上,从网络的外部往内部看,把整个网络透明地看成是一个计算机系统,对用户是透明的,网内软、硬件资源的分配和管理是由网络操作系统自动完成的。当处于不同地域的计算机网需要互联时,可以利用公用数据通信网来实现它们之间的信息传输和交换,并且按规定享用网络资源,而不必关心通信对象之间是如何实现信息交换的。因此,计算机网络所要研究的问题主要是面向用户的,即互联网络如何能尽快地获得所需资源,以及这些资源能否有效地为用户服务等。

当人们侧重于计算机之间的数据传输和交换时,则称该系统为"计算机通信网"。站在通信网络设计者的立场上,从网络的内部往外部看,把不同地理位置且具有独立功能的多台计算机、终端及其附属设备等都视为通信网络的信源节点,用通信设备和线路连接起来,配以相应的网络软件,从而实现通信资源共享,这些对于通信系统来说是透明的,而对于用户来说,为了共享这些资源,必须了解网内的资源和分布的位置,参与网内资源的管理,然后才能调用它们。因此,计算机通信网所要研究的主要问题是如何让进网信息在网络通信协议的控制下得到最有效和最可靠的传输与交换。

显然,在计算机通信网中,用户把整个通信网看成是若干功能不同的计算机系统的集合,从资源共享的程度来看,计算机网络比计算机通信网更方便、更直接;从发展过程来看,应该说,计算机网络是计算机通信网发展的高级形式,而且目前正以更快的速度向前发展。

2.3.2　计算机通信网的分类

计算机通信网可以从不同的角度进行分类。

1. 按服务性质分类

根据通信的服务性质,计算机通信网可分为:

(1) 公用网。公用网又称公众网,是一种开放型网络,一般是由国家信息产业部建设的网络,服务于整个国家或一个地区,面向所有的计算机用户,任何用户只要按规定缴纳费用,遵守网络的相应规定,都可以使用这个网络,如中国公用计算机互联网(CHINANET)。

(2) 专用网。专用网是一种封闭型的系统,一般是为特殊业务工作需要所建造的网络,它只为这些用户所专用,而对不属于专用网的用户不提供服务,如军队、铁路、电力等系统均有本系统的专用网,而某些大型企业也有本系统的内部专用网。

2. 按通信的服务范围分类

根据通信的服务范围,计算机通信网可分为:

(1) 广域网(Wide Area Network,WAN)。广域网所服务的范围在地理位置上分布很广,一般为数千米到数千千米,所涉及的范围可以是市、省、国家,乃至世界范围,广域网是 Internet 的核心部分,其任务是通过长距离运送主机所发送的数据,连接广域网的各节点交换机的链路,一般都是高速链路,具有较大的通信容量。

(2) 局域网(Local Area Network,LAN)。局域网的通信范围一般被限制在较小规模的地理范围内(如一个实验室、一幢大楼、一个校园),通信距离可在十几千米以内,一般用微机或工作站通过高速线路(速率通常在 10Mb/s 以上)相连,结构简单,布线容易。现在一个学校或一个企业内大多拥有多个局域网,也就出现了校园网或企业网的名词。

(3) 城域网(Metropolitan Area Network,MAN)。城域网的通信范围在广域网和局域网之间,一般为几千米到几十千米,例如一个城市。城域网可以为一个或几个单位拥有,但也可以是一种公用设施,用来将多个局域网进行互联。目前,城域网大多采用高速以太网技术,与局域网体系结构类似。

(4) 接入网(Access Network,AN)。接入网又称为本地接入网或居民接入网,它是近些年由于用户对高速上网需求而出现的一种网络技术。从图 2-13 可以看出,接入网是局域网(或校园网、企业网)和城域网之间的桥接区。接入网提供多种高速接入技术,使用户接入到 Internet 的瓶颈得到某种程度的解决。

广域网、局域网、城域网和接入网的关系如图 2-13 所示。

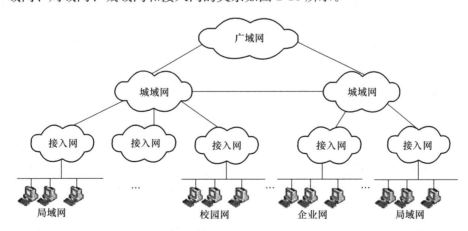

图 2-13 广域网、局域网、城域网和接入网的关系

3. 按拓扑结构分类

通过计算机通信网按拓扑结构进行划分，是一种与网络规划、设计以及网络性能有关的划分方法。从拓扑学的观点来看，将计算机通信网中所有节点（网络单元）抽象为"点"，通信链路抽象为"线"，形成点、线构成的几何图形，即计算机通信网的拓扑结构。常见的网络拓扑结构可分为星形网络、树形网络、总线形网络、环形网络和网状网络，详情如图 2-14 所示。

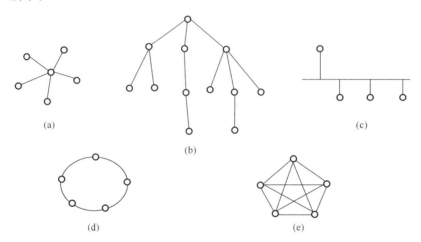

图 2-14　拓扑图
(a) 星形；(b) 树形；(c) 总线形；(d) 环形；(e) 网状

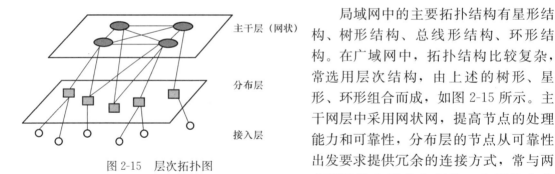

图 2-15　层次拓扑图

局域网中的主要拓扑结构有星形结构、树形结构、总线形结构、环形结构。在广域网中，拓扑结构比较复杂，常选用层次结构，由上述的树形、星形、环形组合而成，如图 2-15 所示。主干网层中采用网状网，提高节点的处理能力和可靠性，分布层的节点从可靠性出发要求提供冗余的连接方式，常与两个不同的主干节点相连。大型的企业网、校园网、政府网也可采用层次结构组网。

4. 按通信子网的传输技术和交换功能分类

按照通信子网所采用的传输技术的不同，计算机通信网可分为：

(1) 交换式通信子网

交换式通信子网由若干个网络节点按照任意的拓扑结构相互连接而成。数据的传送是从源节点开始，经过若干个中间节点的交换（转发），最终到达目的节点。该子网按照数据交换的方式又可分为电路交换、报文交换、分组交换、信元交换以及采用多种交换方式的混合交换。广域网中两台计算机中的通信多采用此方式。

(2) 广播式通信子网

在广播式通信子网中仅有一条通信信道，网络中所有计算机共享这条信道。网络中的通信是广播式的，不设置用于路径选择的中间交换节点。源节点发送数据时，在数据的头部加上一段目的地址字段，以广播的形式向网络中所有节点发送，所有节点都能收到该数据。一旦接收到数据，各节点将检查其目的节点的地址，如果是本节点地址，则处理该数据，否则将它丢弃，不予理会。由于无线信道具有广播通信的性质，所以由无线信道组成的无线分组网和卫星网是两种类型相似的广播式通信子网。局域网中（如总线形局域网和环形局域网）也多采用广播方式，是另一类型的广播式通信子网。

还有许多种对计算机通信网进行分类的方法，例如，按网络的传输媒质不同，有双绞线、同轴电缆、光纤、无线之分；按网络的信道分类，有窄带、宽带之分；按网络的用途分类，有教育、科研、商业、企业之分。

2.4 建筑设备管理系统中的分布式控制系统

工业生产过程控制的需求催生了分布式控制系统。现在，分布式控制系统已被广泛地应用于建筑设备自动化系统中。

在一幢建筑中，需要实时监测与控制的设备种类多、数量大，而且分布在建筑物的各个角落。大型建筑拥有几十层楼面，多达十几万甚至几十万平方米的建筑面积，有数千套机电设备遍布于建筑物的内外。其中的建筑设备自动化系统（BAS）是一个规模庞大、功能综合、因素众多、指标各异的系统，需要解决的不仅是各子系统的局部优化问题，而且是一个整体综合优化问题。如果采用集中式计算机控制，则所有的现场信号都集中在同一个地方，由一台计算机进行集中控制。这种控制方式虽然结构简单，但功能有限，且可靠性差，故不能适应智能建筑的需要。

分布式控制充分体现了集中操作管理与分散控制的思想，它的优势如下：

（1）分布式控制系统以分布在现场被控设备附近的多台现场控制计算机（又称为直接数字控制器DDC），完成被控设备的实时监测与控制任务，克服了常规仪表控制的功能单一和集中式计算机控制的危险性集中的缺点。

（2）分布式控制系统又以设置在控制室并具有数字通信、显示、打印输出等功能的管理计算机，完成集中操作、显示、报警、打印与优化控制任务，克服了常规仪表控制操作分散、人机联系困难与无法统一管理的缺点。

（3）集中管理计算机与现场控制计算机之间数据交换则由通信网络来完成。因此，集散控制系统是目前建筑设备自动化系统广泛采用的系统结构。

（4）建筑设备自动化系统对系统的实时性、控制精度和可靠性等的要求，相对于工业生产过程控制的要求均有所降低，所以，在建筑设备自动化系统中应用的集散控制系统产品的性能和档次也有所降低，但是，系统的总体结构还是一致的。

目前，基于分布式控制系统的建筑设备自动化系统的主要生产商及其产品有：中国清华同方的RH-2000，美国霍尼韦尔公司的EXCEL5000、江森公司的METASYS，德国西门子公司的SYSTEM 600 APOGEE等。

2.4.1 建筑设备管理系统的网络结构

分布式控制系统的典型网络结构有单层、两层和三层三种结构。

1. 单层网络结构

单层网络结构由工作站、通信适配器、现场控制网络和现场控制设备等组成，如图 2-16 所示。

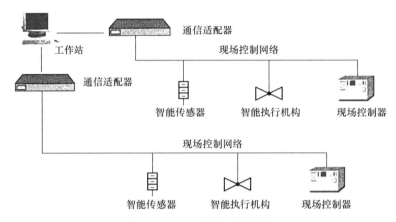

图 2-16　BAS 单层网络结构图

由图 2-16 可见，工作站通过通信适配器直接接入现场控制网络，现场设备通过现场控制网络相互连接。它适用于监控节点少、分布比较集中的小型建筑设备自动化系统。其特点如下。

（1）整个系统的网络配置、集中操作、管理与决策等由工作站承担。

（2）控制功能分散在各类现场控制器、智能传感器与智能执行器之中。

（3）同一条现场总线上所挂的现场设备之间可以通过点对点或主从方式直接进行通信，而不同总线上的设备，其通信必须通过工作站中转。

（4）结构简单，配置方便。

（5）只能支持一个工作站，该工作站承担着不同总线设备之间通信中转的任务，且控制功能分散得不够彻底。

2. 两层网络结构

两层网络结构由操作员站（工作站、服务器）、通信控制器、现场控制网络和两级通信网络设备等组成，如图 2-17 所示。

由图 2-17 可见，现场设备通过现场控制网络相互连接，操作员站（工作站、服务器）采用以太网等技术构建，现场控制网络与以太网之间通过通信控制器实现通信协议的转换与路由的选择等。两层网络结构适用于大多数的建筑设备自动化系统，其特点如下。

（1）现场控制设备之间的通信，实时性要求高，抗干扰能力强，但对通信速率要求不高，通常控制总线（如现场总线）即可胜任。

（2）在操作员站（工作站、服务器）之间需要进行大量数据、图形等信息的交换，因此，对通信带宽要求高，而对实时性、抗干扰能力要求不高，所以，大多采用以太网络技术。

（3）通信控制器可采用专用的网桥、网关或工业控制机实现。在不同的建筑设备自动化系统的产品中，通信控制器的功能强弱差别很大。

1）功能简单的通信控制器只起通信协议转换的作用。在采用这种产品的网络中，不同现场总线之间设备的通信仍然需要通过工作站进行中转。

第 2 章 建筑设备管理系统的技术基础

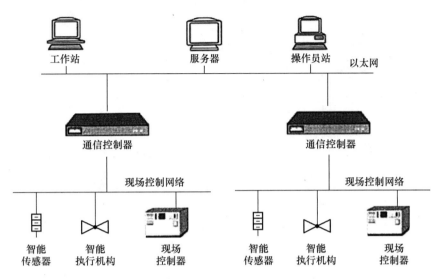

图 2-17　BAS 两层网络结构图

2）功能复杂的通信控制器可以实现路由选择、数据存储、程序处理等功能，甚至可以直接控制输入/输出模块，起着直接数字控制器（DDC）的作用。这种设备已不再是简单的通信控制器，而是一个区域控制器。例如美国江森公司的网络控制器（NCU）就是这样一种功能复杂的通信控制器。在采用这种产品的网络中，不同控制总线之间设备的通信不需要通过工作站，而只要和现场设备实现，所以，工作站的关闭与否不影响系统的正常运行，实现了控制功能的彻底分散，真正成为一种全分散式的控制系统。

（4）绝大多数建筑设备自动化系统生产厂商，在底层的控制总线方面，都拥有一些支持开放式现场总线技术，如美国埃施朗公司的 LonWorks 现场总线技术，就是这样的技术。这样，两层网络都可以构成开放式的网络结构，不同厂家产品之间可以方便地实现互联、互通信和互操作。

3. 三层网络结构

BAS 三层网络结构由操作员站（工作站、服务器）、通信控制器、大型通用控制设备、现场控制网络和三级通信网络设备等组成，如图 2-18 所示。

由图 2-18 可见，现场设备通过现场控制网络相互连接，操作员站（工作站、服务器）采用以太网等技术构建，大型通用控制设备通过中间层控制网络实现互联。通过通信控制器，中间层控制网络与以太网之间实现通信协议的转换与路由的选择等。三层网络结构适用于监控点相对分散、联动功能复杂的建筑设备自动化系统，其特点如下。

（1）在各末端现场，安装一些测控点数少、功能简单的现场控制设备，完成末端设备的基本监控功能。这些测控点数少的现场控制设备，通过现场控制总线相互连接。

（2）测控点数少的现场控制设备，通过现场控制总线接入一个现场大型通用控制器，大量的运算在该控制设备内完成。这些现场大型通用控制器也可以带一些输入/输出模块，直接监控现场设备。

（3）大型通用控制设备之间通过中间层控制网络实现互联，这层网络在通信效率、抗干扰能力等方面的性能介于以太网与现场控制网络之间。

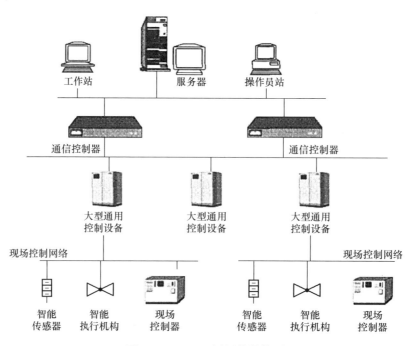

图 2-18　BAS 三层网络结构图

4. 建筑设备管理系统网络结构的发展趋势

建筑设备自动化系统的网络结构不断朝着标准化、开放化、远程化和集成化的方向发展。例如：

（1）现场总线技术应用于建筑设备自动化系统的现场控制网络。

（2）工业以太网的性能已达到甚至超过了某些现场总线技术的性能，并且，直接数字控制器（DDC）可以直接接入以太网，可简化建筑设备自动化系统的网络结构，提高网络监控性能，成为集散控制系统的一个重要的发展方向。

（3）建筑设备自动化控制网（BACnet）从总体上定义了系统通信网络的标准结构与各层协议，为整个建筑设备自动化系统网络的标准化提供了可能。

（4）用于过程控制的对象连接与嵌入（OLE for Process Control，OPC）技术为建筑设备自动化系统与智能建筑中的其他智能化子系统之间的联动和信息集成提供了一种开放、灵活、标准的技术。

2.4.2　建筑设备管理系统的组态

1. 组态的概念

组态英文是"Configuration"，简单地讲，组态就是用应用软件中提供的工具、方法，完成工程中某一具体任务的过程。与硬件生产相对照，组态与组装类似。如要组装一台计算机，事先提供了各种型号的主板、机箱、电源、CPU、显示器、硬盘、光驱等，我们的工作就是用这些部件拼凑成自己需要的计算机。当然软件中的组态要比硬件的组装有更大的发挥空间，因为它一般要比硬件中的"部件"更多，而且每个"部件"都很灵活，因为，软部件都有内部属性，通过改变属性可以改变其规格（如大小、形状、颜色等）。在组态概念出现之前，要实现某一任务，都是通过编写程序（如使用 Basic、C、FORTRAN

等）来实现的。编写程序不但工作量大、周期长，而且容易犯错误，不能保证工期。组态软件的出现，解决了这个问题。对于过去需要几个月的工作，通过组态几天就可以完成。

组态软件是有专业性的。一种组态软件只能适合某种领域的应用。组态的概念最早出现在工业计算机控制中。如 DCS（集散控制系统）组态、PLC（可编程序控制器）梯形图组态。人机界面生成软件就叫作工控组态软件。其实，在其他行业也有组态的概念，只是表达方式有所不同。

虽然说组态不需要编写程序就能完成特定的应用。但是，为了提供一些灵活性，组态软件也提供了编程手段，一般都是内置编译系统，提供了类 Basic 语言，有的甚至支持 VB 语言。

2. 建筑设备管理系统中的组态

建筑设备自动化系统中的组态过程，虽然会因为制造厂商的不同而有所不同，但组态过程却大致相同。

（1）系统组态。系统组态是根据工程需要，确定建筑设备自动化系统的配置。建筑设备自动化系统的组态包括为各个装置、接插件和部件分配地址，建立相互的联系和设备表标识符。可分为硬件组态和软件组态。

1）硬件组态有两种方法：一是设置各接插槽的地址，而接插部件不另设地址；二是利用跨接或开关设置接插部件的地址，而接插槽不另设地址。

2）软件组态是对各部件的特性、标识、符号以及所安装的有关软件系统进行描述，建立它们之间的数据连接关系。

（2）画面组态。画面组态包括系统画面和过程操作画面两种组态。

系统画面用于系统的维护，通常由系统的结构、通信网络和各设备运行状态等信息组成，一般是由系统本身生成的，如图 2-19 所示。

图 2-19　设备运行状态显示

过程操作画面包括用户过程画面、仪表面板画面、检测与控制点画面、趋势图画面以及各种画面编号一览表、报警与事件一览表等。

(3) 点组态。完成了控制站和 I/O 通道板的配置后，就可以进行点组态。点组态分为模拟量输入/输出点、数字量输入/输出点、脉冲量输入点的组态。点的组态包括定义点号、点的各种属性和参数。例如，模拟量、数字量和脉冲量保存时间的设置，就是点组态中的一个参数——历史数据组号。

(4) 控制组态。控制组态软件是一系列的控制算法，一般以功能模块的形式提供给用户选用。

控制组态包括选用功能模块、配置控制方案和整定功能模块中的相应参数三个过程。在控制组态中，关于功能模块和控制方案的选用应遵循下列原则：

1) 便于控制功能的扩展。
2) 便于模块功能的发挥。
3) 尽量选用功能强的模块。
4) 在满足工艺要求的前提下，尽量选择最简单的控制方案。

用户在选择某一算法模块菜单后，相应的图形就出现在屏幕上，利用鼠标拖动图形，就可以进行模块的连接和模块参数的设置。

除了算法模块外，还有给定值模块、输入点模块、输出点模块等。完成了控制点的组态以后，输入模块的输入点和输出模块的输出点也就可供选择了。

(5) 编译。通过编译，可将上述的组态参数变成工程应用的参数型数据文件。

(6) 数据下装。通过网络通信程序，将参数型组态数据文件装载到控制主机和各操作员站。

3. 建筑设备管理系统组态功能

建筑设备管理系统组态通过数字信息仿真模拟建筑物所具有的真实信息，它具有可视化，协调性，模拟性和优化性四大特点。结合建筑物各个子系统信息和组态软件，综合管理平台可以实现以下特色功能：

(1) 空间管理

管理平台支持以空间为单位的项目管理模式，可在系统中按楼层、房间、走廊等空间维度进行界面的自由切换。

系统实现其他功能与空间功能的绑定，例如在某一楼层空间状态下，选择智能照明功能，则仅显示所处楼层的智能照明的设备信息与运行状态。

(2) 环境管理

管理平台根据运维管理需求，获取建筑中每个环境测点的相关信息数据，包括温度、湿度、二氧化碳浓度、光照度、空气洁净度等信息。

环境分布与 BIM 空间信息关联，将各区域的环境测点用不同颜色直观展示，通过调整观测的正常值范围，可将环境数据偏高或偏低的测点筛选出来，并进一步查看该测点的历史变化曲线。管理者还可以调整观察温度范围，把温度偏高或偏低的测点找出来。

(3) 巡检保养

标准配置：根据设备的使用情况，针对不同的设备规定不同的巡检周期与巡检项目。

信息反馈：对设备进行巡检保养结束后进行 PC 端或 APP 的工单回填，在巡检保养过程中发现设备故障则通过手工录入形成故障记录，并生成故障维修申请单。

维修接单：工程人员可查询所有产生的维修申请单，可执行接单操作，当维护完成时，可填写维修完成时的效果、图片、所用的配件。

统计分析：针对的设备巡检保养完成率进行统计分析，以曲线图的形式展示。

（4）设备状态监测

状态监测信息配置：对状态监测信息进行统一配置，包括运行状态配置、监测参数配置、故障等级配置、报警配置等信息；

运行状态展示：通过 3D 模式展示设备分布位置以及设备实时运行状态、监测参数、报警情况、故障等级、设备运行参数等状态信息；

统计分析：分析设备的运行状态规律，支持时间段、设备类型、故障次数、设备厂家等多维度下的信息统计分析功能，通过图形化方式展示。

（5）能源管理

实时用电监控：实时显示电力运行模拟监视图，利用图形化和文字的方式展示；实时监测系统用能质量，计算谐波电度、K 系数等，及时发现异常情况并报警处理；

用能分析：通过分析电能中各次谐波的分布查看设备的劣化程度，预测设备的异常时间和寿命周期；

能耗模型：不同能源类型、不同分项、不同区域可设计不同的能耗模型，可以从任意角度、任意时间段观察建筑物能耗情况。

能耗对比：可以对不同区域、不同时间段、不同能耗指标进行查询和对比。

能耗同比环比分析：对能耗的同比环比变化情况进行快捷查询。

能耗分析：可查看每个分户的各类能源使用趋势，分析用电负荷，协助管理人员进行能源管理。

报告生成：可根据报告模板生成对应的报告样式，包括能耗统计报告、能耗诊断报告、报警统计分析报告等；可实现在线的一键生成、预览、保存、下载。

报表生成：可根据报表模板选定对应建筑或分项，生成对应的报表样式，包括分项能耗的逐时/逐日/逐月报表、分时电费电量报表、环境参数报表等；可实现报表一键生成、预览、保存、下载。

建筑设备管理系统组态功能如图 2-2 所示。

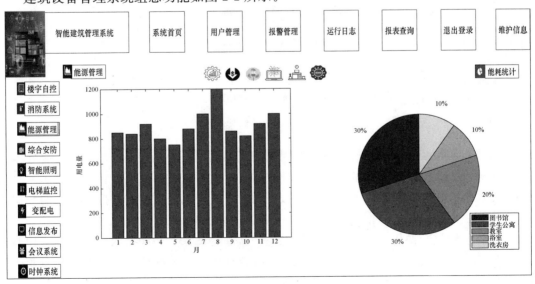

图 2-20　建筑设备管理系统组态功能

4. 软件系统架构

建筑 BMS 管理系统是所有智能化子系统的"大脑",扮演着沟通者、监护者、管理者与决策者的角色。它利用标准化/或非标准化的通信接口将各个子系统联接起来,共同构建一个全设备、全空间、全时域、全过程的有机整体。它通过统一的平台,实现对各子系统进行全程集中检测、监视和管理,同时将所有子系统的数据收集上来,存储到统一的开放式关系数据库当中,使各个原本独立的子系统,可以在统一的 IBMS 平台上互相对话,做到充分数据共享。BMS 整体架构图如图 2-21 所示。

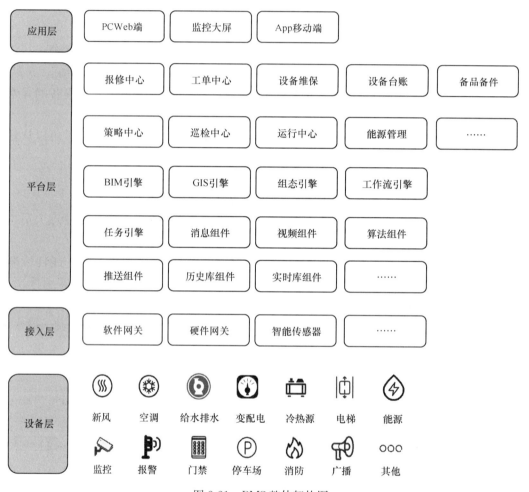

图 2-21 BMS 整体架构图

平台层:采用公共云或私有云方式,保证建筑的数据安全性,可以部署在云服务器或本地的服务池方式实现各专业的控制,保证数据高度的稳定性。当某台设备宕机后,平台仍然稳定运行。实现建筑各专业子系统的数据融合,统一化处理,对外提供统一的数据服务接口,为上层应用支撑数据基础,减少智慧建筑功能的二次开发。

接入层:通过交换机、物联网管道侧设备、软件定义 IoT 边缘接入设备或类似功能产品、多媒体终端、无线路由器以及第三方子系统数据接口、标准接入各类设备和专业子系统,达到弱电施工建设和后期运维管理的统一化、标准化、智能化、智慧化。

设备层：主要是建筑现场的各个子系统的前端设备，按照设计点位部署方式和技术要求，安装实施要求。

应用层：通过数据中心（物联网 IoT）向北向提供标准的 API 接口，打通各个子系统数据，实现建筑的操作系统，上层应用按照业务部门使用的需求和管理需求，系统模块的功能好像下载"APP"一样方便使用，按需开发，部署，呈现，使用，以及后期扩展，落地智慧楼宇的生态功能。应用层实现智慧建筑的智慧能源、智慧机电、综合安防、智能运行、智慧空间等功能。通过统一呈现实现按照不同用户权限，通过微信小程序，计算机和大屏统一呈现、统一控制等。

2.4.3 建筑设备管理系统的系统架构

分布式建筑设备自动化系统的系统架构有三类，即按建筑层面组织、按建筑设备功能组织和混合型的集散型建筑设备自动化系统。

1. 按建筑层面组织的集散建筑设备自动化系统

对于大型的商务建筑、办公建筑，通常各个楼层具有不同的用户和用途，因此，各个楼层对建筑设备自动化系统的要求会有所区别，按建筑层面组织集散型建筑设备自动化系统能够满足要求，如图 2-22 所示。这种结构的特点如下。

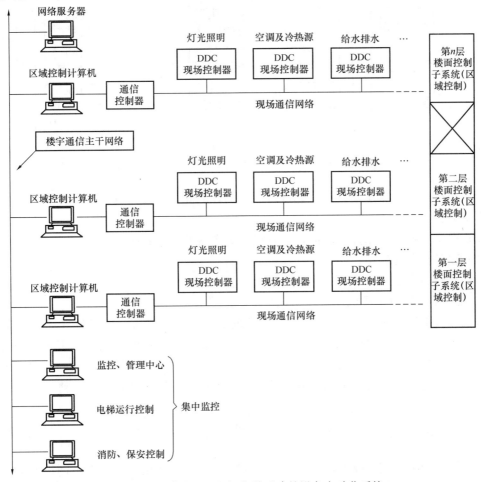

图 2-22 按建筑层面组织集散型建筑设备自动化系统

(1) 由于是按建筑层面进行组织的，因此，布线设计及其施工比较简单，子系统的控制功能设置比较灵活，调试工作相对比较独立。

(2) 整个系统的可靠性比较高，子系统失灵不会殃及整个系统。

(3) 设备投资比较大，尤其是高层建筑更是如此。

(4) 比较适合于商用的多功能建筑。

2. 按建筑设备功能组织的集散型建筑设备自动化系统

这是常用的系统结构，它是按照整座建筑的各种不同功能系统来组织的，如图 2-23 所示。这种结构的特点如下。

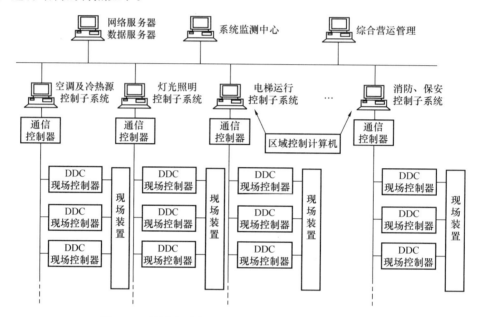

图 2-23 按设备功能组织集散型建筑设备自动化系统

(1) 由于是按整座建筑设备功能进行组织的，因此，布线设计及其施工比较复杂，调试工作量大。

(2) 整个系统的可靠性比较低，子系统失灵会殃及整个系统。

(3) 设备投资比较小。

(4) 比较适合于功能相对单一的建筑。

3. 混合型的集散型建筑设备自动化系统

这是兼有上述两种结构特点的混合型建筑设备自动化系统，即某些子系统（如供配电、给水排水、消防、电梯等）采用按整座建筑设备功能组织的集中控制方式，而另外一些子系统（如灯光照明、空调等）则采用按建筑层面组织的分区控制方式。这是一种灵活的结构系统，它兼有上述两种结构方案的特点，可以根据实际需要进行调整。

2.5 本章小结

本章简单介绍了建筑设备自动化系统应用的计算机控制技术、计算机网络与通信技术的基本知识。讲述常见的计算机控制网络拓扑结构及特点；计算机通信技术特点和模型；

给出了集散控制系统的典型结构；详细介绍了建筑设备自动化系统中的几种常用现场总线技术。

复习思考题

2-1　简述教材中图 2-1 所示的计算机控制系统的工作原理。

2-2　简述计算机控制系统的组成环节及其相应的作用，并画出其组成框图。计算机控制系统是如何分类的？

2-3　简述 DCS 和 FCS 的组成环节及其相应的作用，两者相比较，有何特点？

2-4　简述计算机数据通信系统的模型框图，并说明所涉及的相关技术有哪些？

2-5　简述计算机通信网的基本组成。

2-6　简述集散控制系统的典型结构。

2-7　简述建筑设备自动化系统中采用集散控制的优势。

2-8　什么是组态？建筑设备自动化系统中的组态形式有哪些？

2-9　集散型建筑设备自动化系统的方案有哪几类？

2-10　建筑设备自动化系统常见的现场总线有哪些？

第3章 建筑设备管理系统中的感知与执行模块

感知与执行模块是构成自控系统现场硬件不可缺少的设备,无论是在模拟控制系统还是计算机控制系统中,它们都是重要的组成部分。建筑设备管理系统中的感知和执行模块主要有传感器、变送器、控制器、执行器及调节阀等。

3.1 传感器与变送器

楼宇智能化技术中,有很多待测量都是非电量,如水位、温度、湿度等,而非电量不能被计算机接收和处理,所以必须先把待测的非电量转换成电量。国家标准《传感器通用术语》GB/T 7665—2005 对传感器(Transducer 或者 Sensor)下的定义:能感受被测量并按照一定的规律转换成可用输出信号的器件或装置,通常由敏感元件和转换元件组成。传感器是一种检测装置,能感受到被测量的信息,并能将检测和感受到的信息,按一定规律变换成电信号或其他所需形式的信息输出,即把各种非电量(包括物理量、化学量、生物量等)按一定规律转换成便于处理和传输的另一种物理量(一般为电量),以满足信息的传输、处理、存储、显示、记录和控制等要求。它是实现自动检测和自动控制的首要环节。

简单地讲,传感器就是将外界被测信号转换为电信号的电子装置。这种发生能量变换的过程称为"传感",传感器又叫换能器、变换器、探测器或一次仪表。

3.1.1 传感器基本概念

1. 传感器的组成

传感器通常由敏感元件和转换元件组成,有时还需要加测量电路和辅助电源。传感器的组成如图 3-1 所示。

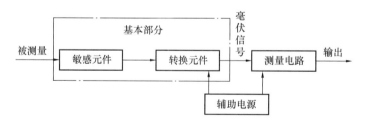

图 3-1 传感器的组成

(1)敏感元件。在完成非电量到电量的变换时,并非所有的非电量都能利用现有手段直接变换成电量,往往是将被测非电量预先变换为另一种易于变换成电量的非电量。然后再将其变换为电量。能够完成预变换的器件称为敏感元件,又称为预变换器。例如,在传感器中各种类型的弹性元件常被称为敏感元件,并统称为弹性敏感元件。

(2) 转换元件。将感受到的非电量直接转换为电量的器件称为转换元件。如压电晶体、热电偶等。需要指出的是，并不是所有传感器都包括敏感元件和转换元件。如热敏电阻、光电器件等。

(3) 测量电路。将转换元件输出的电量变成便于显示记录、控制和处理的有用电信号的电路称为测量电路。测量电路的类型视转换元件的分类而定。经常采用的有电桥电路及其他特殊电路，如振荡电路等。

2. 传感器的分类及命名

(1) 传感器的分类。由于传感器的种类很多。所以分类方法也较多。按能量传递方式可分为有源传感器和无源传感器。按输出信号的性质可分为模拟量传感器和数字量传感器。最常用的分类方法有两种：第一种是按工作原理分类，如应变式、光电式、电动式、电热式、压电式、压阻式、电感式、电容式、电化学式等；第二种是按被测量分类，如位移传感器、加速度传感器、温度传感器、湿度传感器、流量传感器、压力传感器等。这两种分类方法的共同缺点是都只强调了一个方面。所以在许多场合是将上述两种分类方法综合使用，如应变式压力传感器、压阻式压力传感器等。

(2) 传感器的命名

传感器的名称由 4 部分构成：主题词（传感器，代号 C）、被测量（用一个或两个汉语拼音的第一个大写字母标记）、转换原理（用一个或两个汉语拼音的第一个大写字母标记）、特征描述（用阿拉伯数字或阿拉伯数字和字母标记厂家自定。用来表征产品设计特性、性能参数、产品系列等）。例如，"CWYWL-10"表示序号为 10 的电涡流位移传感器。"CYYZ-2A"表示序号为 2A 的压阻式压力传感器。

3. 测量误差与精度

为了便于对误差进行分析和处理，人们通常将测量误差从不同角度进行分类。绝对误差和相对误差是评估测量精度的两种方法，它们用于描述测量值与真实值之间的差异大小。系统误差和随机误差则是误差的来源类型。

(1) 绝对误差：测量值与被测量真值之差。

$$\Delta x = x - A \tag{3-1}$$

式中，Δx 为测量的绝对误差，x 为仪表的测量值；A 为被测量值的真值，也可以认为是被测量值实际值。

(2) 示值相对误差 γ_A：

$$\gamma_A = \frac{\Delta x}{A} \times 100\% \tag{3-2}$$

(3) 引用相对误差 r_L：设 Δx 为测量的绝对误差，L_m 为仪表量程。

$$\gamma_L = \frac{\Delta x}{L_m} \times 100\% \tag{3-3}$$

在引用相对误差中，当绝对误差 Δx 取最大值时 Δ_{max}，引用相对误差常被用来确定仪表的精度 S，即：

$$S = \frac{|\Delta|_{max}}{L_m} \times 100\% \tag{3-4}$$

4. 检测仪表的主要性能指标

(1) 量程和量程范围

量程在数值上等于仪表的上限值减去仪表下限值，用 L_m 表示。

量程范围指仪表能够测量的最大输入量与最小输入量之间的范围。

（2）仪表精度（仪表精度等级）

仪表精度等级：是将引用相对误差去掉百分号的值定义为仪表的精度等级。

精度等级的国家系列一般为 0.01、0.02、0.04、0.05、0.1、0.2、0.5、1.0、1.5、2.5、4.0、5.0 等。

【例3-1】 现有仪表1和仪表2，其中仪表1的量程范围为 0~500℃，精度等级为1.0级；仪表2的量程范围为 0~100℃，精度等级为1.0级，求两仪表的绝对误差。

解： $\Delta_1 = 500℃ \times 1.0\% = 5℃$

$\Delta_2 = 100℃ \times 1.0\% = 1℃$

从上面的计算可以看出：同一精度窄量程仪表产生的绝对误差小于同一精度宽量程仪表产生的绝对误差。

【例3-2】 现有仪表1和仪表2，其中仪表1的量程范围为 0~500℃，精度等级为0.5级；仪表2的量程范围为 0~100℃，精度等级为1.0级，求两仪表的绝对误差。

解： $\Delta_1 = 500℃ \times 0.5\% = 2.5℃$

$\Delta_2 = 100℃ \times 1.0\% = 1℃$

通过计算可以看出：在仪表选择时，在满足测量要求的前提下，尽可能选择小量程的仪表。

3.1.2 建筑设备自动化系统工程中参数检测

本节学习温度、压力、湿度、流量、液位、风速等非电参数和电压、电流、功率等电量参数的基本检测方法，并介绍新型传感器和检测技术的发展和应用情况。针对建筑设备自动化系统的应用特点，重点学习此系统所用的传感装置、检测技术和传输方式。

1. 温度检测

温度是表征被测对象冷热程度的物理量，它在建筑设备自动控制系统中是一个极为重要的参数。温度的自动调节能给人们提供一个舒适的工作与生活环境，通过合理的温度控制又能有效地降低能源的消耗。

建筑设备自动化系统中对温度的检测范围一般分为：

① 室内气温、室外气温，范围为 -30~+45℃。

② 风道气温，范围为 -30~+130℃。

③ 水管内水温，范围为 0~+90℃。

在建筑设备自动化系统中对温度的测量精度优于 ±1%。

通常采用的三类温度传感器是热电偶、热电阻及热敏电阻。

（1）热电偶

热电偶是利用由两种不同金属组成的电路，并对电路中流动的电流进行测量，这两片不同的金属分别连接在参考温度和被测温度。热电偶测温耐用性强，但灵敏度低，在使用中需进行参考端温度补偿，因此通常被用于高温测量，如用于燃烧的温度测量。

（2）热电阻

热电阻是利用金属电阻值对应于温度变化而导体电阻发生改变的原理。在热电阻中铂是最常用的金属。由于铂的温度阻值系数在整个量程范围内近似线性，所以它可提供一个从氢的三态点（-259℃）到锑的熔点（630℃）的很宽的测量范围。它的主要缺点是造价较高。

第3章 建筑设备管理系统中的感知与执行模块

（3）热敏电阻

热敏电阻利用了半导体的温度与电阻值关系曲线，其工作原理与热电阻相类似，半导体呈现一个负的电阻温度系数。热敏电阻通常采用的金属氧化物有镍、锰、铜及铁的氧化物。这些金属氧化物与热电阻相比具有很高的灵敏度，热敏电阻也相对便宜，由于这些优点，热敏电阻被广泛用于空调系统的闭环控制系统中。

建筑设备自动化系统中常选用热敏电阻，如铂热电阻和镍热电阻作为测温元件，不同用途采用不同的温度传感器，包括：室内、室外温度传感器，电缆式温度传感器，风管温度传感器，浸入式温度传感器，卡箍式温度传感器等，以及防冻开关。

1）室内温度传感器

室内温度传感器采用侧面带有通气孔的 ABS 外壳封装或棒式结构，多选壁挂式垂直挂于墙上安装。室内温度传感器的一般封装形式如图 3-2 所示。

温度传感器的安装。为了能够准确地测量被控区域的温度，传感器应安装在室内墙壁上，避免安装在门后、外墙和空气不流通的隐蔽处，避免直接日晒或接近其他热源，室内温度传感器不防水。

2）室外温度检测

环境温度变化对室内温度有一定影响，在建筑设备自动化系统中，通过采集室外温度检测诸如太阳辐射、风力影响与外墙温度等室外温度气候参数，以传感器的检测值补偿室内温度控制系统的控制参数，能够实现中央空调的优化运行和节能控制。

室外温度传感器的一般封装形式如图 3-3 所示。有室外棒式或壁挂式，根据防护设施和安装位置确定，室外传感器本身的防护要有一个多孔防风雨罩，测温温度范围为 $-50\sim +70$℃。室外温度传感器安装注意事项如下：

图 3-2 室内温度传感器的一般封装形式

图 3-3 室外温度传感器的一般封装形式

① 如果温度传感器用于系统控制目的，则应安装在有人居住房间窗户的外墙上，但不得暴露在上午太阳直晒的地方。若目的不能确定，应安装在朝北或朝西北的墙上。

② 如果仅用于优化目的，则通常总是安装在房屋或建筑物的最冷的墙上（一般是朝北的墙上）。

③ 安装高度。室外温度传感器宜在房屋或建筑物或供热区域的中央，距地面至少为 2.5m。

④ 传感器不得安装在窗口、门、排气口或其他热源的上方以及阳台或屋顶的屋檐下面。

3）风管温度检测

管道式温度传感器用于采集风管内的空气温度。图 3-4 是风管温度传感器和安装形式。

图 3-4　风管温度传感器和安装形式

① 主要用途。可作为最低送风温度的限定传感器、温度漂移传感器（设定房间温度随室外温度变化而按一定函数关系漂移）、露点温度传感器、测量传感器（用于测量值的显示或者配套建筑设备自动化系统使用）。

② 安装注意事项如下：

A. 用于送风温度控制的风管温度检测，若送风机位于最后一个空气处理单元之后，则传感器安装于风机下游。若不是，则传感器安装位置与最后一个空气处理单元保持至少0.5m 的距离。

B. 用于排风温度控制的风管温度检测，只可安装在排风机的上游。

C. 作为送风的漂移传感器的风管温度检测，尽可能靠近房间的送风口处。

D. 用于露点控制的风管温度检测，紧靠在空气加湿器的喷水挡板后。

E. 用于风管温度检测的风管温度检测，将传感元件弯曲，使之呈对角线方式穿过风管，以使传感元件有规则地贯穿整个风管截面。传感元件不可与风管壁接触。

4）管道水温度检测

管道水温检测主要针对中央空调系统供水温度和回水温度、生活热水温度的参数检测，如图 3-5 所示。根据不同的监测对象，可采用螺纹式（见图 3-5a）、法兰式（见图 3-5b）或卡箍式（见图 3-5c）。具体安装要求如下：

① 用于供水温度的控制。如果循环水泵安装在供水管道上，传感器可以直接安装在水泵后面；如果循环水泵安装在回水管道上，传感器应安装在混合阀后面 1.5～2m 处。

② 用于回水温度控制。传感器安装位置必须是水流完全混合处，并能够准确反应所控制温度的回水管道上。

5）防冻开关

防冻开关能够在温度低于预定的安全温度值时输出接点信号。主要用于制冷系统的管

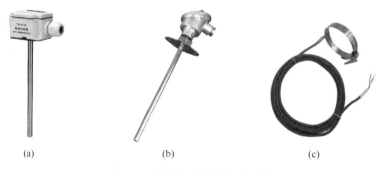

图 3-5　管道温度检测的传感器
(a) 螺纹式；(b) 法兰式；(c) 卡箍式

道或各种需要进行过冷保护的设施,如冷水机组,中央空调、风机盘管等装置的低温防冻保护,图 3-6(a)是防冻开关外形示意图。

防冻开关由控制器和温度检测元件组成。温度检测元件是一个具有一定长度的密封感温头,感温头部封装了温度敏感液体。将感温头平铺固定在被监测区域或将感温探头绕在盘管上。如图 3-6(b)所示,图中弹簧、波纹管以及微动开关作用在支点,此时支点受力平衡。当环境温度降低到设定值定程度时,波纹管内感温物质产生的作用力变化,使得支点受力不平衡,带动微动开关动作,电路接通。

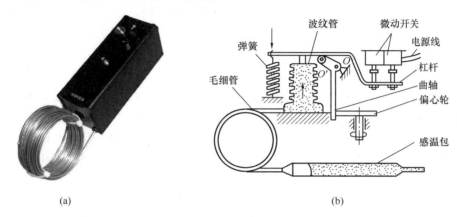

图 3-6　防冻开关外形及工作原理图
(a)外形图;(b)工作原理图

① 防冻开关的功能。在低于设定温度时,防冻开关输出开关信号,系统根据不同工况可以通过控制风扇停止运行、关闭室外风阀、加热盘管 100% 打开、启动加热盘管水泵以及关闭冷却器(冷凝器)和加湿器等操作,防止设备管道冻裂。

例如:将防冻开关安装在新风机过滤器前面,当室外温度过低时,防冻开关自动将开关量信号送入 DDC 处理,DDC 会关闭新风阀、停用送风机,同时开启热水阀门保护盘管防止其被冻裂。当环境温度达到一定温度时,防冻开关自动开启,系统恢复正常运转。防冻开关有手动复位和自动复位的,一般都用自动复位的。

② 技术规范(以某型号防冻开关为例)如下:

A. 开关动作:单刀双掷(低温开)。

B. 温度设定范围:1.0~7.5℃。

C. 敏感元件长度:3m。

D. 触点容量:AC 250V/5A(无感负载);AC 250V/4A(有感负载)。

E. 感温极限:80.0℃。

2. 湿度传感器

湿度是建筑环境舒适度的重要指标,在建筑设备自动化系统中对湿度的检测主要是对室内和室外空气湿度、送风通道的空气湿度的检测,目的是通过湿度检测保证暖通空调设备的正常运行和对环境的舒适性的可靠控制,以及将湿度参数作为节能控制的重要依据,利用湿度变化对环境舒适度影响,可以适当地降低或升高温度以达到节能的目的。

湿空气是由干空气和水蒸气组成,含湿量和相对湿度是反映空气湿度的主要参数。用含湿量可以确切而方便地表示空气中的水蒸气含量,相对湿度反映了湿空气中水蒸气含量接近饱和的程度。空气湿度检测的方法可以大体分为直接检测(吸湿法)和间接检测(干湿球法)。

(1) 湿度的直接检测

若利用某些盐类放在空气中,其含湿量与空气的相对湿度有关;而含湿量大小又引起本身电阻的变化。因此可以通过这种传感器将空气相对湿度转换为其电阻值的测量。这种直接检测空气相对湿度的方法称为吸湿法湿度测量。吸湿法检测的是空气的相对湿度。其检测精度可以做到3%~5%RH[①],测量范围是1%~99%RH。

1) 湿敏电阻是在基片上覆盖一层用感湿材料制成的膜,当空气中的水蒸气吸附在感湿膜上时,元件的电阻率和电阻值都发生变化,利用这一特性即可测量湿度。湿敏电阻的种类很多,例如金属氧化湿敏电阻、硅湿敏电阻、陶瓷湿敏电阻等。湿敏电阻的优点是灵敏度高,主要缺点是线性度和产品的互换性差。

2) 湿敏电容一般是用高分子薄膜电容制成的,常用的高分子材料有聚苯乙烯、聚酰亚胺、醋酸醋酸纤维等。当环境湿度发生改变时,湿敏电容的介电常数发生变化,使其电容量也发生变化,其电容变化量与相对湿度成正比。湿敏电容的主要优点是灵敏度高、产品互换性好、响应速度快、湿度的滞后量小、便于制造、容易实现小型化和集成化。缺点是其精度一般比湿敏电阻要低一些。

(2) 空气湿度的间接检测

空气湿度的间接检测采用检测干球温度(空气中的温度)和湿球温度(湿纱布的温度)的方法,通过空气状态图确定空气的湿度参数,其检测精度一般为5%~7% RH,具体检测原理可以查阅资料结合焓湿图的学习。

由于相对湿度是温度的函数,温度每变化 0.1℃,将产生 0.5% RH 的湿度变化,所以,使用场合如果难以做到恒温,使用过高的测湿精度是不合适的。多数情况下,如果没有精确的温度控制措施或者被测空间是非密封的,±5% RH 的精度就足够了。对于有恒温恒湿要求的精确控制场合,需选用±3% RH 的湿度传感器。

3. 压力检测

在建筑设备自动化系统工程中有很多压力参数是保证系统正常运行的基本参数。如:空调系统的风道的静压、过滤网两侧的压差、管道的供水压力、暖通系统的供回水压差以及水箱液位等,无论是压力还是液位,都可以通过压力传感器将压力或液位参数转换成相关的电流或电压参数。不同的系统压力检测范围不同,压力传感器的量程选择不同。

送风压力检测属于微压测量,量程范围一般为0~1000Pa,根据管道的长度不同,送风压力也有所不同。

供水管道的压力属于中等压力测量,量程范围一般为0~1.6MPa,根据供水楼层的不同,供水压力也不同。

压力传感器用于液位检测,能够方便地通过检测液体压力准确换算出液位,量程范围一般为0~1MPa,根据容器的深度不同所用压力传感器也不同。

压力检测是利用金属材料的弹性制成弹性的测压元件来测量压力是常用的一种测压方法。它是根据弹性元件受力变形的原理,将被测压力转换成位移进行测量的。常用的弹性

---

① 相对湿度

元件有弹簧管、膜片等。

（1）电容式压力传感器

一个金属膜片作为电容器的一个极板，与膜片并列的另一侧安装另一个极板，如图3-7所示。当被测压力值变化时，机械部件带动可动极板运动，从而改变电容两个极板之间的距离，进而改变电容量。最后由变送器将变化的电容量转化成相应的电信号。电容式压力传感器测量范围取决于具体设计。通常情况下，电容式压力传感器的量程范围可以从几十帕（Pa）到几十兆帕（MPa）不等。这些产品通常用于测量通风过滤器或变风量（VAV）系统送风机的控制。

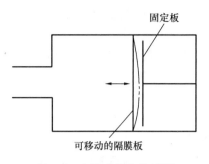

图3-7 电容式压力传感器

（2）电感式压力传感器

电感式压力传感器是通过移动一个机械部件而改变电感量来感受压力，机械结构是基于铁磁心与电感线圈的相对运动，具有两个线圈的传感器是比较理想的，因为两个线圈可以消除由单个线圈传感器产生的温度敏感性问题。电感式压力传感器大约0.08mm的移动就可产生10mV的输出电压。

因此，对于静态和动态测量，这种类型的传感器能产生一个很高的输出，且分辨能力强并具有较高的信噪比。它们通常被应用在压力相对较低的通风系统。常用的压力传感器有：

1）低压和低压差传感器。中央空调送风管道的送风压力属于微压检测，可以采用低压差传感器或低压传感器检测风管压力。

2）静压式液位变送器。静压式液位变送器由测量探头、接线盒、固定连接件三部分组成。采用投入式压力传感器探头沉入容器底部测量液位高度，液位静压力公式为：

$$p = p_0 + \rho g h \tag{3-5}$$

式中　p——液位产生的静压力，Pa；

　　　p_0——液面上部大气压，Pa；

　　　ρ——被测液体密度，kg/m³；

　　　h——液柱高度，m；

　　　g——重力加速度，9.8N/kg。

（3）供水压力传感器

1）压力变送器：建筑物供水压力一般在0~1.0MPa或0~1.6MPa，要根据具体供水楼层的高度决定供水范围和供水压力，还要考虑管道、生活用水器具等的耐压要求，在此基础上选择压力传感器。

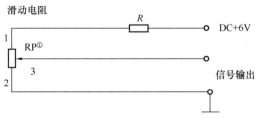

图3-8 电阻远传压力表原理图

2）电阻远传压力表：远传压力表内的滑动电阻，通过串联电阻R和电源组成电阻回路，由滑动端3输出反映压力的电压值，传送至远端二次仪表上。图3-8是电阻远传

---

① Resistor Potentiometer，可变电位器。

压力表原理图。

4. 流量检测

在建筑设备自动化系统中对流量的检测主要集中在给水排水系统、空调系统和供热系统中，实现流量计量和系统控制。

1) 流量计量：流量检测可以实现冷水、热水、蒸汽和热量的计量，作为具有收费功能的计量器具，对计量精度、可靠性等指标有较高要求，特别是蒸汽计量和热计量，除要求具备流量检测功能外，还要检测管道温度、压力等参数，通过积算仪得到计量数据。

2) 参与系统控制：流量参数较压力参数更能够反映系统工况，流量参数可作为系统控制调节的重要依据。

(1) 流量计分类

1) 皮托管。皮托管基本上是用在管道通风系统，而且是基于两端开口的管，一根管是迎着空气流安装，另一根管与空气流垂直安装。基于伯努利方程在两根管之间所测到的压力差即可表示气流的速度。

2) 热线式风速计。热线式风速计基本上用于通风气流的测量，该仪表灵敏度较高，适宜检测很低速的流量，这使得它适用于空气流动的测量和导风管内流量的测量。热线式风速计可用于大量程的流量测量，即可从很低的速度（如 0.03m/s）到超声速，并且可以测量不稳定的流量。对于送风管内流量测量，其耐用性不如皮托管测量。

3) 孔板。孔板是基于管线或通风管两端的压力差进行检测的，也就是流体通过一个节流孔而产生节流作用，从而达到测量压力差的目的。孔板结构简单，但易被流体磨损，特别是一些污浊并带有微粒的流体，在过去孔板曾经被广泛用于管道流体的测量。通常在 HVAC 改造项目中，仍采用已安装在现场的大部分孔板，其原因是孔板结构简单。

4) 文丘里流量计。除了在管线或通风导管中部逐渐缩小形成一个狭窄小孔（而不是突变的小孔），并且在下游的小孔又逐渐地扩大这点之外，文丘里流量计与孔板具有相似的工作原理。但在收缩中的压力损失几乎全部可恢复。它的一个显著的特点是文丘里流量计不易被磨损。但是，这种流量计体积较大，价格也较贵。

5) 涡轮流量计。涡轮流量计主要用于管道中的液体流量测量，但它易受磨损和卡塞，特别不适用于污浊流体的测量。

6) 旋涡流量计。旋涡流量计适用于液体测量并具有很高的精度，其工作原理是基于由旋涡而产生压力波动的频率，旋涡是由于流体冲击垂直挡体而产生的，其频率与流体的流速成比例关系。但是仪表价格比较昂贵。

7) 电磁流量计。使用一个缠绕管线或输入一个交变电流，穿过流体建立一个电磁场。如果流体是导电的，那么电磁场就以与流速成比例的速率被切割。电磁流量计适用于水流量或泥浆流量的测量，不能用来测量气体流量。

8) 超声波流量计。超声波流量测量的原理是基于多普勒效应，通过流体微粒中反射声波频率的变化来测量流量。

(2) 流量开关

在 BMS 的冷水和冷却水循环系统或自动喷淋灭火系统中，必须要掌握管道内液体的流动情况，以保证各系统的安全运行和执行可靠操作。特别是在一些需要联锁控制的场合,流量开关是必不可少的检测装置。

流量开关分为液体流量开关和气体流量开关。当管道内液体流速逐渐减小时,流动的液体对挡板力也逐渐减小,转轴在调节弹簧弹力作用下回转,转轴上带动触动螺钉逐渐靠近微动开关,当流速减小到低于流量开关整定的动作流速值时,触动螺钉使微动开关动作发出报警信号,表示管内液体流速低于整定值。

5. 液位检测

在建筑设备自动化控制系统中需要对高位水箱水位、水池水位等参数进行检测和控制,工作环境通常是常压和常温,液位检测涉及的介质分为自来水和污水,针对不同的介质,应该选择不同的液位传感器,比如:对自来水的液位检测,由于其检测环境比较好,可以使用电容式、压力式传感器连续检测液位或采用电阻式传感器分段检测液位,也可以使用传统的浮球开关作为开关量的液位检测等多种检测方法。但对污水的液位检测,就要考虑水质对传感器的影响问题,比如:对比较黏稠的液体的液位检测,使用电容式或浮球式方法效果就不好,可以使用超声波液位计;使用投入式液位传感器,通过检测压力获得液位参数时,要注意处理好引压孔,以防堵塞而影响检测效果。与压力检测类似,在液位检测中也有一类液位开关,用于根据液位变化产生一个二值的开关量。

6. 舒适检测仪

ISO 根据丹麦 P. O. Fanger 教授的研究成果制定了 ISO 7730[①] 标准,在 ISO 7730 标准中以 PMV-PPD 指标来描述和评价热环境。该指标综合考虑了人体活动程度、衣服热阻、空气温度、空气湿度、平均辐射温度、空气流动速度等 6 个因素,以满足人体热平衡方程为条件,通过主观感觉试验确定出的绝大多数人的冷暖感觉等级。上述研究成果及相应的标准形成了以后舒适性热环境设计的依据。建筑室内热舒适度监测是建筑设计、绿色建筑评价中最重要的指标之一。在 BAS 中,为达到实时控制的目的,可以估算出一个房间的舒适度以代表全体居住者所能接受的舒适度。我国在《公共场所卫生检验方法 第 1 部分:物理因素》GB/T 18204.1—2013 物理因素检测中规定:测量公共场所舒适性 PMV 值,按《热环境的人类工效学 通过计算 PMV 和 PPD 指数与局部热舒适准则对热舒适进行分析测定与解释》GB/T 18049—2017 的方法进行检测评价,人员密集的公共场所包括:商场、地铁站、机场、高铁车站等,通过舒适度检测可以实时对空调设备进行调节,快速改善空间环境,并最大程度实现节能优化。

7. 室内空气质量传感器

室内空气质量传感器由一个镀有薄层的半导体管、一对电极及在半导体管内的微型加热元件组成。在保持温度不变的情况下,半导体吸收居住人员身上散发出的气体,导致电子的释放,由此改变两个电极之间的电阻而产生一个信号。人体中散发的全部气体混合物与二氧化碳含量成比例关系。这种仪表很灵敏并且响应快,这使得它适用于室内空气质量监测。

8. 室内占用传感器

节能是可持续发展的需要。因此有必要测量房间的人员密度,以确保根据室内人员的

---

① *Ergonomics of the thermal environment-Analytical determination and interpretation of thermal comfort using calculation of the PMV and PDD indices and local thermal comfort criteria.*

要求启动相应的电气设备（如照明灯和空调）。室内占用传感器有两个主要任务：当室内被占用时，保持照明灯和空调接通；相反地，当室内没有被占用时，断开照明灯和空调。市场上有两种室内占用传感器，即超声波（US）运动传感器和红外线（IR）运动传感器。它们各有其特点。

（1）超声波运动传感器。这种传感器利用多普勒效应，用连续高频（超声）声波充满整个房间。根据多普勒效应，在传感器的检测范围内的任何运动都会引起原来发射频率的漂移。那么，通过与发射波频率的比较即可辨识出回波频率中的任何变化。这种传感器对于小幅度的运动具有高的灵敏度，典型的应用包括办公室、休息室和小型会议室，这些场景中工作人员都有一段静坐的持续时间。对于空调的启动、人员以及无生命物体的移动容易出现检测错误。

（2）红外运动传感器。通过感受运动红外热源，如人员、叉式升降机或其他的散热物体，该传感器能对室内的照明或空调执行相应的开关作用。红外运动探测对空调或风机的启动不会产生错误动作，即它是一种较可靠的运动传感器。然而，在远距离的情况下，它的灵敏度相对较低。这种传感器的典型应用包括工作场所、仓库、储藏室、室内汽车库及装有悬挂固定物（如吊扇）的房间。把IR（红外线）传感器与US（超声波）传感器两种传感技术结合起来使用可以互补。使用IR传感（误差小但灵敏度低）和US传感（灵敏度高但易受声学噪声影响）可提供良好的检测性能。

（3）基于红外的人员计数器。利用接收器感受反射光，即可计算通过该区域的人员数目。对电梯控制或HVAC（暖通空调）控制等，若想知道进入室内人员的数目，采用这种传感器是很有效的。

3.2 控 制 器

控制器是建筑设备自动化中的核心部件之一，其基本功能是根据被控参数检测值与设定值进行比较，按预先设定的某种规律（如PID）进行运算，其输出信号驱动执行机构，从而使被控参数的检测值接近或达到设定值。由于建筑设备系统的多样性和复杂性，对于控制的功能要求不同，使得控制器类型也多样化，例如，火灾报警控制器、风机盘管控制器、锅炉控制器等。控制器可以从不同的角度分类，按照控制器所用信号形式的角度大体分为机械电气式，模拟电子式，直接数字控制式三种。本章只介绍与暖通空调有关的控制器。

3.2.1 机械电气式控制器

1. 自力式温度控制器

自力式温度控制器是集传感器、控制器与调节阀为一体的控制装置，也称恒温控制阀，其结构如图3-9所示。它安装在每台供暖散热器的进水管上，调节进入散热器的热水量，从而调节供暖房间的温度。控制器中的传感器为弹性元件体，其内充有少量液体。当温度升高时，部分液体蒸发变

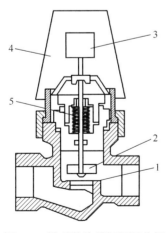

图3-9 供暖散热器恒温调节阀
1—阀座；2—阀芯；3—传感器；
4—调节旋钮；5—弹簧

成蒸汽，使传感器3内压力升高，产生向下的形变力，通过传动机构，克服弹簧5的反作用力使阀芯2向下运动，关小阀门，减少流入散热器的水量。当室温降低时，其作用相反，部分蒸汽凝结为液体，传感器3向下的压力减小，弹簧5反作用力使阀芯2向上运动，阀门开度增大。

用户可以根据对室温的要求，旋动调节旋钮4调节弹簧的预紧力，从而改变温度控制器的温度设定值。恒温阀按其工作原理属于自力式比例控制器，不需要另加能源，只靠传感器从被控介质中取得能量推动执行器动作。它的结构简单，但控制精度低。

2. 电气式温度控制器

电气式温度控制器的感温元件有膜盒、温包、双金属片等，与控制部分组装在一个仪表壳内，就构成了温度控制器。可以用于风机盘管控制、空调箱防冻控制等方面。这是一类结构简单、低成本的温度控制装置。

(1) 电气式风机盘管温控器

电气式风机盘管温控器的感温元件是弹性材料制成的感温膜盒，其内充有感温介质。当检测的温度发生变化时，膜盒内介质的压力发生变化，导致膜盒产生形变，形变力克服微动开关的反作用力，可使微动开关接点动作。其控制规律是双位的，通过"刻度盘"调整膜盒的预紧力来调整温度设定值。二管制风机盘管温度控制器接线如图3-10所示。

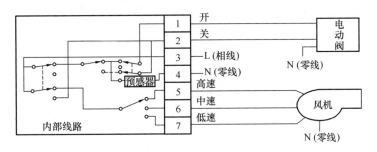

图 3-10　二管制风机盘管温度控制器接线图

温控器具有通/断两个工作位置，可装设于其温度需加以控制的场所内。温控器的通断可控制电动阀的开闭，使室内温度保持在所需的范围（温控的设定温度在10～30℃可调）。夏天，对盘管供应冷水，当开关拨在"开"挡时，室温升至超过设定温度时，温控器触点闭合，L与N接通，系统对室内提供冷气；当开关拨在"关"挡时，电动阀MV-1因失电而关闭，风机电源亦同时被切断。电动阀装在风机盘回水管上。

(2) 双金属片温控器

图3-11所示是双金属片温控器的结构。当温度变化时，双金属片产生形变，驱动电接点开关动作。为了使开关快速动作以防止电弧产生，在固定触点处装有永久磁铁，当动触点进入磁场内，被迅速地吸引，使开关快速关闭。相反，当触点打开时，双金属片反转力必须克服磁力，才能使触点打开。也就是说，当温度上升或下降时，开

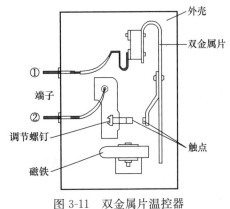

图 3-11　双金属片温控器

关"闭"的温度与"开"的温度间存在着一个间隙,这就是控制器的呆滞区,被测温度超过呆滞区时,开关就急速地动作,其控制特性是双位的。

(3) 感温包压力式温控器

其工作原理同防冻开关,感温包内充注感温介质,当温度发生变化时,感温介质膨胀或收缩,通过毛细管推动波纹管动作,从而驱动杠杆移动。当杠杆力矩克服了弹簧力矩的时候,微动开关触点动作,常用于空调系统。

3.2.2 模拟电子式控制器

模拟电子式控制器是我国在20世纪80年代初期研制使用的,采用模拟电子器件实现各种控制规律,当时主要针对建筑物中的中央空调系统开发的。由于其测量精度较高,可实现多种调节规律,使用可靠,成本低廉,在控制回路简单、成本低的小型系统中还有应用。

1. 断续输出的电子控制器

断续输出的电子控制器有双位式电子模拟控制器、三位式电子模拟控制器、三位式比例积分控制器、三位式比例积分补偿控制器等。

(1) 双位式电子模拟控制器

双位式电子模拟控制器由测量、给定电路、电子放大电路和开关电路等部分组成。它是电子控制器中结构比较简单的一种,图3-12是其原理框图。

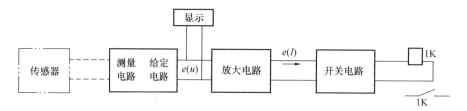

图3-12 双位式电子模拟控制器原理框图

热工参数通过传感器转换成电量后与给定值在测量、给定电路中进行比较,其差值经直流电压放大器放大后,推动开关电路(功率级开关放大电路)控制继电器1K。控制特性如图3-13所示。图中$e(I)$是偏差量,用电流表示。

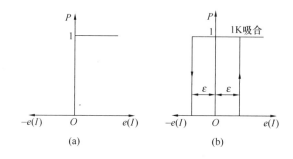

图3-13 双位式电子模拟控制器调节特性

$P=1$表示继电器1K的触头处于闭合状态;$P=0$表示1K触头处于断开状态。图3-13(a)为理想特性,即$e(I) \geq 0+$时,$P=1$,$e(I) \leq 0-$时,$P=0$;图3-13(b)为实际特性,即$e(I) \geq +\varepsilon$时,$P=1$,$e(I) \leq -\varepsilon$时,$P=0$。2ε为双位控制器的呆滞区,在

此范围内，P 值保持不变。

(2) 三位式电子模拟控制器

三位式电子式模拟控制器输出有三个状态，即 1、0、−1，如图 3-14（a）所示是理想特性，图 3-14（b）是实际特性，图 3-15 是三位式电子模拟控制器原理框图。

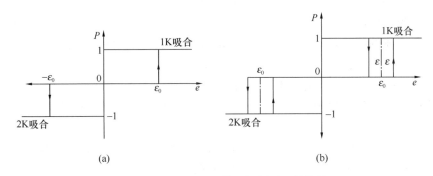

图 3-14 三位式电子模拟控制器调节特性

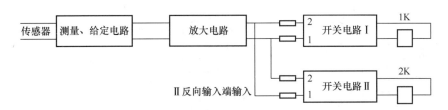

图 3-15 三位式电子模拟控制器原理框图

理想三位式电子模拟控制器特性说明，当偏差 $e \geqslant \varepsilon_0$（实测值≥上限值）时，$P=1$，断电器 1K 吸合；当 $e(I) \leqslant -\varepsilon_0$（实测值≤下限值）时，$P=0$，继电器 2K 吸合；当 $-\varepsilon_0 \leqslant e(I) \leqslant \varepsilon_0$（实测值在上下限之间）时，1K、2K 均释放。$2\varepsilon_0$ 称为三位式电子模拟控制器的不灵敏区或中间区。

(3) 三位式比例积分（PI）控制器

三位式 PI 控制器一般用来控制电动调节水阀或电动风阀等。当继电器接通电动机时，执行器恒速移动阀杆，当继电器断开时，执行器停在原位置。其调节规律的比例积分作用，是指阀杆位移的平均值正比于偏差和偏差对时间的积分。这种装置只在输入信号超出不灵敏区时才动作，在不灵敏区内它就不动作。本质上，三位式 PI 控制器是在三位式电子回路加比例积分（PI）环节，使断续输出具有 PI 规律。

(4) 三位式比例积分（PI）补偿控制器

由于空调系统节能和舒适感的要求，产生了带室外温度补偿的双参数输入的控制器，这种控制器的室内温度设定值能随室外温度的变化而改变，故称为室外温度补偿式控制器（图 3-16）。

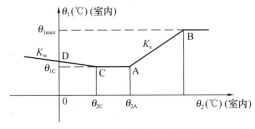

图 3-16 室外温度补偿特性

由图 3-16 可见，在夏季，当室外温度 θ_2 高于夏季补偿起点 θ_{2A}（20～25℃可调）时，

室温给定值 θ_1，将按一定比例关系随室外温度 θ_2 的上升而增高，直到补偿极限 $\theta_{1\max}$。这样既可以节省能量，又可以消除由于室内外温差大所产生的冷热冲击，从而提高舒适感。

$$\theta_1 = \theta_{1G} + K_s(\theta_2 - \theta_{2A}) \tag{3-6}$$

式中　θ_{1G}——室温初始给定值，℃；

　　　K_s——夏季补偿度（直线 AB 的斜率）。

在冬季，当室外温度较低（如低于冬季补偿起点 θ_{2C}）时，为了补偿建筑物（如窗、墙）冷辐射对人体的影响，室温设定值将自动随着室外温度的降低而适当提高，即

$$\theta_1 = \theta_{1G} + K_w(\theta_2 - \theta_{2C}) \tag{3-7}$$

式中　K_w——冬季补偿度（直线 CD 的斜率）。

在过渡季节，即当室外温度在 $\theta_{2C} \sim \theta_{2A}$ 之间时，补偿单元输出为零，室温给定值保持不变。

位式输出的补偿控制器原理如图 3-17 所示。它主要由变送单元、补偿单元、PI 运算单元、输出单元和给定值五部分组成，在控制规律上属三位式 PI 控制器。有断续输出和连续输出两种，此处介绍断续输出的三位式 PI 补偿控制器夏、冬两种工况的补偿情况。

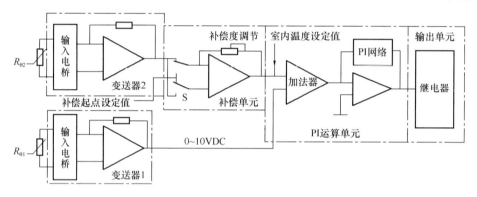

图 3-17　位式输出的补偿式控制器

室外温度传感器 $R_{\theta 2}$ 经输入电桥将电阻信号变为电压信号，再经放大器变换为 0～10V 的标准直流电压信号。此信号除参加补偿运算外，既可供显示、记录仪使用，也可供其他需要室外温度信号的仪表使用。补偿单元接受室外温度变送器 2 的 0～10V 直流信号与补偿起始点设定信号（见图 3-16 中的 θ_{2C} 或 θ_{2A}）的差值信号，改变补偿单元放大器的放大倍数，以获得所希望的补偿度。冬夏季的补偿度在控制器上是可调的，冬夏补偿的切换由补偿单元的输入极性转换开关 S 来完成。室内温度传感器 $R_{\theta 1}$ 经变送单元转换为 0～10V 的直流信号，进入 PI 运算单元加法器的一端；给定信号与补偿信号叠加后进入加法器的另一端。加法器的输出为控制器的输入偏差信号，此信号经 PI 运算单元运算后，再经功率放大器放大，最后驱动继电器。继电器的吸合、释放时间与偏差值的大小以及 PI 参数有关。其冬、夏补偿特性如图 3-16 所示。

3.2.3　数字控制器

由于数字技术的发展以及对数据显示和数据管理的需要，在仪表内已加入了由单片机构成的智能化单元，控制器在程序操作下工作，故这种仪表称为数字控制器。数字控制器不仅能完成控制功能，还能在仪表盘上进行数字显示，通过标准接口、网络连接器与中央

站计算机通信，实现系统集中监控，从而更好地满足楼宇智能控制的要求。其中计算机控制已经在第 2 章进行了介绍，下面将介绍直接数字控制器（DDC）和可编程序逻辑控制器（PLC）。

1. 直接数字控制器（DDC）

DDC 系统是用一台计算机取代模拟控制器，对生产过程中多种被控参数进行巡回检测，并按预先选用的控制规律（PID、前馈等），通过输出通道，直接作用在执行器上，以实现对生产过程的闭环控制，如图 3-18 所示。它作为一个独立的数字控制器，安装在被控生产过程设备的附近，能够完成对不同规模的生产过程的现场控制。

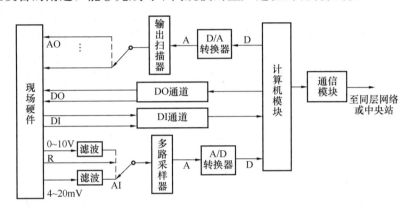

图 3-18　DDC 系统组成框图

直接数字控制器是一种多回路的数字控制器，它以计算机微处理器为核心，加上过程输入、输出通道组成。

直接数字控制器通过多路采样器按顺序对多路被控参数进行采样，然后经过模-数（A/D）转换后输入计算机微处理器，计算机按预先选用的控制算法，分别对每一路检测参数进行比较、分析和计算，最后将处理结果经过数-模（D/A）转换器等输出按顺序送到相应被控执行器，实现对各种生产过程的被控参数自动控制，使之处于给定值附近波动。

（1）DDC 系统具有如下的特点：①计算机运算速度快，能分时处理多个生产过程（被控参数），代替几十台模拟控制器，实现多个单回路的 PID 控制。②计算机运算能力强，可以实现各种比较复杂的控制规律，如串级、前馈、选择性、解耦控制及大滞后补偿控制等。

（2）DDC 系统由被控对象（生产过程）、检测变送器、执行器和工业计算机组成，图 3-18 为 DDC 系统的组成框图。

2. 可编程序控制器（PLC）

可编程序控制器（Programmable Logic Controller，PLC）是一种数字运算的电子操作系统，专门用于工业环境的控制。它采用可编程序的存储器，用来在其内部存储执行逻辑运算、顺序控制、定时、计数和算数运算等操作指令，并通过数字式和模拟式的输入、输出信号，控制各种生产过程。

在建筑环境与设备系统的运行控制中，PLC 能做到安全可靠，且能提高控制精度，同时又简化了工人的劳动、减少了工作量，还可以做到最大限度地节约能耗。如溴化锂冷水

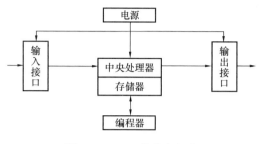

图 3-19　PLC 的基本组成

机组、螺杆式压缩机组等大多采用 PLC 控制。事实上，PLC 也是一种计算机控制系统，并具有更强的与工业控制元件相连接的接口，具有更直接适应于控制要求的编程语言。所以 PLC 与计算机控制系统的组成相似，也具有中央处理器、存储器、输入输出接口、编程器、电源等，其基本组成如图 3-19 所示。

由 PLC 与触摸控制屏组成的诸如制冷空调机组的控制系统，能够做到一键开机、一键关机；能够实现机组的能量调节、轻故障自动处理与重故障报警、开停机程序控制等功能。与常规的控制系统相比，该控制系统可以实现包括自适应控制、模糊控制在内的更复杂的调节控制规律、改善调节品质、提高机组运行的经济性。

3.3　执　行　器

3.3.1　执行器概述

执行器由执行机构和调节机构组成，它接收来自调节器的调节信号，由执行机构转换成角位移或线位移输出，再驱动调节机构改变被控介质的量（或能量），以达到要求的设定值。执行器是自控调节系统中的重要环节。

执行机构与调节机构的连接有直接连接和间接连接两种方式。

（1）直接连接。执行机构一般安装在调节机构（如阀门）的上部，直接驱动调节机构，这类执行机构有直行程电动执行机构、电磁阀的线圈控制机构、电动阀门的电动装置、气动薄膜执行机构和气动活塞执行机构等。

（2）间接连接。执行机构与调节机构分开安装，通过转臂及连杆连接，转臂做回转运动。此类执行机构有角行程电动执行机构、长行程气动执行机构。

按使用的能源种类不同，执行器可分为气动、电动和液动 3 种。智能楼宇的空调系统中常用电动和气动两种执行器。

3.3.2　电动执行器

电动执行器的组成一般采用随动系统的方案，如图 3-20 所示。

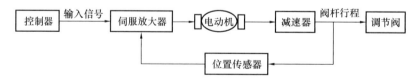

图 3-20　电动执行器随动系统框图

由图 3-20 可见，从控制器来的输入信号通过伺服放大器驱动电动机，经减速器带动调节阀，同时经位置传感器将阀杆行程反馈给伺服放大器，组成位置随动系统，依靠位置负反馈，保证输入信号准确地转换为阀杆的行程。

电动执行机构根据配用的调节机构不同，其输出方式有直行程[图 3-21（a）]、角行程[图 3-21（b）]和多转式 3 种类型。在结构上，电动执行机构除可与调节阀组装成整体的执行器外，还常单独分装以适应各方面需要，使用比较灵活。

智能楼宇中，空调、通风控制系统常用的电动执行器主要有膨胀阀、电磁阀、水量调节阀、风量调节阀、防火阀、排烟阀等。下面分别介绍几种常用的执行器。

图 3-21　电动执行器
（a）直行程电动执行器；（b）角行程电动执行器

3.3.3　膨胀阀

在制冷系统中，膨胀阀主要起着膨胀节流的作用，它将液体制冷剂从冷凝压力减小到蒸发压力，并根据需要调节进入蒸发器的制冷剂流量。制冷系统的节流膨胀机构主要有热力膨胀阀、热电膨胀阀、电子膨胀阀和毛细管等。其中，毛细管在节流过程中有不可调性，故在大型制冷系统中不再采用毛细管，而采用膨胀阀来控制。常用的有热力膨胀阀和电子膨胀阀两种。

1. 热力膨胀阀

热力膨胀阀以蒸发器出口的过热度为信号，根据信号偏差来自动调节制冷系统的制冷剂流量，因此，它是以传感器、控制器和执行器三位组合成一体的自力式自动控制器。热力膨胀阀有内平衡和外平衡两种形式。内平衡式热力膨胀阀膜片下面的制冷剂压力是从阀体内部通道传递来的膨胀阀孔的出口压力；而外平衡式热力膨胀阀膜片下面的制冷剂平衡压力是通过外接管，从蒸发器出口处引来的压力。由于两者的平衡压力不同，它们的使用场合也有区别。内平衡式热力膨胀阀工作原理如图 3-22 所示，压力 p 是感温包感受到的蒸发器出口温度相对应的饱和压力，它作用在波纹膜片

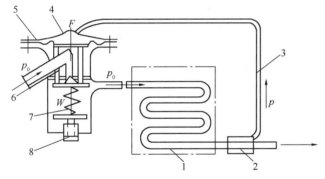

图 3-22　内平衡式热力膨胀阀工作原理
1—蒸发器；2—感温包；3—毛细管；4—膨胀阀；
5—波纹膜片；6—推杆；7—调节弹簧；8—调节螺钉

上，使波纹膜片产生一个向下的推力，而在波纹膜片下面受到蒸发压力 p_0 和调节弹簧力 W 的作用。当空调区域温度处在某一工况下，膨胀阀处于某一开度时，p、p_0 和 W 处于平衡状态，即 $p=p_0+W$。如果空调区域温度升高，蒸发器出口处过热度增大，则感应温度上升，相应的感应压力 p 也增大，这时 $p>p_0+W$ 波纹膜片向下移动，推动传动杆使膨胀阀的阀孔开度增大，制冷剂流量增加，制冷量随之增大，蒸发器出口过热度相应地降下来。相反，如果蒸发器出口处过热度降低，则感应温度下降，相应的感应压力 p 也减小，这时，$p<p_0+W$，波纹膜片上移，传动杆也上移，膨胀阀的阀孔开度减小，制冷剂流量减小，使制冷量也减小，蒸发器出口过热度相应地升高。膨胀阀进行上述自动调节，适应

了外界热负荷的变化，满足了室内所要求的温度。如图 3-22 所示为内平衡式热力膨胀阀的结构。膨胀阀安装在蒸发器的进口管子上，它的感温包安装在蒸发器的出口管上，感温包通过毛细管与膨胀阀顶盖相连接，以传递蒸发器出口过热温度信号。有的在进口处还设有过滤网。

2. 电子膨胀阀

电子膨胀阀是以微型计算机实现制冷系统制冷剂变流量控制，使制冷系统处于最佳运行状态而开发的新型制冷系统控制器件。微型计算机根据采集的温度信号进行比例和积分运算，控制信号控制施加于膨胀阀上的电流或电压，以控制阀的开度，直接改变蒸发器中制冷剂的流量，从而改变其状态。压缩机的转数与膨胀阀的开度相适应，使压缩机输送量与通过阀门的介质流量相适应。在变频空调、模糊控制空调和多路系统空调等系统中，电子膨胀阀作为不同工况控制系统制冷剂流量的控制器件，均得到日益广泛的应用。

3.3.4 电磁阀

电磁阀是利用电磁铁作为动力元件，在线圈通电后，产生电磁吸力提升活动铁芯，从而带动阀塞运动控制气体或液体的流量通断，其动作可由双位调节器（如压力控制器、温度控制器或液位控制器等）发出的电气控制信号控制。例如，在直接蒸发式空调器中制冷剂流量的控制和加湿系统中蒸汽量的控制等。

电磁阀有直动式和先导式两种。图 3-23（a）为直动式电磁阀，这种结构中，电磁阀的活动铁芯本身就是阀塞，通过电磁吸力开阀，失电后，由复位弹簧闭阀。图 3-23（b）为先导式电磁阀，它由导阀和主阀组成，通过导阀的先导作用使主阀开闭。线圈通电后，电磁吸力提升活动铁芯，使排出孔开启，由于排出孔与主阀上腔连通，使上腔压力降低，主阀下方压力与进口侧压力相等，则主阀因压差作用而上升，阀门开启。断电后，活动铁芯下落，将排出孔封闭，介质从平衡孔进入主阀上腔，上腔内压力上升，当约等于进口侧压力时，主阀因复位弹簧作用力，使阀门关闭。先导式电磁阀线圈只要吸引尺寸和质量都很小的铁芯，就能推动主阀塞打开阀门。因此，不论电磁阀通径的大小，其电磁部分包括线圈都可做成一个通用尺寸，使先导式电磁阀具有质量轻尺寸小和便于系列化生产的优点。电磁阀的型号应根据工艺介质选择，通径通常与工艺管路的直径相同。

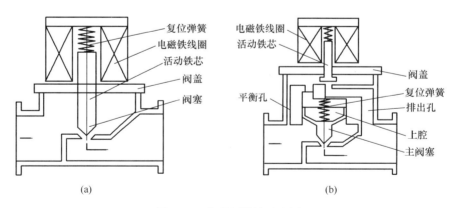

图 3-23 电磁阀结构示意图
（a）直动式电磁阀；（b）先导式电磁阀

风机盘管电动阀是一种常用的电动双位阀,根据控制器发出的开关信号(0或1),关闭或打开阀门。其作用是安装在风机盘管的回水管上控制冷、热水路的开或关,从而实现房间温度控制。风机盘管电动阀的上部是一只单相磁滞同步电机,带动中间的齿轮减速箱,下部是铜质二通阀或三通阀。

3.3.5 电动调节水阀

电动调节水阀是根据控制器发出的模拟信号,连续改变阀芯行程来改变阀门阻力系数,从而达到调节流过阀门流体流量的目的。在暖通空调系统中主要用于调节冷媒或热媒流过换热器的流量,以实现温度控制。其一般由电动执行机构和调节机构两大部分组成,在结构上可以分装成两个部分,也可以组装成整体的执行器。

1. 电动调节水阀的结构

(1) 调节机构

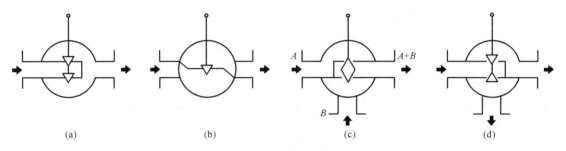

图 3-24 阀门结构

(a) 直通双座阀;(b) 直通单座阀;(c) 三通合流阀;(d) 三通分流阀

调节机构就是水调节阀,接受执行机构的操纵,改变阀芯与阀座间的流通面积,用于调节工质流量。阀门按结构可分为:直通单座阀、直通双座阀、三通阀等,阀门结构如图3-24所示。其中直通双座阀的阀杆受力抵消,可以应用于压差较大的场合。但由于有两个阀芯,泄漏量相对较大。

(2) 电动执行机构

电动执行机构也叫阀驱动器,主要由电动机、机械减速器、丝杠、复位弹簧、机械限位组件弹性联轴器、位置反馈(电动阀门定位器)等组成。电动调节阀如图3-25所示,当电动机2通电旋转,带动机械减速机构使丝杠3转动,丝杠上的导板4将电机转动变成上下移动,由弹性联轴器5去带动阀杆,进而使阀芯8上下移动,随着电机的转动方向不同使阀芯朝着打开或关闭方向移动。当阀芯达到极限位置时,触动轴上的凸轮,相应的限位开关断开,电机停转,同时可发出到位信号。图3-26为阀驱动器的电路原理示意图,可见阀驱动器具备下列基本功能。

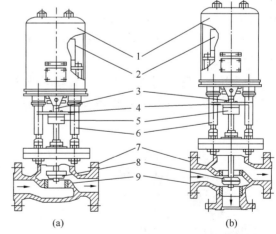

图 3-25 电动调节阀

(a) 电动二通阀;(b) 电动三通阀

1—外罩;2—电动机;3—丝杠;4—导板;5—弹性联轴器;6—支架;7—阀体;8—阀芯;9—阀座

建筑设备管理系统

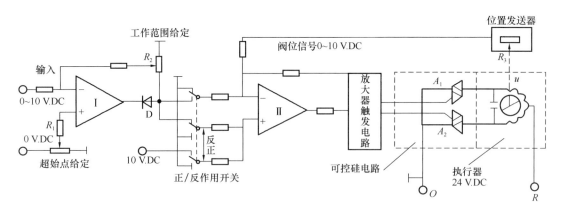

图 3-26　阀驱动器的电路原理示意图

1) 接收控制器的标准电压信号,控制电机运转,达到所要求的阀门开度。

2) 正反作用。正作用指输入电压与阀门开度成正比;反作用指输入电压与阀门开度成反比。

3) 调整阀门开始动作的对应电压,例如 4~10V 对应阀门从全关到全开,0~4V 阀门不动。这种功能可以实现分程控制,用控制器的一个信号控制两个阀门。例如:空调箱中的加热器和表冷器,夏天表冷器的水阀工作,此时控制器只输出 0~4V 电压;冬天加热器的水阀工作,此时控制器只输出 4~10V 电压;实现了逻辑上的"互锁"功能。

4) 阀位反馈。反馈 0~10V 电压信号,DDC 的 A_1 通道接收信号,监视阀门的实际开度。

2．电动风门

电动风门由电动执行机构和风门组成,分为调节型电动风门和开关型电动风门,是空调送风系统和建筑防排烟系统中常用的设备。调节型电动风门采用连续调节电动执行器,通过调节风门的开启角度来控制风量的大小,可用来控制风的流量;开关型电动风门采用两位式电动执行器,实现对风阀开启、关闭及中间任意位置的定位。对开启和关闭时间有特殊要求的场合,可采用快速切断风门,其全行程时间可在 3~6s 内完成。图 3-27 是电动风门控制器。

风门由若干叶片组成,当叶片转动时改变流道的等效截面积,即改变了风门的阻力系数,其流过的风量也就相应地改变,从而达到了调节风流量的目的。图 3-28 是电动风门的结构。

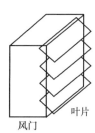

图 3-27　电动风门控制器　　　　　　　图 3-28　电动风门的结构

(1) 电动风门的控制方式。电动风门的控制与蝶阀的控制方法基本相同，也分为调节型电动风门和开关型电动风门，如图 3-27 所示，交流 24V 供电，通过控制器的开关控制风门的开度。调节型风门带有位置电位器，能够反馈风门的位置信息；开关式风门根据控制器开关实现全开、全关或半开。

(2) 电动风门的种类

1) 电动风量调节阀。一般用于空调通风系统管道中，用来调节风量，也可用于新风与回风混合调节。电动执行器可提供 DC24V 或 AC220V 电源控制，电动开启或关闭阀门，可输出位置信号。具有电动按钮，可手动开启或关闭，也可提供开关控制或比例控制两种控制方式。开闭方式分为顺开式和对开式。

2) 自动复位防烟防火调节阀。通常安装在通风空调系统的送、回风总管及水平支管上。其主要功能和特点为：70℃熔断器动作，阀门自动关闭。动作电压/电流为 DC24V/0.5A。温感器动作温度为 70℃。

3) 排烟防火阀。安装在排烟系统管道上，常闭。火灾时，烟（温）感探头发出火灾信号，控制中心接通电源，阀门迅速打开排烟，280℃时，阀门自动关闭。

3.4 调节阀的选择与计算

3.4.1 阀门的流量特性

1. 流量特性的定义

调节阀的流量特性，是指介质流过调节阀的相对流量与调节的相对开度之间的关系，即：

$$\frac{W}{W_{max}} = f\left(\frac{l}{l_{max}}\right) \tag{3-8}$$

式中 $\frac{W}{W_{max}}$ ——相对流量，即调节阀某一开度下的流量与全开时流量之比；

$\frac{l}{l_{max}}$ ——相对开度，即调节阀某一开度下的行程与全开时行程之比。

2. 理想流量特性

调节阀在前后压差固定的情况下得到的流量特性称为理想流量特性，是由阀芯形状决定的。典型的理想流量特性有直线流量特性、等百分比（或称对数）流量特性、快开流量特性和抛物线流量特性，理想流量特性曲线如图 3-29 所示，它们所对应的阀芯形状如图 3-30 所示，图 3-30 中 1~4 是柱塞形阀芯，5、6 是开口形阀芯。

(1) 直线流量特性

直线特性是指调节阀的相对流量与相对开度成直线关系，即单位相对行程变化所引起的相对流量变化是一个常数。

(2) 等百分比（对数）流量特性

等百分比流量特性指单位相对行程变化所引起的相对流量变化与此点相对流量呈正比。

(3) 抛物线流量特性

抛物线流量特性的调节阀的单位相对行程变化所引起的相对流量变化与此点相对流量的平方根呈正比。

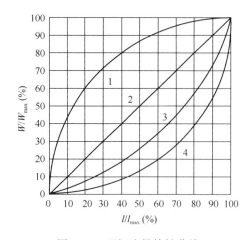 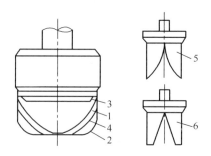

图 3-29　理想流量特性曲线
1—快开流量特性；2—直线流量特性；
3—抛物线流量特性；4—对数流量特性

图 3-30　阀芯形状
1—直线流量特性阀芯；2—对数流量特性阀芯；
3—快开流量特性阀芯；4—抛物线流量特性阀芯；
5—对数流量特性阀芯；6—直线流量特性阀芯

（4）快开流量特性

快开流量特性是在调节阀的行程比较小时，流量就比较大，随着行程的增大，流量很快就达到最大，因此称为快开流量特性。快开流量特性调节阀的阀芯形状为平板式，调节阀的有效行程在阀座直径的 1/4 以内，当行程再增大时，阀的流通面积不再增大，便不再起调节作用了。快开特性的调节阀主要用于双位调节。

3. 工作流量特性

理想流量特性是在调节阀前后压差不变的情况下得到的。但是在实际使用时，调节阀装在具有阻力的管道系统上，调节阀前后的压差值不能保持不变。因此，虽在同一开度下，通过调节阀的流量将与理想特性时所对应的流量不同。所谓调节阀的工作流量特性是指调节阀在前后压差随负荷变化的工作条件下，调节阀的相对开度与相对流量之间的关系。

直通调节阀的串联工作流量特性。

直通调节阀与管道、设备串联如图 3-31（a）所示。图中 Δp 为系统的总压差，Δp_1 为调节阀上的压差，Δp_2 为串联管道及设备上的压差。对于有串联管道时，令：

$$S_f = \frac{\Delta p_{1\min}}{\Delta p} = \frac{\Delta p_{1\min}}{\Delta p_{1\max} + \Delta p_2} \tag{3-9}$$

式中，$\Delta p_{1\min}$ 是调节阀全开时的压差；

S_f 是阀权度，其在数值上等于调节阀在全开时，阀门上的压差占系统总压差的百分数。

若管道、设备等无阻力损失，即，$\Delta p_2 = 0$，则 $S_f = 1$。这时系统总压差就是调节阀上的压差。调节阀的工作流量特性与理想流量特性一致。

实际情况下的调节范围与理想情况有很大差别。若系统的总压差 Δp 一定，随着管路中流量的增加，管道沿程阻力和管件局部阻力都会随之增加，这些阻力损耗大体上与流量的平方成正比，如图 3-31（b）所示。因此，调节阀上的压差 Δp_1 相应减小。当流量最大

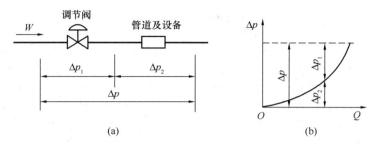

图 3-31 调节阀与管道串联
(a) 调节阀与管道、设备串联;(b) 调节阀与管道压差变化

时,管道上压差 Δp_2 达到最大,阀上的压差 Δp_1 最小,反之,则阀上的压差 Δp_1 最大。这种情况下的调节阀实际所能控制的最大流量与最小流量的比值被称为实际可调范围,R_r 则有:

$$R_r = \frac{W_{max}}{W_{min}} = \frac{C_{max}\sqrt{\frac{\Delta p_{1min}}{\rho}}}{C_{min}\sqrt{\frac{\Delta p_{1max}}{\rho}}} = R\sqrt{\frac{\Delta p_{1min}}{\Delta p_{1max}}} \tag{3-10}$$

式中 Δp_{1min} ——调节阀全开时,阀两端的压差,MPa;

Δp_{1max} ——调节阀全关时,阀两端的压差,MPa;

R——$R = C_{max}/C_{min}$ 阀门理想可调范围;

C_{max}, C_{min} ——分别为调节阀全开时及全关时的流通能力,取决于阀门的通径和阻力系数。

由于调节阀全关时,流量很小,管道阻力亦很小,故阀两端压差 Δp_{1max} 近似等于系统总压差 Δp,则:

$$S_f = \frac{\Delta p_{1min}}{\Delta p} \approx \frac{\Delta p_{1min}}{\Delta p_{1max}} \tag{3-11}$$

所以:

$$R_r \approx R\sqrt{S_f} \tag{3-12}$$

调节阀的实际可调范围比理想可调范围小,通常 R_r 为 10 左右。

若调节阀不变,仅改变管道阻力时,其 S_f 值也是不同的。随着管道阻力的增大,S 值就要减小,对于不同的 S_f 值可求得调节阀在串联工作管道时的工作流量特性。如以 W_{100} 表示存在管道阻力时调节阀的全开流量,则 W/W_{100} 称作以 W_{100} 为参比的调节阀的相对流量,图 3-32 为以 W_{100} 为参比值,在不同 S_f 值下的工作流量特性。由图 3-32 可知,当 $S_f = 1$ 时,即管道阻力损失为零,系统的总压差全部降落在调节阀上,实际工作特性与理想特性是一致的。随着 S_f 值的减少(管道阻力增加),不但调节阀全开时流量越来越小(即可调比越来越小),并且工作流量特性对理想流量特性的偏离也越来越大,直线特性渐趋快开流量特性,等百分比特性渐趋直线特性,实际使用中,一般 S_f 值不应低于 0.3。

3.4.2 调节阀的流通能力

调节阀流通能力是衡量阀门流量控制能力的另一个重要的物理量,其定义为阀两端压

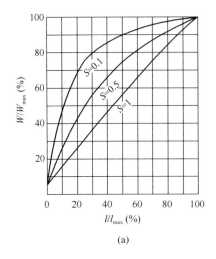
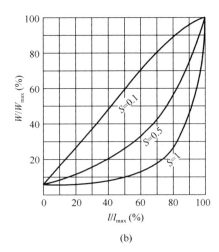

图 3-32 串联管道上调节阀的工作流量特性
(a) 直线流量特性；(b) 对数流量特性

差为 100000Pa、流体密度为 $\rho=1\text{g/cm}^3$ 时，调节阀全开时的流量（m^3/h），即：

$$C = \frac{316W}{\sqrt{\Delta p/\rho}} \tag{3-13}$$

式中 W——流体流量，m^3/h；

Δp——阀两端压差，Pa；

ρ——流体密度，g/cm^3。

从其定义式可知，式（3-13）适用于空调系统中的冷、热水的控制（水的密度可视为 1g/cm^3）。

对于蒸汽阀，目前有多种计算方法，由于蒸汽密度在阀的前后是不一样的，因此不能直接用式（3-13）进行计算而必须考虑密度的变化。根据实际工程情况，一般认为采用阀后密度法较为可行。

当 $p_2 > 0.5p_1$ 时：

$$C = \frac{10m}{\sqrt{\rho_2(p_1-p_2)}} \tag{3-14}$$

当 $p_2 < 0.5p_1$ 时：

$$C = \frac{10m}{\sqrt{\rho_{2KP}(p_1-p_1/2)}} = \frac{14.14m}{\sqrt{\rho_{2KP}p_1}} \tag{3-15}$$

式中 m——阀门的蒸汽流量，kg/h；

p_1、p_2——阀门进、出口绝对压力，Pa；

ρ_2——在 p_2 压力及 t_1 温度（p_1 压力下的饱和蒸汽温度）时的蒸汽密度，kg/m^3；

ρ_{2KP}——超临界流动状态（$p_1<0.5p_2$）时，阀出口截面上的蒸汽密度，kg/m^3，通常可取 $0.5p_1$ 压力及 t_1 温度时的蒸汽密度。

在实际计算过程中，由于 ρ_2 常常是未知的，因此采用式（3-15）较容易一些，也比较符合实际使用情况。

调节阀的选择：

（1）调节阀的流量特性的选择

空调末端设备通常采用冷水、热水或蒸汽来处理空气,然后将其送入空调房间,使房间温度达到设定温度。处理空气的换热设备称为换热器,房间温度的控制效果与换热器的静特性(换热器水侧流量与换热量之间的关系)有关。

根据换热器的知识可知,在用热水或冷水加热或冷却空气时,由于换热器进出口水温度差的存在,换热器表面的温度不均匀,使得换热器的换热量与水流量呈非线性关系,如图3-33(a)所示。

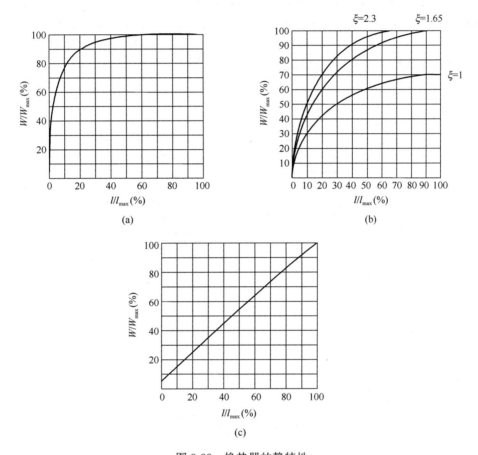

图 3-33 换热器的静特性
(a) 水-空气加热器热力特性;(b) 表冷器热力特性;(c) 蒸汽-空气加热器热力特性

表冷器与空气加热器静特性相似,但其换热量与析湿系数 ξ 值有关,不同的 ξ 值对应不同的性能特性曲线。在冷却减湿处理过程中,ξ 的最小值为 1。对目前国内大多数城市的气象参数分析可知,在处理新风时,ξ 的最大值为 2~3。因此,表冷器的特性曲线是在 $\xi=1$ 和 $\xi=2\sim3$ 所决定的两条特性曲线之间变化。在具体应用时,可用其中的某一条曲线来近似代表表冷器的性能特性,比如可取 $\xi=2\sim3$ 的特性曲线,如图3-33(b)所示。

对于用蒸汽作为热媒时,由于在换热器中的蒸汽总是具有相同的温度,所以加热器的加热量与蒸汽流量呈正比例,即呈线性关系,如图3-33(c)所示。但需要指出的,蒸汽加热器只有在蒸汽作自由冷凝时,它的静特性才是线性的,而要使蒸汽在加热器中实现自由冷凝，要把加热器与真空系统连接，在低负荷时要有很低的负压才行。而工程中换热器的冷凝水是通过疏水器排入回水系统中的，不能实现自由冷凝，有一部分蒸汽冷凝后再冷却，使加热器的实际静特性稍偏离直线，但这种偏离可以忽略。

选择换热器调节阀时的一个重要原则是以阀门的工作特性来补偿换热器的静特性，以达到较好的换热量调节效果。通常，以蒸汽为一次热媒的换热器，其静特性为线性的；而以水为一次侧介质的换热器，无论二次侧介质是水还是空气，其静特性都是非线性的。根据以水为一次侧介质的换热器的特性，在小流量时会引起盘管大的换热输出，而等百分比调节阀在小开度时提供较小的流量，两者可以相互抵偿，使等百分比调节阀与换热器构成的调节系统的综合特性呈线性（图3-34），具有较好的调节质量。以蒸汽为一次热媒的换热器的静特性为线性，应选择抛物线流量特性的调节阀，因为该特性的调节阀的实际工作流量特性接近直线特性。

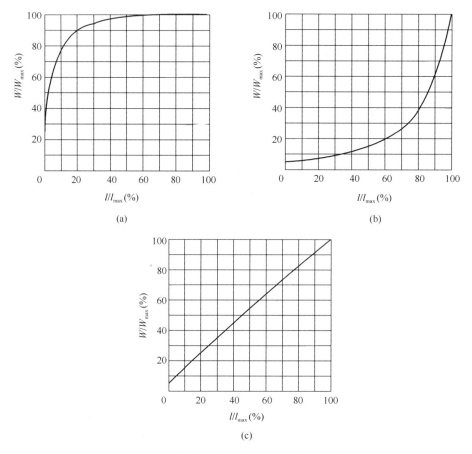

图 3-34 换热器与等百分比调节阀的综合特性
(a) 换热器热力特性；(b) 等百分比调节阀特性；(c) 换热器与调节阀综合热力特性

在变水量空调系统中，冷热源机房内供回水总管之间常安装压差旁通阀。当末端负荷减小，旁通阀两端压差超过设定值时，逐渐开启阀门，使供水总管中的一部分水量通过旁通阀回到回水总管，通过对旁通阀的控制不仅可使制冷机组蒸发器水侧流量恒定，而且可使供回水压差稳定，减小了压力波动对末端盘管的调节阀的影响，提高了空调房间温度控

第3章 建筑设备管理系统中的感知与执行模块

制的稳定性。由于压差旁通阀两端的压差基本不变,其工作目的是要求阀门根据两端压差均匀地旁通水流量,因此应选用线性流量特性的调节阀。

阀门口径 DN、工作压差 ΔP 及流量特性 $W = f(l)$ 这三者是不可分的。它们同时决定阀门实际工作时的调节特性。三者的不同组合会产生不同的效果应综合考虑。

只用双位控制即可满足要求的场所(如大部分建筑中的风机盘管所配的两通阀以及对湿度要求不高的加湿器用阀等),无论采用电动式或电磁式,其基本要求都是尽量减少阀门的流通阻力而不是考虑其调节能力。因此,此时阀门的口径可与所设计的设备接管管径相同。

电磁式阀门在开启时,总是处于带电状态,长时间带电容易影响其寿命,特别是用于蒸汽系统时,因其温度较高,散热不好时更为如此。同时,它在开关时会出现一些噪声。因此,应尽可能采用电动式阀门。

调节用的阀门,直接按接管管径选择阀口径是不合理的。因为阀的调节品质与接管流速或管径是没有关系的,它只与其水阻力及流量有关。换句话说,一旦设备确定后,理论上来说,适合于该设备控制的阀门只有一种理想的口径而不会出现多种选择。因此,应按阀门流量系数选择阀门口径。

调节阀的阀门口径是根据工艺要求的流通能力来确定的。调节阀的流通能力直接反映调节阀的容量,是设计、使用部门选用调节阀的主要参数。在工程计算中,为了合理选取调节阀的尺寸,应正确计算流通能力,否则将会使调节阀的尺寸选得过大或过小。如选得过大,将使阀门工作在小开度的位置,造成调节质量不好和经济效果较差;如选得过小,即使处于全开位置也不能适应最大负荷的需要,使调节系统失调。正确选择阀门应考虑如下参数:阀门的流通能力、汽蚀和闪蒸、阀门流量特性、阀体种类、阀门执行器的大小等。

在换热设备确定后,查该产品样本可得换热器在额定工况时的阻力,根据 $S_f = 0.3 \sim 0.5$ 确定阀门的阀权度,从而可计算出在换热器额定工况时阀门两端必需的压差,再根据这个压差及换热器额定工况的流量按式(3-13)(对水阀),或式(3-14)及式(3-15)(对蒸汽阀)进行计算调节的流量系数。实际工程中,阀的口径通常是分级的,因此阀门的实际流量系数 C 通常不是一个连续变化值(而根据公式计算出的 C 值是连续的)。目前大部分生产厂商对 C 的分级都是按大约 1.6 倍递增。表 3-1 反映了某一厂家产品随阀门口径变化时其 C 的变化。

不同口径电动调节阀的流量系数　　　　　表 3-1

DN(mm)	15	15	15	15	20	25	32	40	50	65	80	100
C	1.0	1.6	2.5	4.0	6.3	10	16	25	40	63	100	160

在按公式计算出要求的 C 值后,应根据所选厂商的资料进行阀口径的选择(注意:不同厂商产品在同一口径下的 C 值可能是不一样的),应使 C 尽可能接近且大于计算值。

【例 3-3】空调机组表冷器水侧流量为 $21\text{m}^3/\text{h}$,水侧阻力为 43kPa,表冷器的接管管径为 $DN50$,选择合适的调节阀口径。

【解】根据 $S_f = 0.3 \sim 0.5$,取 $S = 0.4$,再根据式(3-9)可计算出调节阀两端的压差 $\Delta p_{1\max}$:

$$S_{\mathrm{f}} = \frac{\Delta p_{1\max}}{\Delta p} = \frac{\Delta p_{1\max}}{\Delta p_{1\max} + \Delta p_2}, \text{则 } 0.4 = \frac{\Delta p_{1\max}}{\Delta p_{1\max} + 43}, \text{可得 } \Delta p_{1\max} = 28.7\text{kPa}。$$

已知水的密度为 1g/cm^3,根据式(3-13)可得调节阀的流量能力 C 为:

$$C = \frac{316W}{\sqrt{\dfrac{\Delta p}{\rho}}} = \frac{316 \times 21}{\sqrt{\dfrac{28.7 \times 1000}{1}}} = 39.2\text{m}^3/\text{h}$$

如果按表 3-1 提供的流量系数选择调节阀的口径,应选 DN50。

(2) 调节阀选用及安装注意事项

在选用调节阀时,除了要使换热器获得较好的调节性能,选择合理的调节阀流量特性及口径外,还要注意以下事项。

1) 介质种类。在暖通空调系统中,调节阀通常用于调节水和蒸汽的流量。这些介质本身对阀件无特殊的要求,因此一般通用材料制作的阀件都是可用的。对于其他流体,则要认真考虑阀件材料,如杂质较多的流体,应采用耐磨材料;腐蚀性流体,应采用耐腐蚀材料等。

2) 工作压力。工作压力也和阀的材质有关,一般来说,在生产厂家的样本中对其都有所提及,使用时实际工作压力只要不超过其额定工作压力即可。

3) 工作温度。阀门资料中一般也提供该阀门所适用的流体温度,只要按要求选择即可。常用阀门的允许工作温度对于暖通空调冷、热水系统都是适用的。

但对于蒸汽阀应注意阀门的工作压力、工作温度与某种蒸汽的饱和压力和饱和温度不一定是对应的,因此应在温度与压力的适用范围中取较小者来确定其应用的限制条件。例如:假定一个阀门的工作压力为 1.6MPa,工作温度为 180℃。1.6MPa 的饱和蒸汽温度为 204℃,因此,当此阀门用于蒸汽管道系统时,它只适用于饱和温度 180℃(相当于蒸汽饱和压力约为 1.0MPa)的蒸汽系统中,而不能用于 1.6MPa 的蒸汽系统中。

4) 工作电压及调节信号。电动调节阀有多种工作电压可供选择,应根据系统设计统一选定一种工作电压。电动阀执行器可接收的调节信号应与控制器的输出信号一致。

5) 安装。阀门执行器的安装位置不能低于管道轴线,以防止阀门泄漏造成执行器的损坏。阀体四周应留有足够的维修空间,安装时应注意阀体上标注的流动方向,建议在调节阀前安装过滤器,调节阀宜安装在换热器的出水管段上。

3.5 本章小结

本章主要介绍了智能楼宇中使用的典型传感器、执行器以及检测技术。智能楼宇的控制中往往需要检测许多非电量,传感器就可以感受这些非电量的变化并把它们转换成电量,以供后续信号的处理和分析,智能楼宇中常用到的传感器有温度传感器、湿度传感器、压力传感器等。智能楼宇中需要有相应的检测技术配合上述典型的传感器工作,来实现被测信号的选择、感知、转换和处理。信号处理完毕后要传递到相应的执行机构和调节机构进行处理,这就是所说的执行器,它是自控调节系统的重要环节,完成被测量的调控,实现所谓的智能化。

复习思考题

3-1 仪表精度等级的含义是什么？试说明仪表等级、量程范围与精度指标要求之间的关系。

3-2 什么是室外温度补偿控制器？在空调系统中是如何应用的？

3-3 执行器有哪几类？什么是电磁阀？什么是先导电磁阀？各有什么功能特点？

3-4 试叙述两位式电动阀和调节阀的工作原理。

3-5 简述直通阀和直通双座阀的特点及应用场合。

3-6 控制器的组成通常包括哪些部分？

3-7 控制器的基本功能是什么？

3-8 离散的 PID 表达式是什么？

3-9 电气式风机盘管温控器的工作原理是什么？

3-10 何为调节阀的流量特性？何为理想流量特性和工作流量特性？试说明直线调节阀和等百分比调节阀的工作特性及应用场合。

3-11 试说明阀阻比的物理意义。试说明阀阻比与调节阀的调节特性的关系？

3-12 已知某空调机组表冷器水侧流量为 $18m^3/h$，水侧阻力为 $43kPa$，表冷器的接管管径为 $DN50$，选择合适的调节阀口径。

第 4 章 建筑设备监控系统

建筑设备监控系统是一种用于监测和控制建筑机电设备的系统。它可以实时监测建筑机电设备的运行状态,包括温度、湿度、电压、电流、功率等参数,同时也可以远程控制建筑机电设备的开关、调节和维护。该系统通常由传感器、执行器、控制器和用户界面等组成,可以实现自动化控制和智能化管理,提高设备的使用效率和安全性,降低能耗和维护成本。

4.1 概 述

4.1.1 建筑机电设备监控系统的组成

在建筑物中,建筑机电设备监控系统由环境控制系统、供配电及照明系统、交通运输系统和其他辅助系统组成。环境控制系统由冷热源监控、空气调节监控、通风系统监控、给水排水系统监控组成,实现对室内环境的智能化监控和管理;供配电及照明监控系统能够监测供电、配电、应急发电、各类型照明系统的运行状态;交通运输系统主要监测电梯和扶梯的运行状态。此外,随着技术发展,电动窗、电动遮阳、电加热、电伴热系统、智能灌溉系统、雨水回收系统在楼宇中的应用越来越广泛,也需要纳入建筑机电设备监控范围,为人们创造一个舒适的生活环境,如图 4-1 所示。

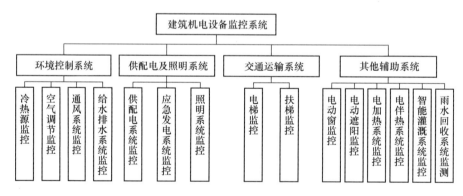

图 4-1 建筑机电设备监控系统

建筑机电设备监控系统是对建筑物内各种机电设备的集中监控和管理系统,它能够实时监测和控制各种设备的运行状态,提高设备的运行效率和能源利用效率,如图 4-2 所示。建筑机电设备监控系统通常包括以下几个主要部分:

(1) 中央监控系统

中央监控系统是建筑机电设备监控系统的核心部分,它是集中管理和监控各种设备的控制中心。监控中心通常安装在建筑物的管理办公室或专门的机房内,包括监控主机、显示器、报警器等设备。

第 4 章 建筑设备监控系统

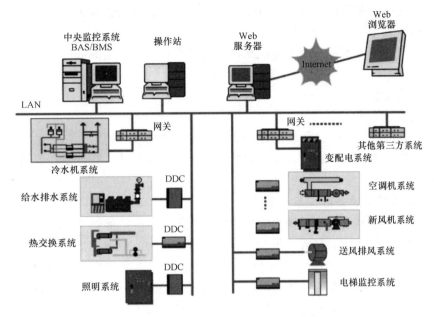

图 4-2 建筑机电设备监控系统组成示意图

(2) 冷热源监控系统

冷热源设备主要作用是给建筑物空调系统提供冷量和热量,通常将实现该功能必须附带的部件也纳入冷热源部分,包括冷水机组、冷水泵、冷却水泵、补水泵、冷却塔、温度传感器、压力传感器、流量传感器、电动调节阀等设备。

(3) 空调及通风监控系统

通风系统包括排风和送风系统,排风是把废气或其他不需要的气体从室内抽出,送风是把外界的新鲜空气送入室内。通风系统相较于空调风系统设备组成相对简单,一般仅有风机、CO 传感器、CO_2 传感器等设备。空调风系统不仅有送风排风,还有回风,可对空气除尘、杀菌、加温或降温、加湿或除湿等处理后送入室内,包含过滤器、加热器、表冷器、加湿器、温湿度传感器、冷冻开关等设备。

(4) 给水排水监控系统

给水排水系统是建筑重要的组成部分,包括生活给水系统、生活排水系统和消防给水系统。系统可随时监控水箱水位,并自动储水及排水;当系统出现异常情况或需要维护时,及时发出报警信号。一般包括水泵、压力传感器、液位传感器等设备。

(5) 供配电监控系统

供配电监控系统运用先进的信息技术、通信技术和自动化控制技术来实现电力系统供电的高效管理。系统与前端各智能环境设备进行实时通信交互,通过智能监控变配电房中的变压器、开关柜、蓄电池、低压馈线等设备运行状态,并以多样化的报警处理机制和友好的展现方式,使运维人员及时了解供配电设备运行状况。

(6) 照明监控系统

照明监控系统应用自动控制、现场总线,嵌入式系统等多方面技术,实现照明设备智能化集中管理和控制,具有实时监测设备运行状态,分析、判断、定位故障位置功能。一

建筑设备管理系统

般由光源、调光器、照度传感器、红外或微波传感器、智能面板等设备组成。

（7）电梯监控系统

电梯监控系统是主要用于对电梯或扶梯运行状态进行实时监测和管理。它不仅可以保障电梯的安全及顺畅运行，还可以提高电梯的效率和使用寿命。通常由摄像头、传感器、通信控制器等设备组成。

（8）其他监控系统

随着技术发展，建筑中各种智能化设备和系统越来越多，也可通过一些高阶的通信接口与相关设备管理系统进行通信，如电加热、电伴热监控系统，智能灌溉系统，雨水回收系统监测等。

4.1.2 建筑机电设备监控系统功能

建筑机电设备监控系统是一种集成化的监控和管理系统，能够实时监测建筑物内各种机电设备的运行状态和环境参数，包括温度、湿度、压力、流量、电压、电流等，及时发现设备的异常情况；能够实现对建筑物内各种机电设备的远程控制和调节，例如远程开关，调节温度、湿度等，方便管理人员对设备进行远程操作；能够对传感器采集的数据进行实时分析和处理，生成各种报表和图表，帮助管理人员了解设备的运行情况和能源利用情况；能够根据设定的阈值对设备的异常情况进行实时报警，通过声光报警器、短信、邮件等方式通知管理人员，及时采取措施避免设备故障；能够对建筑物内各种设备的能耗情况进行监测和管理，帮助管理人员发现能源浪费的问题，并采取相应的节能措施；能够记录设备的运行数据和维护记录，帮助管理人员进行设备的定期维护和保养，延长设备的使用寿命；能够对设备的故障情况进行诊断和分析，帮助管理人员快速定位故障原因，减少故障对建筑物运行的影响；能够对建筑物内部的安全设备进行监控，如火灾报警系统、安全技术防范系统等，保障建筑物内部的安全，如图 4-3 所示。

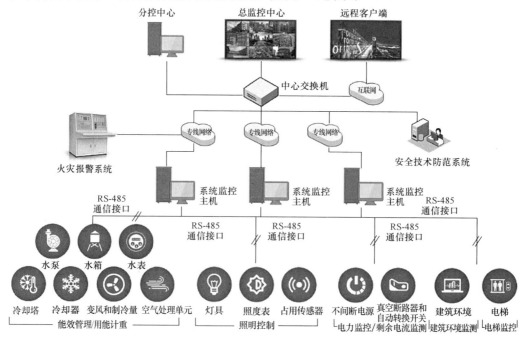

图 4-3 建筑机电设备监控系统功能示意图

(1) 实时监测功能

监控系统能够实时监测建筑物内各种机电设备的运行状态和环境参数，包括温度、湿度、压力、流量、电压、电流等，及时发现设备的异常情况。监控系统通过传感器采集各种环境参数和设备运行数据，将数据上传到监控中心，实时监测设备的运行状态和环境参数，并将监测数据显示在监控界面上。当设备出现异常情况时，监控系统会自动发出警报，提醒管理人员及时采取措施避免设备损毁。

(2) 远程控制功能

监控系统能够实现对建筑物内各种机电设备的远程控制和调节，例如远程开关、调节温度、湿度等，方便管理人员对设备进行远程操作。管理人员可以通过监控界面远程控制设备的开关、调节设备的运行状态和参数，实现对设备的远程控制和调节。这种远程控制功能可以方便管理人员对设备进行实时控制和调节，提高设备的运行效率和能源利用效率。

(3) 数据分析功能

监控系统能够对传感器采集的数据进行实时分析和处理，帮助管理人员了解设备的运行情况和能源利用情况。监控系统可以根据设备的运行数据和环境参数生成各种报表和图表，如能耗报表、运行状态报表、故障报表、趋势图等，帮助管理人员了解设备的运行情况和能源利用情况，及时采取措施优化设备的运行效率和能源利用效率。

(4) 报警管理功能

监控系统能够根据设定的阈值对设备的异常情况进行实时报警，通过声光报警器、短信、邮件等方式通知管理人员，及时采取措施避免设备故障。监控系统可以根据设定的阈值对设备的运行状态和环境参数进行实时监测，当设备出现异常情况时，监控系统会自动发出警报信息，提醒管理人员及时采取相应措施保障系统正常运行。

(5) 能耗管理功能

监控系统能够对建筑物内各种设备的能耗情况进行监测和管理，帮助管理人员发现能源浪费的问题，并采取相应的节能措施。监控系统可以通过传感器采集设备的能耗数据，对建筑物内各种设备的能耗情况进行实时监测和管理，生成能耗报表和能耗趋势图，帮助管理人员了解建筑物内各种设备的能耗情况，分析能源浪费的原因，并采取相应的节能优化方法，降低建筑物的能耗。

(6) 设备维护功能

监控系统可以记录设备的运行数据和维护记录，帮助管理人员了解设备的运行状况和维护情况，定期进行设备的维护和保养，提高设备的可靠性、安全性和效率，降低维护成本，延长设备的使用寿命，减少设备故障的发生。

(7) 故障诊断功能

监控系统能够对设备的故障情况进行诊断和分析，帮助管理人员快速定位故障原因，减少故障对系统运行的影响。监控系统可以根据设备的运行数据进行故障诊断和分析，帮助管理人员快速找出故障原因，采取相应的措施修复设备。

(8) 安全监控功能

监控系统能够对建筑物内部的安全设备进行监控，如消防设备、安防设备等，保障建筑物内部的安全。监控系统可以通过传感器实时监测设备运行数据，如消防系统各设备运行状态、安防系统的运行情况等，当安全设备出现异常时，监控系统能够及时发出警报。

4.2 冷热源系统监控

冷热源设备是指用于供应冷热能的设备，可以将空气、水或其他介质中的热量转移或转换，以实现空调、供暖或热水供应等功能。冷源设备主要用于制冷和冷却的过程，通常采用制冷机组、冷水机组或溴化锂吸收式制冷机等。这些设备通过循环介质来吸收室内热量，将热量排出，从而实现制冷效果。热源设备主要用于供热的过程，通常采用锅炉、热泵、地源热泵等。这些设备通过燃烧燃料或利用环境热能，将热量传递给供热系统，提供温暖的空气或热水。冷热源系统通过配管系统和控制系统实现冷热介质的输送和控制，为建筑物或工业生产过程提供合适的室内环境。

4.2.1 冷源系统监控

1. 冷源系统

冷源设备是用于供应冷能量的设备，通常包括制冷机组、冷水系统、冷却水系统、控制系统等。通过吸收热量的方式，将室内的空气、水或其他介质中的热量转移或转换，以达到降温的目的。冷源系统结构图如图4-4所示。

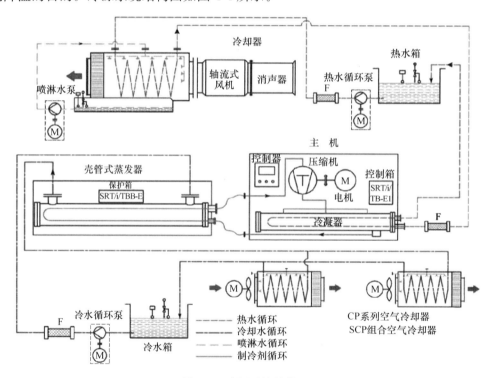

图4-4 冷源系统结构图

（1）制冷机组

制冷机组是冷源系统的核心组成部分，负责产生和提供冷量。根据工作原理，冷源系统可以分为以下几类：

1）压缩式冷源系统：采用压缩机作为主要冷源设备，按照压缩设备工作方式不同，可进一步分为活塞式压缩机、螺杆式压缩机、离心式压缩机等，如图4-5所示。通过压缩机的

第 4 章 建筑设备监控系统

工作，制冷剂压缩成高压高温的气体；制冷剂流入冷凝器，在这里放热并冷却，将热量释放到周围环境中。制冷剂从气态转变为液态；液态制冷剂通过节流阀或膨胀阀进入蒸发器，吸收热量并蒸发，压力和温度均降低，变成气体，并进入压缩机，完成制冷循环。这个循环过程不断重复，如图 4-6 所示，使得制冷剂在不同状态下循环流动，从而实现制冷效果。

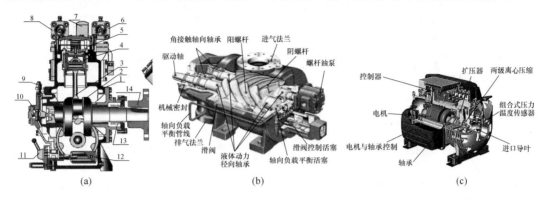

图 4-5 压缩机种类

(a) 活塞式压缩机；(b) 螺杆式压缩机；(c) 离心式压缩机

1—机体；2—曲轴；3—连杆；4—活塞；5—阀组；6—吸气截止阀；7—安全阀；8—排气截止阀；9—油压调节阀；10—润滑油泵；11—润滑油三通阀；12—油滤网；13—轴封；14—联轴器

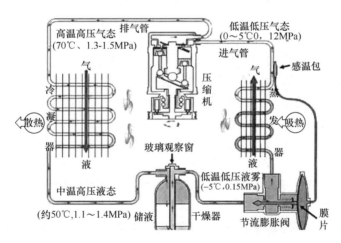

图 4-6 压缩式制冷机组系统图

2）吸收式冷源系统：可以利用废热或太阳能等可再生能源来提供热源，吸收式制冷机基本组成如图 4-7 所示。首先，利用热源在发生器中加热由溶液泵从吸收器输送来的稀溶液，使溶液中的大部分低沸点制冷剂蒸发出来，变为浓溶液输送到吸收器中；气态制冷剂进入冷凝器，凝结成液态，释放热量到周围环境中；低温低压制冷剂经膨胀阀进入蒸发器，吸收外部热量并蒸发，从而降低周围环境的温度。通过这个循环过程，吸收式制冷机组利用吸收剂和制冷剂之间的化学吸收和释放过程来实现制冷效果。

3）蒸发冷源系统：采用蒸发器作为主要冷源设备，通过将液体冷媒蒸发成气体来提供冷量。蒸发冷源系统适用于小型建筑物和家庭中的制冷需求，蒸发冷源制冷机工作原理如图 4-8 所示。

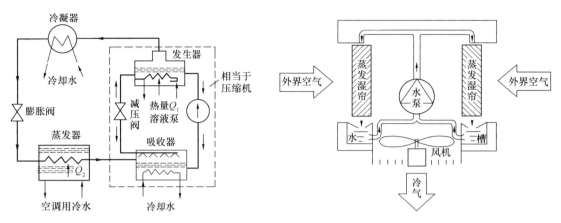

图 4-7　吸收式制冷机基本组成　　　图 4-8　蒸发冷源制冷机工作原理

4）热泵冷源系统：热泵冷源系统中的制冷核心通常是压缩机，利用热泵技术，通过循环利用空气、水或地下的热量或冷量来实现制冷，相对于普通空调具有更高的能效比。

制冷机组作为空调系统中设备最昂贵的部分，承担着空气处理机组和风机盘管等设备所需冷量输送的关键作用，对其设备保护十分重要。此外，制冷机组约占空调系统总装机耗电容量的 70% 左右，因此监控制冷机组的运行有助于空调系统节能优化算法的设计与实现。

（2）冷水系统

冷水系统负责将制冷机组产生的冷水在冷源设备与终端设备之间进行循环，完成冷水运输。冷水系统包括冷水管道、冷水泵、过滤器等。

冷水管道：负责将冷水从冷源设备中的蒸发器经分水器输送到各个区域空调终端，并通过集水器回到蒸发器，完成冷水循环。

冷水泵：是冷水循环的动力来源，按照冷水泵配置方式，冷水系统可分为一级泵系统、二级泵系统等。

过滤器：主要用于过滤冷水中的杂质和污染物，保证系统的清洁和正常运行。

（3）冷却水系统

冷却水系统通过循环冷却水将热量从冷源设备中带走，实现散热，以保持制冷机组中冷凝器的正常运行温度，取得更高效的制冷目的，主要包括冷却水管道、冷却水泵、冷却塔等。

冷却水管道：为冷却塔与冷源设备冷凝器之间冷却水的循环提供管道。

冷却水泵：主要为冷却水循环提供动力。

冷却塔：用于将冷却水与环境空气进行热交换，将热量带走，从而实现冷却效果。

（4）控制系统

控制系统是冷源系统中的关键组成部分，它负责监测和控制冷源设备、冷水系统和冷却水系统的运行状态和参数。控制系统可以根据需求自动调节冷源设备的运行，实现冷却效果的稳定和节能。

2. 冷源系统监控

如图 4-9 所示为冷源系统监控原理图，监控功能见表 4-1，主要监控内容如下：

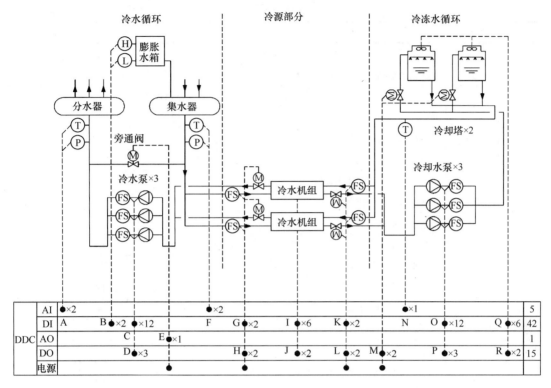

图 4-9 冷源系统监控原理图

(1) 冷水机组的运行、故障、手自动状态及保护措施。
(2) 冷水循环系统管道的温度、流量、压力、压差。
(3) 冷水循环水泵的运行、故障、手自动状态。
(4) 分水器、集水器之间旁通阀的压差。
(5) 冷却水循环系统中介质供回水温度。
(6) 冷却水泵和冷却塔风机的运行、故障、手自动状态。
(7) 冷水、冷却水管道电动阀门的开关状态。
(8) 冷源系统的能耗参数。
(9) 通过调控机组运行状态，降低冷水机组电耗和循环泵、风机电耗来达到节能的目的。

冷水循环系统主要监控内容为冷水水流信号、冷水供回水温度、冷水循环泵运行和制冷机组的冷水阀门开关、冷水供回水压力和旁通阀开度控制。其中，冷水水流信号主要用于监测水泵是否启动，若水流传感器检测到水流信号，则说明水泵正常运行；若没有，则发出报警信号。冷水供回水温度的监测用于冷水水泵和制冷机启停台数的控制。冷水循环水泵的主要监控内容为启停控制、运行状态、故障报警和手自动转换，根据冷水供回水温度和压差信号进行控制水泵运行的启停。冷水水泵同样也采用两用一备，当主水泵发生故障时，备用水泵投入工作。冷水阀门开关由对应冷水机组的启停决定。冷水供回水压力监测用于控制旁通阀开度的控制，同时也可根据旁通阀开度来控制水泵和制冷机组的启停台数。

冷源系统监控功能表　　　　　　　　　　　　　　　　表 4-1

序号	监控点	监控功能	状态	导线根数
1	A	冷水供水温度、压力监测	AI	2
2	B	膨胀水箱高液位、低液位监测	DI	2
3	C	冷水泵工作状态、故障监测、手自动转换控制，冷水泵运行状态显示	DI	12
4	D	冷水水泵启停控制	DO	3
5	E	冷水供回水旁路电动调节阀	AO	1
6	F	冷水回水温度、压力监测	AI	2
7	G	冷水水流信号监测	DI	2
8	H	冷水电动调节阀	DO	2
9	I	冷水机组工作状态、故障监测、手自动转换控制	DI	6
10	J	冷水机组启停控制	DO	2
11	K	冷却水水流信号监测	DI	2
12	L	冷却水电动调节阀	DO	2
13	M	冷却塔电动调节阀	DO	2
14	N	冷却水温度监测	AI	1
15	O	冷却水泵工作状态、故障监测、手自动转换控制，冷却水泵运行状态显示	DI	12
16	P	冷却水水泵启停控制	DO	3
17	Q	冷却塔工作状态、故障监测、手自动转换控制，冷却塔运行状态显示	DI	6
18	R	冷却塔启停控制	DO	2

冷却水循环系统主要监测冷却水水流信号，冷却水供回水温度、冷却水循环水泵和制冷机组的冷却水阀门开关等。冷却水水流信号监测主要用于冷却水水泵启动后根据监测到的水流信号，判断水泵的运行状态；冷却水的供、回水温度监测主要用于冷却塔启动台数和冷却塔进出水阀开关的控制；冷却水循环水泵的主要监控内容为启停控制、运行状态、故障报警和手自动转换，根据冷却水供、回水温度控制水泵运行的启停，同时冷却水水泵采用两用一备，当监测到主水泵发生故障时，投入备用水泵进行工作；冷却塔的监控对象主要是风机，监控内容有启停控制、运行状态、故障报警和手自动转换；冷却塔高水位和低水位监测，根据监测到的信号及时向冷却塔进行补水。

冷水机组和冷水循环泵的台数控制可采用旁通阀控制的方式，通过对旁通阀两端的压力进行测量，当供、回水两端压差超出预定的压力值，打开旁通阀，若旁通阀中供水侧流向回水侧的流入的水量若超过最大值时，则停止一台水泵，若低于最小值时，则启动一台水泵。并根据冷水水泵的启停台数控制制冷机组的启停台数，根据制冷机组的启停台数来控制冷却水循环泵的启停台数。也可通过监测冷水供、回水温度，通过分析和比较其温差与设定温差的差值来控制设备投入个数。

此外，还应设置联锁保护，防止因启动顺序错误，导致设备损坏，冷源系统启动顺序

第4章 建筑设备监控系统

为：首先启动冷却塔、打开冷却水阀、启动冷却水水泵，并检测冷却水水流状态以及水泵运行状态，在冷却水系统正常启动后，打开冷水阀，启动冷水水泵，并监测冷水水流状态以及水泵运行状态，在确定没有故障后，最后开启制冷机组。关停顺序与开启顺序相反。空调制冷系统启停顺序流程如图 4-10 所示。

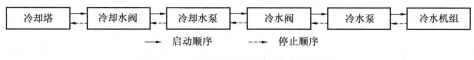

图 4-10 空调制冷系统启停顺序流程

4.2.2 热源系统监控

1. 热源系统

根据热源的不同形式和工作原理，热源系统可以分为以下几类：

锅炉热源系统：最常见的热源系统，利用燃料的燃烧产生热量，通过热媒介的传输和分配，将热量传递给被加热物体或空间。

热泵热源系统：利用热泵循环系统将低温热量转移到高温区域实现供热，相较于传统加热系统，能够降低能源的消耗。

太阳能热源系统：利用太阳能的热量，通过太阳能集热器将太阳能转化为热能供热。太阳能热源系统具有可再生、环保等优点。

生物质热源系统：利用生物质能源作为燃料，通过燃烧产生热量供热。生物质热源系统具有可再生、环保等优点。

热源系统主要由热源设备、热媒循环系统、热水供应系统和控制系统组成，热源系统的组成如图 4-11 所示。

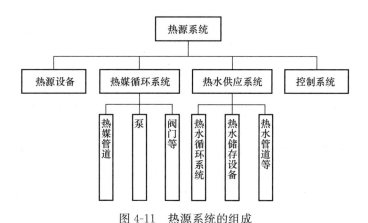

图 4-11 热源系统的组成

（1）热源设备

热源设备是热源系统中的核心部分，它负责产生和提供热量。常见的热源设备包括锅炉、热水锅炉、燃气锅炉、燃油锅炉、电锅炉等。热源设备根据能源的不同可以分为以下几类：

燃气热源设备：利用燃气作为燃料，通过燃烧产生热量。燃气热源设备具有燃烧效率高、使用方便等优点。

燃油热源设备：利用燃油作为燃料，通过燃烧产生热量。燃油热源设备适用于没有天然气供应的地区。

电热源设备：利用电能直接转化为热能，通过电阻加热或电磁感应加热产生热量。电热源设备具有使用方便、无污染等优点。

生物质热源设备：利用生物质能源，如木材、秸秆等作为燃料，通过燃烧产生热量。生物质热源设备具有可再生、环保等优点。

（2）热媒循环系统

热媒循环系统负责将热源设备产生的热量传递给被加热物体或空间。它由热媒管道、泵、阀门等组成。热媒介管道负责将热媒介从热源设备输送到被加热物体或空间，完成热量传递过程。泵负责将热媒介从低压区域输送到高压区域，保证热媒介在系统中的流动。阀门用于控制热媒介的流量和流向，实现对热量的调节和分配。

（3）热水供应系统

热水供应系统负责将热媒介中的热量传递给建筑物或工业生产过程中的热水系统，满足供热需求。热水供应系统包括热水管道、热水储存设备、热水循环泵等。热水管道负责将热量传递给建筑物或工业生产过程中用水末端。热水储存设备负责储存热水，保证热水的供应。热水循环泵负责将热水供应到建筑物的各个热水使用点，保证热水的供应稳定。

（4）控制系统

控制系统是热源系统中的关键组成部分，负责监测和控制热源设备、热媒介循环系统和热水供应系统的运行状态和参数。控制系统可以根据需求自动调节热源设备的运行，满足用户的生活和工作需求。

2. 热源系统监控

锅炉系统的监控是指对锅炉系统的运行状态、参数和性能进行实时监测和分析，以确保锅炉系统的安全、高效和可靠运行。锅炉系统的监控可以通过以下几个方面进行：

温度监测：可以通过安装温度传感器来实现，监测锅炉系统中各个关键部位的温度，包括燃烧室、水箱、烟道等。通过温度监测，可以及时发现温度异常和过高的情况，避免锅炉系统的过热和损坏。

压力监测：可以通过安装压力传感器来实现，监测锅炉系统的压力，包括水压和蒸汽压力。通过压力监测，可以及时发现压力过低和过高的情况，避免锅炉系统由此影响生产生活质量或爆炸事故。

流量监测：锅炉系统中的水流和燃气流量是锅炉运行的基础，对于锅炉的正常运行和能效具有重要影响。流量监测可以通过安装流量计来实现，监测锅炉系统中水流和燃气流量的变化。通过流量监测，可以了解锅炉系统的供水和供气情况，根据需求及时调整和控制流量，保证锅炉系统的正常运行。

故障诊断：及时发现和排除故障对于保证锅炉系统的正常运行具有重要意义。故障诊断可以通过安装故障诊断设备和系统来实现，对锅炉系统的各个部位进行故障诊断，及时发现和排除故障，避免锅炉系统的停机和损坏。

如图 4-12 所示为锅炉水系统的监控原理。锅炉的供水（出水）侧设有温度传感器 T_3、压力传感器 P_1、流量传感器 F_1 等监控用户侧热水的质量。回水侧设有温度传感器 T_4、压力传感器 P_2 等用于监控回水侧热水温度和压力，P_2 的值还可用于控制补水泵启停。补水箱中设置有液位传感器 L，用于监测补水箱的液位。对于每台水泵设置有水流开关 F_S，分别用于监测热水循环泵、补水泵的工作状态。在锅炉的进水口设置有压力传感器P3、P4,分别用于控制电动调节阀 V1、V2 的开度,在锅炉出水口设有温度传感器T1、T2,对锅炉出水温度进行监测。供回水压差由旁通阀 V3 进行调节。锅炉水系统监控功能与 DDC 外部接线如表 4-2 所示。锅炉系统的监控通过相关的传感器、执行器和控制器等设备和技术来实现。传感器负责感知锅炉系统的各种参数和状态,将感知到的信息转化为电信号。控制器负责采集传感器传输的电信号,并将其转化为数字信号,并对采集到的数据进行处理和分析,提取有用的信息和特征,通过执行器实现对锅炉系统的控制。

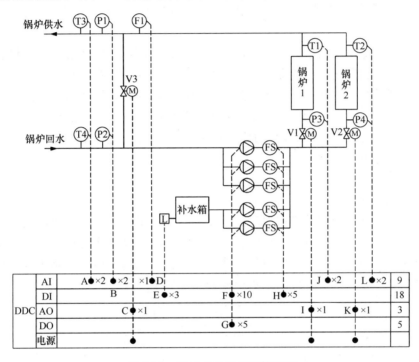

图 4-12 锅炉水系统的监控原理

锅炉水系统监控功能与 DDC 外部接线　　　　　　表 4-2

序号	监控点	监控功能	状态	导线根数
1	A	锅炉供、回水温度监测	AI	2
2	B	锅炉供、回水压力监测	DI	2
3	C	锅炉供、回水旁路电动调节阀	DI	1
4	D	锅炉供水水流量监控	AI	1
5	E	补水箱液位监测	DI	3
6	F	水泵运行状态、故障监测	DI	10
7	G	水泵启停控制	DO	5
8	H	水泵运行状态显示	DI	5
9	I	锅炉1电动调节阀	AO	1
10	J	锅炉1回水压力、供水温度监测	AI	2
11	K	锅炉2电动调节阀	AO	1
12	L	锅炉2回水压力、供水温度监测	AI	2

一般情况下，锅炉监控系统应具备现场监控和远程监控两种模式。现场监控是指在锅炉系统现场设置系统监控设备，对锅炉系统的运行状态进行实时监测和控制。可进一步分为人工和自动两种方式进行。人工是指通过人工观察和检查，对锅炉系统的运行状态进行手动控制。自动控制模式是指通过传感器、执行器和控制器等设备和技术，对锅炉系统的运行状态进行实时监测和自动控制。远程监控是指通过网络通信技术，将锅炉系统的监测数据传输到远程监控中心，实现对锅炉系统的远程监测和控制。

4.3 空气调节和通风系统监控

空调系统是在工作生活中为人们提供舒适、健康、清洁室内环境的重要设备，不仅能够提供适宜的温度和湿度，也能促进空气流通，提高生活质量和工作效率，主要包括新风系统、风机盘管系统、多联机空调系统等。相较而言，通风系统功能主要是把室外新鲜空气输送到室内，将室内污染的空气排放至室外，从而保持室内空气的质量，主要包括送风和排风两个系统。可以看出，空调及通风系统监控对于保障健康室内环境，以及工业生产中特殊环境都具有重要的意义。

4.3.1 空调系统监控

1. 空调系统组成

空调系统是一种用于调节室内温度、湿度和空气质量的设备，广泛应用于住宅、商业建筑、工业厂房等场所。通过制冷剂的循环，在室内和室外之间传递热量，实现室内空气的制冷或加热。空调系统的基本组成包括冷热源、空气处理机组、空调风系统、空调水系统和控制装置等部分，空调系统的基本组成如图4-13所示。

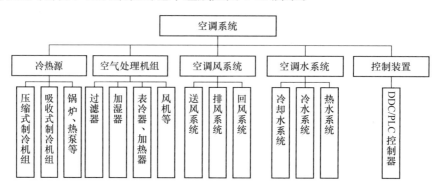

图4-13 空调系统的基本组成

冷热源系统在4.2节已经介绍过，冷源的类型主要有压缩式制冷机组和吸收式制冷机组两类。热源主要用于冬季供暖，通常由锅炉或热泵等设备进行制热。

空气处理机组主要包括过滤器、加湿器、表冷器、加热器和风机等设备。过滤器用于过滤空气中的灰尘、细菌等有害物质，提高室内空气质量；加湿器可以增加室内空气的湿度，避免空气过于干燥；表冷器用于对空气进行制冷，达到降温的目的；加热器用于对空气进行加热，以提高室内温度；风机用于循环空气，将处理后的空气送入空调区域。空气处理机组的类型主要有直流式新风处理机组和混流式新风处理机组，如图4-14所示。直流式新风处理机组通过过滤、加热或降温等处理后直接将外部新鲜空气送入室内，适用于

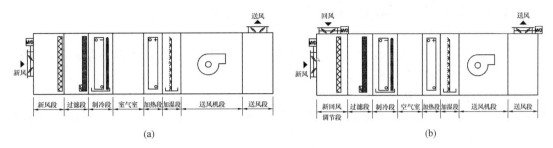

图 4-14 空气处理机组类型
(a) 直流式新风处理机组 (b) 混流式新风处理机组

需要大量新鲜空气进入室内的场所，能够快速有效地实现新风补充。混流式新风处理机组通过混合室内回风和新风，然后经过过滤、加热或降温处理后，送入室内空间，能够有效利用室内空气进行预处理，可以节约一定的能源成本。

空调风系统包括送风、回风、排风三个系统。送风系统通过风管将处理后的空气送入各个房间，使室内空气得到冷却或加热。回风系统则通过风管将室内空气回收，经过过滤和处理后再次送入空调系统进行循环。排风系统通过排风管道将室内污浊空气排出室外，促进室内空气流通，防止异味积聚和空气污染。

空调水系统主要用于热交换和冷却，空调水系统结构示意图如图 4-15 所示，包括冷却水系统、冷水系统、热水系统。冷却水系统通过冷却塔和冷却水泵等设备，将冷却水循环供给冷凝器，使冷凝器中的制冷剂得以冷却。冷水系统将蒸发器生产的冷水通过冷水泵和冷水管道输送给风机盘管、空调处理机组等空调末端。热水系统一般采用市政热网的热量经过板式换热器送往各空调末端设备。

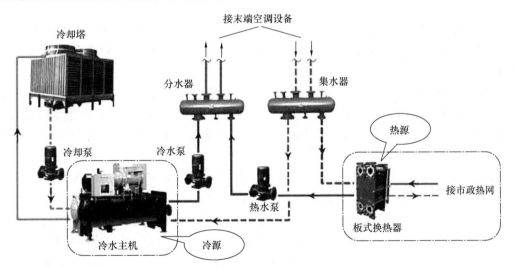

图 4-15 空调水系统结构示意图

控制装置是空调系统的大脑，主要采用 DDC 或 PLC 等控制器。通过温湿度传感器、二氧化碳等传感器监测室内的环境参数，传递给控制器控制风阀、水阀、变频器等执行器，采用 PID 控制、模糊控制等算法，实现室内环境参数的调节和控制。控制面板则提供了人机交互的界面，用户可以通过控制面板设置温度、风速等参数。

2. 空调系统功能

空调系统具有温度调节能力、湿度调节能力、空气净化功能、节能环保、自动控制、多样化的应用场景等功能特点。

温度调节能力：空调系统可以根据需要调节室内的温度，使人们在不同的季节和气候条件下都能够享受到舒适的温度。无论是冬季还是夏季，空调系统都能够提供适宜的温度。

湿度调节能力：除了温度调节，空调系统还可以调节室内的湿度。在潮湿的环境中，空调系统可以降低室内的湿度，让人们感到更加舒适。在干燥的环境中，空调系统可以增加室内的湿度，防止皮肤干燥和呼吸道不适。

空气净化功能：空调系统可以通过配置初、中、高等不同类型的过滤器对室内空气进行净化，去除空气中的灰尘、PM2.5、细菌、病毒等有害物质，提供清新的室内空气。这对于那些有过敏症状或呼吸道问题的人来说尤为重要。

节能环保：现代空调系统采用了高效的制冷技术和节能控制装置，能够在提供舒适环境的同时减少能源消耗。一些空调系统还采用可再生能源或废热回收技术，进一步提高能源利用效率，减少对环境的污染。

自动控制：空调系统通常配备有智能控制装置，可以根据室内温度、湿度和人员活动情况等信息自动调节运行模式，或根据设定的温度范围自动启停制冷或制热设备，实现室内环境参数的智能控制。

多样化的应用场景：空调系统广泛应用于住宅、商业办公楼、酒店、医院、学校、工厂等各种建筑中。不同场景的空调系统可以根据需求进行定制，满足不同的空调需求。

3. 新风系统监控

新风系统监控是指对新风系统的运行状态、室内空气质量等进行实时监测和控制的过程。通过新风系统监控，可以及时发现和解决系统故障、调整系统运行参数，保证室内空气的清新和舒适。

新风机组由风机、风阀、加湿器、表冷器、加热器、过滤器、压差开关、温度传感器、湿度传感器等组成，主要作用是将室外空气通过过滤、升温或降温、加湿或除湿后，将适宜的温度、湿度、洁净度的空气通过送风风机和送风管道将新风送至室内，新风机组监控原理如图4-16所示。

通过DDC控制输出模拟信号对新风风阀开度进行控制，从而控制新风量的大小。采用温度传感器和湿度传感器测量新风温度和湿度，并将测得的数据通过模拟量信号输入DDC内，可完成冬夏季工况的自动切换。过滤器两端设置有压差传感器，当过滤网发生堵塞时，向DDC输入数字量信号（DI）进行报警。加热器和表冷器的控制是通过DDC模拟量输出控制的，通过监测送风管道末端温度传感器和湿度传感器，将送风温湿度信号采集到DDC控制器内，采用PID控制算法，输出量在夏季调节表冷器的电动调节阀，在冬季调节加热器的电动调节阀。在寒冷地区，加热器后应设置防冻开关，当经加热器后空气温度依然低于5℃时，联锁关闭送风机和新风阀，防止加热盘管冻裂。加湿器加湿量也是由电动调节阀控制的，控制算法一般也采用PID控制算法，通过比较送风管道末端送风湿度传感器采集的实际值与设定值差值，经过PID运算得到的控制量来控制电动调节阀的开

第4章 建筑设备监控系统

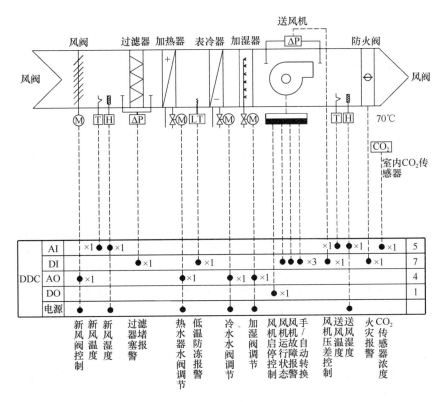

图 4-16 新风机组监控原理图

度,从而自动调节加湿量的大小。风机是空气循环的动力来源,监控的主要内容有风机启停控制、风机故障报警、风机运行状态和风机手自动转换,同时在风机两端设置压差开关,可以监测风机因断路产生的故障。在送风管道末端还设置有防火阀,当发生火灾时向控制器输入数字量信号,进行火灾报警。CO_2 传感器主要用于监测室内 CO_2 的浓度,并向 DDC 输入模拟量信号,用于控制新风的进风量。

4. 风机盘管监控

风机盘管机组简称风机盘管,主要由风机、盘管和控制面板等组成,是空调系统重要的末端装置,如图 4-17 所示为风机盘管系统监控原理图。

(1) 风机控制系统

风机的启停通过自动控制或手动控制实现。风机运行速度的调节通常采用高、中、低三种转速的运转控制送风量,并通过手动或自动模式控制选择三个挡位。

(2) 室温控制

室温控制系统由 TC 温控器、回风道上的温度传感器、水路上的电动调节阀 VA1 等部分组成。回风管道上的温度传感器能比较真实地反映实际房间温度,当其监测温度低于温度设定值时,通过温度控制器 TC 输出控制指令,打开水路上的电动调节阀 VA1 进行调节热水或冷水的流量,控制室内温度在设定值范围。

风机盘管的温度控制是针对房间局部区域而设定,通常房间负荷比较稳定,一般能够满足±(1~1.5)℃的温度变化要求。在酒店建筑中,通常还设有节能钥匙系统与风机盘管系统联锁运行控制。

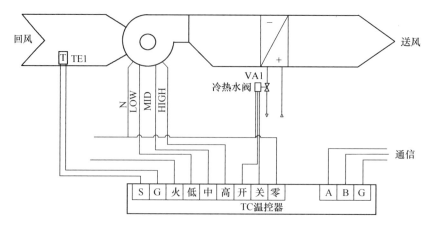

图 4-17 风机盘管系统监控原理

(3) 夏季和冬季模式转换

风机盘管工作在夏季模式时，空调水管供应冷水。风机盘管工作在冬季时，空调水管供应热水。冬、夏季的转换，可以手动转换，也可以自动转换。在各个温控器上设置冬、夏手动转换开关，可人为操作，进行季节模式转换。对于同一朝向的房间中的风机盘管，可以统一设置转换开关，进行集中冬季和夏季工况转换控制，同时取消各房间温控器上的手动转换开关功能。自动转换是在各房间温控器上设置自动冬季和夏季转换开关，在每个风机盘管供水管上设置位式温度开关。当水系统供冷水温度为12℃时，转换开关自动转到夏季工况。当水系统供水温度为30~40℃时，自动转换到冬季工况。夏季和冬季的转换温度控制点，可根据情况设定。

(4) 风机盘管监控系统的应用

风机盘管监控系统广泛应用于商业建筑、办公楼、酒店、医院、工厂等场所。它可以实现对风机盘管的实时监测、远程控制、故障诊断、数据分析和历史记录等功能，提高设备的可靠性和运行效率，为用户提供舒适和健康的室内环境。

5. 定风量空调系统监控

定风量空调系统是一种常用的空调系统，主要由空调主机、风管系统、末端装置和控制系统组成。定风量空调系统的监控特点为送风量不变，通过改变送风温度、湿度来满足室内负荷变化。定风量空调系统通过空调主机、风管系统、末端装置和控制系统的协同工作，实现了对室内空气的制冷、制热和送风等功能，为人们提供了舒适的室内环境，定风量空调系统的监控原理如图4-18所示。这种系统结构简单、操作方便，广泛应用于各种建筑物，如办公楼、商场、酒店、医院等。主要监控内容有：

(1) 回风量监控

回风量是指空调系统中所有末端设备的回风量之和。监控回风量的目的是确保系统能够维持空调区域内的微正压或微负压关系。一般通过安装在回风管道上的流量传感器来实时监测总回风量。流量传感器可以测量回风管道中的气流速度或压力差，将其转化为电信号，通过控制器进行处理和显示。控制器可以根据总回风量与总送风量之间的差异，调整排风机的转速来保持微正压或微负压关系。当总回风量超过或低于设定值时，控制器会发出警报，并自动控制排风机启停。

第4章 建筑设备监控系统

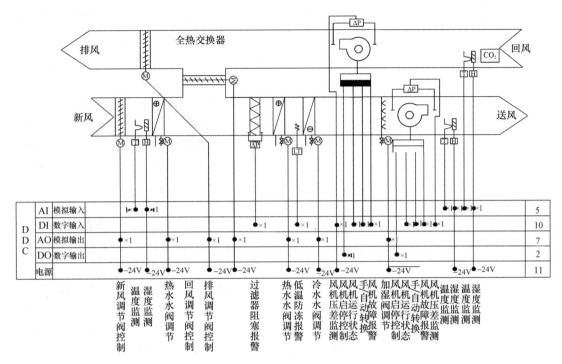

图 4-18　定风量空调系统监控原理

(2) 送风温度和湿度监控

送风温度和湿度是影响室内舒适度的重要参数。监控送风温度和湿度的目的是确保系统能够提供符合要求的空气参数。一般通过安装在送风管道上的温湿度传感器来实时监测送风温度和湿度。温湿度传感器可以测量送风管道中的温度和湿度，将其转化为电信号，通过控制器自动进行处理和调节。

(3) 房间温度监控

房间温度是直接影响室内舒适度的参数。监控房间温度的目的是确保系统能够根据设定值自动调节送风量，以实现室内温度的控制。一般通过安装在各房间内的温度传感器来实时监测各房间的温度。控制器可以根据各房间的温度设定值与实际值之间的差异，调整各房间的风量设定值，以实现室内温度的控制。

(4) 故障报警监控

故障报警监控是为了及时发现和排除系统故障，确保系统的正常运行。通过监测各个设备的运行状态和传感器的读数，实时监控系统是否存在故障。一旦发现故障，系统会发出报警信号，并提供故障的具体信息，以便及时修复。常见的故障包括送风机或排风机故障、防冻开关报警、过滤器堵塞等。监控系统可以通过多种方式来显示故障原因和位置，以帮助工作人员解决故障。

(5) 能耗监控

能耗监控是为了优化空调系统的运行，降低能耗。通过监测和分析系统的能耗数据，可以找出能耗高的设备和部位，进行调整和优化。常见的能耗监控方法包括实时能耗显示、能耗统计和能耗分析。实时能耗显示可以将系统的能耗数据实时显示在监控界面上，方便操作人员了解系统的能耗情况。能耗统计可以对系统的能耗进行累计和记录，为能耗分析提供数据支持。能耗分析可以通过对能耗数据的分析，找出能耗高的设备和区域，并提出优化建议。

6. 变风量空调系统监控

变风量（Variable Air Volume，VAV）空调系统是一种智能化的空调系统，可以根据室内温度、湿度和人员活动情况等因素，自动调节送风量和温度，以达到节能、舒适的目的。变风量空调系统的每个部分都扮演着重要的角色，共同协作，实现系统的稳定运行和室内环境的舒适性。变风量空调系统的优点是能够根据实际需求进行智能调节，节能效果显著，同时还具有较高的操作便利性和舒适性。

变风量空调系统监控是指对变风量空调系统的各个组成部分进行实时监测和控制，以确保系统的正常运行和室内环境的舒适性。监控系统通过采集和分析各种参数数据，包括温度、湿度、风量、能耗等，以及对系统进行故障诊断和报警，从而实现对空调系统的全面管理和优化。

变风量空调系统在实际运行中，需要根据室内外温度、湿度、人员数量等因素来调节风量和温度，以满足不同房间的需求。如果系统运行不正常或参数设置不合理，可能会导致室内温度不稳定、湿度过高或过低、能耗过高等问题，影响室内环境的舒适性和能耗的节约。因此，对变风量空调系统进行监控是非常重要的，变风量空调监控原理如图4-19所示。

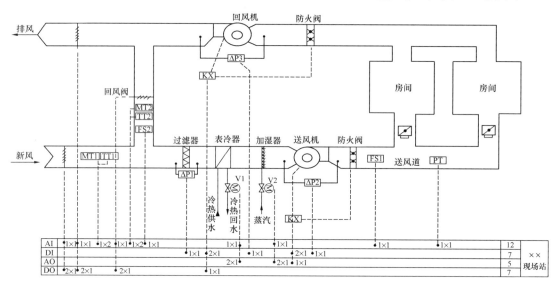

图4-19 变风量空调监控原理图

（1）温湿度监控

温湿度是变风量空调系统中最重要的参数之一，直接影响室内环境的舒适性。监控系统可以实时监测和控制室内温湿度，根据设定值和实测值进行比较和调整，以确保室内温湿度在合适的范围内。

（2）风量监控

风量是变风量空调系统中的另一个重要参数，直接影响室内空气的流通和分布。监控系统可以实时监测和控制风量，根据设定值和实测值进行比较和调整，以确保室内风量均匀分布和适度调节。

(3) 故障诊断和报警

变风量空调系统中可能会发生各种故障和异常情况，如风机故障、过滤器堵塞等。监控系统可以通过实时监测和分析系统的运行数据，对故障进行诊断和判断，并及时发送报警信息给操作人员，以便及时采取措施进行修复和处理。

(4) 数据分析和决策支持

变风量空调系统监控系统可以对系统的运行数据进行分析和统计，包括温度、湿度、风量、能耗等，以及系统的运行状态和趋势。通过对数据的分析，可以了解系统的运行情况和趋势，找出问题和改进的方向，并提供决策支持，以优化系统的运行和管理。

7. 多联机空调系统监控

多联机，亦称变冷媒流量多联式空调系统，由一台室外机连接数台不同或相同形式、容量的直接蒸发式室内机，构成一套单一制冷/热循环空调系统，也简称为 VRV (Variable Refrigerant Volume) 或 VRF (Variable Refrigerant Flow)。多联机空调系统是一种集中供冷、供热的空调系统，通过制冷循环和加热循环实现室内空气的冷却和加热。相比传统空调系统，多联机空调系统具有更好的灵活性、节能性、舒适性和美观性等优势。在中小型建筑和部分公共建筑中得到日益广泛的应用，基本组成如图 4-20 所示。

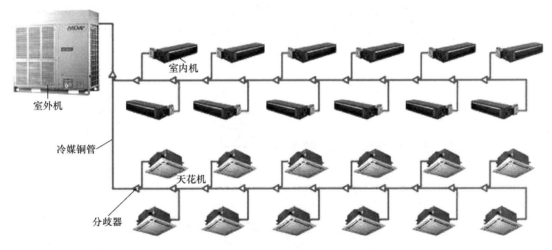

图 4-20 多联机空调系统基本组成示意图

(1) 室外机

室外机是多联机空调系统中的核心组件，它负责制冷和制热的过程。室外机通常安装在室外，通过冷媒管与室内机相连接。室外机主要由压缩机和冷凝器组成，压缩机是室外机的核心部件，它负责将制冷剂压缩成高温高压气体，提高制冷剂的温度和压力。冷凝器用于将高温高压气体中的热量散发到室外空气中，使制冷剂冷却并变成高压液体。为了提高散热效率，通常配备一个风扇，用于增加室外机的散热效果，提高制冷效率。

(2) 室内机

室内机是多联机空调系统中的组成部分，它通常安装在室内的不同房间或区域。每个室内机都具有独立的温度控制和风速调节功能，可以根据需要独立工作。室内机主要由蒸发器、风扇、电子膨胀阀等设备组成。蒸发器负责将制冷剂从室外机送入室内机,并将其膨胀成低温低压气体,从而吸收室内的热量。室内机通常配备一个风扇,用于将冷空气或热空气均匀地分布到室内空间中,提供舒适的室内环境。过滤器用于过滤空气中的灰尘、细菌和其他污染物,确保室内空气的清洁和健康。电子膨胀阀通常安装在与蒸发器盘管相连的制冷管道上,负责调节制冷剂的流量,确保室内机能够有效地吸收热量并降低室内温度。通过精确控制电子膨胀阀的开合程度,可以实现对室内机的制冷效果进行精细调节,提高空调系统的效率和性能。

(3) 冷媒铜管

冷媒铜管是连接室外机与室内机的管道,将制冷剂从室外机循环送到室内机,起到热交换、制冷、制热的作用。冷媒在室外机中被压缩成高温高压气体,通过冷媒铜管进入室内机,从而实现制冷或制热效果。

(4) 控制面板

多联机空调系统的控制面板允许用户方便地设定和调节空调系统的各项参数如设置温度、调节风速、定时、模式选择、故障显示等,提供个性化的舒适体验,并帮助用户更好地控制和管理空调系统的运行。

多联机空调监控系统通过将传感器、控制器、通信设备等集成在一起,实现对空调系统的远程监控和管理。该系统能够实时监测空调的运行状态、温度、湿度等参数,并根据预设的条件自动调节空调的运行状态,以达到节能减排、提高舒适度的目的。多联机空调系统监控原理如图 4-21 所示。

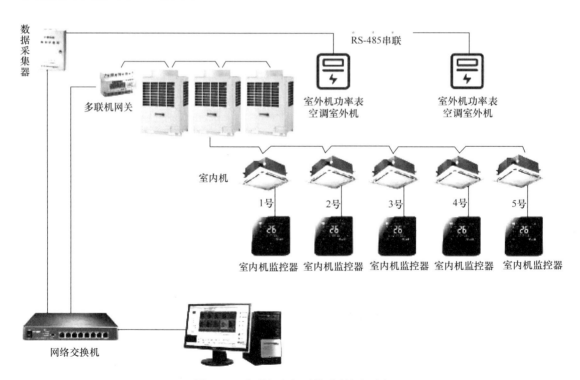

图 4-21 多联机空调系统监控原理图

(1) 系统运行状态监测

多联机空调系统的监控首先需要对系统的运行状态进行监测。系统会监测室内机和室外机的运行状态,包括开关机状态、运行模式、风速等。系统还可监测系统的故障状态。多联机空调系统通常配备故障检测和报警功能,可以自动检测故障,并通过显示屏、报警器或远程通知等方式向用户发出警报。用户可以根据故障报警信息来及时采取措施修复故障,以保证系统的正常运行。

(2) 温度控制监测

系统通常配备室内温度传感器,用于监测室内温度。用户可以通过遥控器或系统的控制面板来设定室内温度要求。系统可根据设定的温度要求,自动控制室内机的运行,以保持室内温度在设定范围内。系统还可根据室外温度的变化,调整室内机的运行模式和风速,以适应不同的室外环境条件。

(3) 能耗管理监测

可以实时监测空调系统的能耗情况,并提供相应的能耗报告。能耗报告通常包括系统的总能耗、各个室内机的能耗、不同运行模式的能耗等信息。用户可以通过这些信息来评估系统的能耗情况,并采取相应的措施,如调整运行模式、降低温度要求等,以减少系统的能耗。

(4) 远程监控

多联机空调系统通常支持远程监控功能。通过互联网连接,将实时监测的数据上传到云端,用户可以通过云端平台查看和管理空调系统的运行状态。通过手机或客户端应用,用户可以设置温度、调整风速、查看温度和能耗等信息,也可以远程开关空调系统,以便在离开家时关闭空调,节省能源。总之,远程监控可以为用户提供更加便捷和智能的操作体验。

4.3.2 通风系统监控

1. 通风系统的组成

通风系统是一种用于调节室内空气质量的设备,通过循环和替换空气来保持室内空气的新鲜和清洁,主要包括风机、送风管、排风管、过滤器等设备,通风系统示意图如图4-22所示。

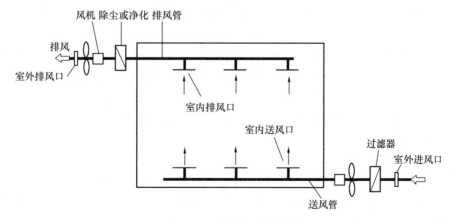

图 4-22 通风系统示意图

风机是通风系统的核心部件，它通过旋转叶片产生气流，将室内的污浊空气排出，同时引入新鲜空气。根据通风系统的规模和需要，风机可以采用单个或多个，在通风系统和空调系统中，常用叶片式风机主要有离心式风机和轴流式风机，离心风机的空气流量通过离心力的作用，将空气从中心向外投射，再经过蜗壳管排出，适用于需要较高风压的场合，比如空调机组、工业除尘设备等。轴流风机的空气流量是沿着轴线方向流动，蜗壳管和叶轮的结构设计使得空气可以沿轴线方向流动并具有较高的风量。适用于需要大风量、低风压的场合，比如通风换气、散热等。风机的种类如图4-23所示。

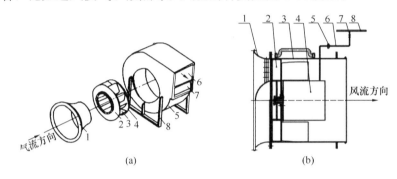

图4-23 风机的种类
(a) 离心式风机；(b) 轴流式风机

1—吸入口；2—叶轮前盘；3—叶片；4—后盘；
5—机壳；6—出口；7—截流板（风舌或蜗舌）；
8—支架

1—集风器；2—叶轮；3—机壳；4—电机；
5—碟形螺母；6—胶管；7—截止阀；
8—压风管路

风管一般由金属或塑料制成，具有一定的耐压和耐腐蚀性能。根据通风系统的布局和需要，风管可以分为主干管和支线管，以便将空气分配到各个房间或从各个房间排出到室外。

过滤器是通风系统中的重要组件，它可以过滤空气中的颗粒物、灰尘、花粉、细菌等有害物质，确保室内空气的清洁和健康。过滤器的种类和级别根据需要和环境的不同而有所差异，常见的过滤器有初效过滤器、中效过滤器和高效过滤器等。

通风系统的控制系统用于监测和控制室内空气质量和温度。它可以根据室内控制参数如CO浓度、CO_2浓度等参数，自动调节风机的运行，以保持室内空气的舒适和健康。同时监测室内空气质量和风机运行状态，并在出现异常情况时发出警报，提醒用户采取相应的措施。

2. 通风系统的监控

通风监控系统主要由DDC、组态软件、现场数据采集传感器等部分组成。如图4-24 (a)、图4-24 (b) 为通风系统中的送风机和排风机系统监控原理图。

(1) 对过滤网进行差压监控

当过滤网两端压差超过设定值时，输入DI信号，控制器发出报警信号，提示工作人员进行清洗或更换。

(2) 联锁送风机启停控制

在图4-24 (a) 中，对送风机进行启停控制（B点）、运行监控（C点）、手/自动转换（D点）、故障报警（E点）。监视防火阀开启或关闭的工作状态（F点）。防火阀平时呈开启状态，当送风温度达70℃时，自动关闭，并联锁停止送风机运行。

在图4-24 (b) 中，对排风机进行启停控制（D点）、运行监控（E点）、故障报警（F

第 4 章 建筑设备监控系统

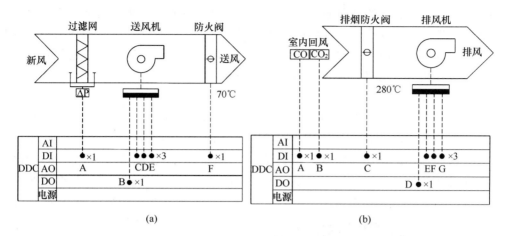

(a)　　　　　　　　　　　　　　(b)

图 4-24　通风系统监控原理图
(a) 送风系统监控；(b) 排风系统监控

点)、手/自动转换（G点）。监视排烟防火阀开启或关闭的工作状态（C点）。排烟防火阀平时呈开启状态，当送风温度达280℃时，自动关闭，并联锁停止排风机运行。排风机的启停控制还可以通过监测室内一氧化碳（CO）和二氧化碳（CO_2）浓度进行控制。

4.4　给水排水系统监控

4.4.1　给水系统监控

1. 给水系统组成

室内给水系统为向房屋内输送安全、清洁、卫生的饮用水和生活用水。通常由引入管、水表节点、管网系统、给水管道附件、增压和贮水设备、用水设备等部分组成，如图4-25所示。其中，引入管是室外给水管网与室内给水管网之间的联络管段，也称进户管；水表节点是指装设在引入管上的水表及其前后的闸门、泄水装置等的总称；管网系统

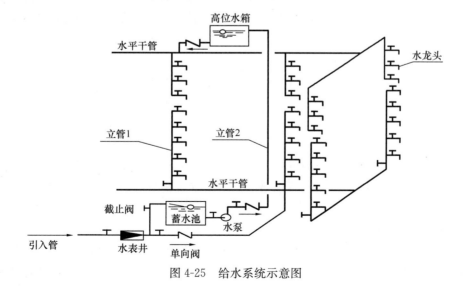

图 4-25　给水系统示意图

指室内给水管道,由水平管或垂直干管、立管、支管等组成;给水管道附件是指给水管路上的截止阀、单向阀、安全阀、减压阀及各种配水龙头;在室外给水管网压力不足或室内对安全供水、水压稳定有要求时,需设置水箱、水泵、气压给水装置、水池等增压和贮水设备;用水设备指卫生器具、水龙头和消防设备等。

2. 给水系统分类

给水系统根据给水的性质和用途可以分为以下几类:

生活给水系统:生活给水系统用于供应住宅、商业建筑等的生活用水,如图4-26所示。它包括洗脸盆、浴盆、大便器等用水设备,以及与之相连的输水管道、水泵和水箱。生活给水系统需要满足供水的安全、稳定和卫生要求,以保障人们正常的生产生活。

工业给水系统:工业给水系统用于供应工业企业的生产用水。它通常包括各种工业用水设备,如冷却设备、蒸汽锅炉等,以及与之相连的输水管道、水泵和水箱。工业给水系统需要满足供水的稳定性和适应性要求,以满足保障工业生产的顺利进行。

消防给水系统:消防给水系统用于供应建筑物的消防用水,通常包括消火栓、喷淋系统等消防设备,以及与之相连的输水管道、水泵和水箱。消防给水系统需要满足供水的可靠性和快速响应的要求,以保障火灾应急的需要。

3. 给水系统监控

给水系统的监控是指对给水系统的运行状态、压力等参数进行实时监测和控制,以确保系统的安全、稳定和高效运行。常见的给水系统监控包括以下几个方面:

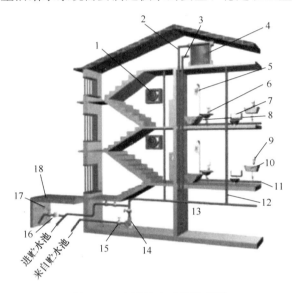

图4-26 生活给水系统示意图
1—消火栓;2—进水管;3—出水管;4—水箱;5—淋浴器;
6—洗脸盆;7—大便器;8—浴盆;9—水龙头;10—洗涤盆;
11—支管;12—立管;13—干管;14—水泵;15—单向阀;
16—水表;17—闸阀;18—阀门井

(1) 运行状态监测

监测给水系统的各个设备的运行状态,如水泵的启停状态、水箱的液位、阀门的开关状态等。通过监测设备的运行状态,及时发现设备故障或异常,并采取相应的措施进行修复或更换。

(2) 压力监测

监测给水系统的压力参数,如进水压力、出水压力等。通过监测压力参数,可以及时发现压力异常或波动情况,以便调整水泵的运行状态或调节阀门的开关,保持供水系统的稳定运行。

(3) 报警与远程控制

给水系统监控系统可以设置报警功能,当系统发生故障或异常时,可以通过声光报警、短信、邮件等方式及时通知相关人员,并采取相应的措施进行处理。同时,监控系统还可以实现对给水系统的远程控制,通过远程操作设备,调整系统的运行参数,提高运行效率。

(4) 数据记录与分析

给水系统监控系统可以对监测到的数据进行记录和分析,生成报表和趋势图,以便对系统的运行情况进行分析和评估。通过对数据的分析,可以及时发现系统存在的问题和改进的空间,提高系统的运行效率和管理水平。

给水系统的监控是确保系统安全、稳定和高效运行的重要手段,通过实时监测和控制系统的运行状态压力等参数,可以及时发现和解决问题,提高供水系统的运行效果和管理水平,给水系统的监控原理如图4-27所示。

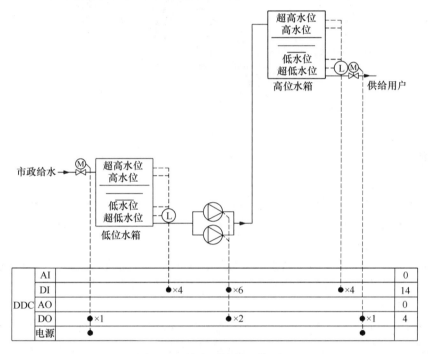

图4-27 给水系统的监控原理

通过DDC对水泵进行了故障报警监测、手自动切换和运行状态的监测,以及启停的控制;对于水箱或水池设置了超高液位、高液位、超低液位和低液位监测。通过液位传感器监测液位信号,并将检测到的信号以数字形式输入DDC内。对于低位水箱取水位到达低水位时,打开市政给水进水阀,到达高水位时,关闭进水阀,保证水位在低水位和高水位之间。对于高位水箱,在低水位时,打开水泵,在高水位时,关闭水泵,在超低水位和超高水位发出报警信息。

4.4.2 排水系统监控

1. 排水系统组成

排水系统是指用于排除建筑物中的废水、雨水、污水等,保护建筑物的结构和基础,防止因积水导致的损坏和腐蚀。按照功能和应用领域可分为污水排水系统、雨水排水系统、消防排水系统等。排水系统构成类似,主要由集水井、排水泵、排水管道组成,如图4-28所示。排水管道是排水系统的主要组成部分,用于将废水、雨水、污水等从建筑物内排出。排水井是用于收集和存储废水的地下结构。它通常位于地下室中,并与排水管道相连。排水井可以收集和存储废水，以便在需要时进行处理或排放。排水泵用于将废水从低处抽到高处，通常安装在地下室中，以便将废水排到相应的市政管道。

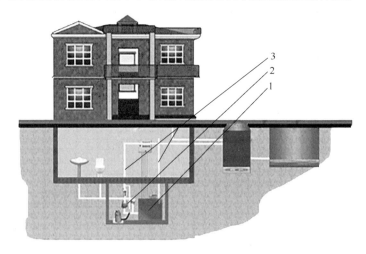

图 4-28 排水系统示意图
1—集水井；2—排水泵；3—排水管道

2. 排水系统监控

排水系统监控是指对排水系统的运行状态、水位等参数进行实时监测和控制，以确保系统的安全、稳定和高效运行。常见的排水系统监控包括以下几个方面：

（1）运行状态监测

监测排水系统各设备的运行状态，如泵站的启停、阀门的开关状态等。通过监测设备的运行状态，可以及时发现故障或异常，并采取相应措施进行修复或调整。

（2）水位监测

监测排水系统的水位参数，如集水池、集水井的水位等。通过监测水位参数，可以及时发现水位异常或溢出情况，以便采取相应的处理措施，避免水位过高造成的水浸情况。

（3）报警与远程控制

排水系统监控系统可以设置报警功能，当系统发生故障或异常时，可以通过声光报警、短信、邮件等方式及时通知相关人员，并采取相应的措施进行处理。同时，监控系统还可以实现对排水系统的远程控制，通过远程操作设备，调整系统的运行参数，提高运行效率。

（4）数据记录与分析

排水系统监控系统可以对监测到的数据进行记录和分析，生成报表和趋势图，以便对系统的运行情况进行分析和评估。通过对数据的分析，可以及时发现系统存在的问题和改进的空间，提高系统的运行效率和管理水平。

排水系统的监控是确保系统安全、稳定和高效运行的重要手段，通过实时监测和控制系统的运行状态、流量和水位等参数，可以及时发现和解决问题，提高排水系统的运行效果和管理水平，排水系统的监控原理如图 4-29 所示。

集水井设置有超高水位、启泵水位和停泵水位。通过液位传感器监测集水池内液位信息，当水位达到启泵水位时启动水泵，当水位低于停泵水位时，停止水泵工作，当水位达到超高水位时，发出报警信号。

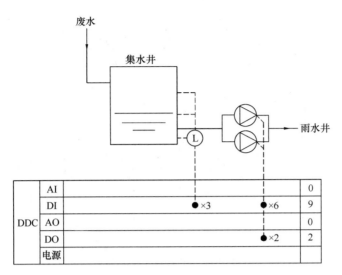

图 4-29 排水系统的监控原理图

两台排水泵采用一备一用的工作方式。所有的排水水泵均设置有运行状态、故障报警、手自动转换状态监测和启停控制。保证水泵的正常运行,同时在水泵发生故障或者过载时,能够迅速发出报警信号,保证响应的及时;并统计水泵运行的时间,以便定期进行设备维护和检修;同时也可通过水泵的运行时间,控制主泵和备用泵之间的切换,调节和平衡主泵和备用泵使用时间。

4.5 供配电监控系统

供配电系统是智能楼宇中最重要的能源供给系统,负责将城市电网供给的电能进行变换、处理、分配,并向建筑物内的各种用电设备供电。具有高可靠性并能连续性地供电是智能楼宇得以正常运转的前提,因此供配电监控系统是楼宇自动化系统中的一个重要组成部分。供配电监控系统采用现场总线技术实现数据采集和处理,对供配电设备的运行状况进行监控,达到对变配电系统的遥测、遥调、遥控和遥信,实现配电所无人值守。

4.5.1 供配电系统

1. 供配电系统简介

电能由发电厂生产,为便于长距离输送,都要经过升压变电站(所)将其升为高等级电压(如 220kV),经高压输电线路将高压电输送到各个地区,再经区域降压变电站(所)降压后,输送到各用电单位的变电站(所),由变电所变换为所需的各种等级电压,再通过配电线路送给各电能用户。这样一个由不同电压等级的电力线路将发电、输电、变电、配电和用电联系起来的整体称为电力系统。如图 4-30 所示为电力系统示意图。

1) 电力系统中不同电压等级的电力线路及其连接的变电站(所)称为电网。

2) 将来自电网的电源经电力变压器变换成另一电压等级后,再由配电线路送至各变电所或供给各用电负荷的电能供配电场所称为变配电所,简称变电所。

3) 引入电源不经过电力变压器变换,直接以同级电压重新分配给附近的变电所或供给各用电设备的电能供配电场所称为配电所。

建筑设备管理系统

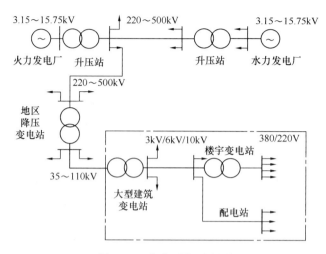

图 4-30 电力系统示意图

智能建筑中安装有大量的用电设备，需要消耗大量的电能，是一个电能用户。它为了接受和使用来自电网的电能，需要一个内部的供配电系统，该系统由高压及低压配电线路、变电所（配电所）和用电设备（负荷）组成，图 4-32 中点画线部分表示建筑供配电系统。大型或特大型建筑设有总降压变电所，把 35～110kV 电压降为 6～10kV，再向各小型变电所供电，小型变电所把 6～10kV 降为 380V/220V 电压对低压设备供电。中型建筑，一般电源进线为 6～10kV，经过高压配电所分配后输出几路高压配电线，以便将电能分别送到各建筑物变电所降为 380V/220V 低压，再供给用电设备。小型建筑物的供电，一般只需一个将 6～10kV 降为 380V/220V 的变电所。

2. 建筑供配电系统主接线方式

智能建筑具有高标准、多元化功能，内部配套电气设备多、用电负荷大，对供电可靠性及供电质量要求都很高，同时还具有人员密度大、火灾隐患多、对消防保安要求高的特点。因此，变电所内通常设两台电力变压器，采用一路主供、一路备用的方式集中供电。

图 4-31 所示是考虑有应急发电机的智能建筑变电所的典型供配电系统主接线。图中高压侧设有电压互感器和电流互感器，用来测量电压，电流，有功、无功功率。高、低压侧均设置母线联络开关 QFL1、QFL2，并增设了自备发电机和相应的母线联络转换开关 QFL3。一级和重要的二级负荷都集中在与变压器 2T 低压侧相连的低压母线上，在两路供电电源都停电的情况下，启动自备发电机并接通 QFL3，为这些负荷供电。图中虚线连接的两个断路器互相闭锁，即一个闭合另一个必须断开，这是为了避免自备发电机与正常市电同时并联运行而导致自备发电机被损坏。

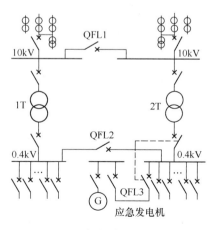

图 4-31 智能建筑变电所的典型供配电系统主接线

自备应急发电机组应始终处于准备启动状态。一旦市电中断时，机组应立即自动启动，并在 15s 内投入正常供电；当市电恢复正常时，机组维持 5min 不卸载运行，之后切断 QFL3，发电机组再空载冷却运行约 10min 停机，彻底退出系统。

4.5.2 供配电系统的监控功能

住房和城乡建设部 2014 年发布的《建筑设备监控系统工程技术规范》JGJ/T 334—2014 对供配电监控系统的监控功能做了规定。

1. 监控系统对高压配电柜的监测功能应符合下列规定

(1) 应能监测进线回路的电流、电压、频率、有功功率、无功功率、功率因数和耗电量。

(2) 应能监测馈线回路的电流、电压和耗电量。

(3) 应能检测进线断路器、馈线断路器和母联断路器的分、合闸状态。

(4) 应能监测进线断路器、馈线断路器和母联断路器的故障及跳闸报警状态。

2. 监控系统对低压配电柜的监测功能应符合下列规定

(1) 应能监测进线回路的电流、电压、频率，有功功率、无功功率、功率因数和耗电量，并最好能监测进线回路的谐波含量。

(2) 应能监测出线回路的电流、电压和耗电量。

(3) 应能监测进线开关、母联开关的分、合闸状态。

(4) 应能监测进线开关、母联开关的故障及跳闸报警状态。

3. 监控系统对干式变压器的监测功能应符合下列规定

(1) 应能监测干式变压器的运行状态和运行时间累计。

(2) 应能监测干式变压器超温报警和冷却风机故障报警状态。

4. 监控系统对应急电源及装置的监测功能应符合下列规定

(1) 应能监测柴油发电机组工作状态及故障报警和日用油箱的油位。

(2) 应能监测不间断电源装置（UPS）及应急电源装置（EPS）进出开关的分、合闸状态和蓄电池组电压。

(3) 应能监测应急电源供电电流、电压及频率。

在许多工程中，实际的需求往往已经超过了上述规定。对于某个具体的系统而言，究竟需要哪些功能要根据用户的具体要求来定，可以增加也可以减少。下面列出供配电监控系统常见的一些监测功能。

5. 供配电监控系统常见的监测功能

(1) 运行参数检测。对供配电系统的主要运行参数进行检测，包括高、低压进线电压、电流、频率、有功功率、无功功率、功率因数等参数的检测；高、低压出线回路的电流、电压和耗电量等参数的监测；变压器温度检测；直流输出电压、电流等参数的检测；柴油发电机等应急电源各参数的检测。并为正常运行时的计量管理、事故发生时的故障原因分析提供数据。

(2) 电气设备运行状态监测。包括高、低压进线断路器及母线联络断路器、变压器断路器、直流操作柜断路器、柴油发电机等应急电源的断路器，以及各种类型的开关状态监测，并提供电气主接线图开关状态画面。

(3) 故障报警事件的检测。配电系统运行过程中一旦发生故障，如断路器出现脱扣短路或过载脱扣、进线掉电、变压器超温或运行参数超限、直流操作柜故障、发电机故障等，供配电设备监控系统应立即发出声、光报警，并显示故障位置及相关电压、电流数值等。根据显示的故障状态图标和故障原因的文字提示，值班人员可以方便、及时地处理故障。

（4）用电量远程自动计量。对建筑物内每个用户和所有用电设备的用电量进行统计及电费计算与管理，（包括空调、电梯、给水排水、消防喷淋等动力用电和照明用电）并绘制用电负荷曲线（如日负荷、年负荷曲线），实现自动抄表、输出用户电费单据等。

（5）对各种电气设备的检修、保养维护进行管理，如建立设备档案，包括设备配置、参数档案以及设备运行、事故、检修档案，生成定期维修操作单并存档，避免维修操作时引起误报警等。

（6）断路器的通断控制。供配电监控系统断路器的通断控制有4种方式：手动操作、电动操作、远程操作和全自动操作。多种断路器的通断控制方式，使智能化供配电系统较常规的配电系统有更高的运行可靠性。根据我国的实际情况，10kV中压配电系统的设备通常采用就地人工控制操作，较少进行远程/自动操作，也就是"只监不控"，但是若用户需要，可以开通该功能。

（7）备用电源控制。在主要电源供电中断时，自动启动柴油发电机组或者不间断电源装置（UPS）及应急电源装置（EPS）；在恢复供电时停止备用电源，并进行倒闸操作。

4.5.3 供配电监控系统的监控内容

根据供配电系统的供电电压，通常把系统分为高压段和低压段两部分，以建筑物的主变压器为划分界限。变压器的一次侧6～10kV高压线路为高压段，变压器的二次侧（380V/220V）为低压段。由于现代建筑的高低压配电系统通常具有独立的测控软件系统，通过网关协议转换，将高低压配电系统与楼控系统之间直接进行数据通信，把各种电通信协议存储到楼控软件数据库中，直接供程序调用。

1. 高压线路电压及电流的监控

6～10kV高压线路的电压及电流的测量方法如图4-32所示。（对低压线路电压、电流的测量方法与之类似，只是互感器的变比不同而已）。输出0～5V、0～10V或0～10mA、4～20mA的标准模拟量信号送往DDC的AI端子。有的传感器把被测信号变为占空比可变的开关量信号（脉冲）送往DDC的DI输入端子。电气设备的运行状态通过被测设备的辅助触点转换为ON/OFF（1/0）信号直接送往DDC的DI输入端子。功率因数的检测是通过电压、电流以及两者之间的相位差得到的。有了电压、电流、功率因数，通过运算即可间接得到有功功率和无功功率。当然也可采用专门的变送器实现。目前还广泛使用称为"多参数电力监测仪"的智能化检测装置，该装置只需简单地接入三相电源中，从不同的端子上即可输出各种电力参数，它还提供数据通信接口，可以作为网络的一个节点与其他

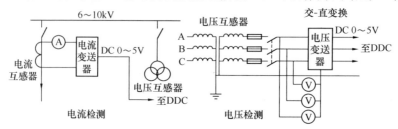

图4-32 高压线路的电压及电流测量方法

计算机进行通信。

2. 低压配电监控系统的监控原理

低压端（380V/220V）的电压及电流测量方法与高压侧基本相同。低压配电系统监控原理图如图 4-33 所示。主要监控内容有：

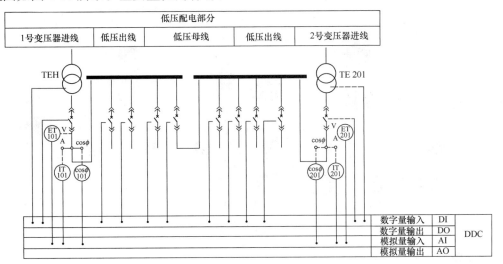

图 4-33　低压配电系统监控原理
ET—电压变送器　IT—电流变送器　cosφ—功率因数变送器

（1）参数检测、设备状态监视与故障报警：DDC 通过温度传感器/变送器、电压变送器、电流变送器及功率因数变送器自动检测变压器线圈温度、电压、电流和功率因数等参数，与额定值比较，发现故障时报警，显示相应的电压、电流数值和故障位置。经由数字量输入通道可以自动监视各个断路器、负荷开关和隔离开关等的当前分、合状态。

（2）电量计量：DDC 根据检测到的电压、电流和功率因数计算有功功率、无功功率，累计用电量，为绘制负荷曲线、进行无功补偿及计算电费提供依据。

基于前面所列的监控内容，对应的监控点类型见表 4-3。由于具体的供配电系统有所不同，对监控的要求也有差别，因此，在实际工程的设计与实施过程中，应依据具体工程的情况重新确认，统计监控点的数量来选配 DDC。

图 4-34 为某配电系统监控原理。

低压配电监控系统监控点类型　　　　　　　表 4-3

设备名称	监控内容	监控点类型				接口位置
		DI	AI	DO	AO	设备名称
变压器	变压器温度报警	√				靠贴式温度传感器
低压进线	进线开关状态	√				低压进线柜断路器辅助触点
	母联开关状态	√				低压联络柜断路器辅助触点
	低压进线电压		√			三相电压变送器
	低压进线电流		√			三相电流变送器
	低压进线功率		√			功率变送器
	功率因数		√			功率因数变送器
	电能测量		√			电量变送器

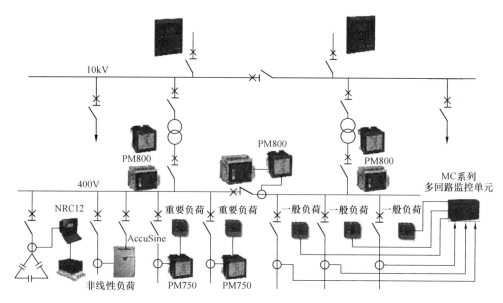

图 4-34 配电系统监控原理

3. 功率、功率因数的监控

通过流量电压与电流的相位差,可测得功率因数。有了功率因数、电压和电流数值,即可求得有功功率和无功功率。因此,可以先测量功率因数,然后间接得出功率,这是一种间接测量功率的方法。比较精确地测量功率的方法是采用模拟乘法器构成的功率变送器,或者用数字化测量的方法(高速采样电压、电流数据,再对数字信号进行处理)测量功率。

4. 应急柴油发电机与蓄电池组的监控

为了保证负荷中特别重要的负荷用电或中断供电将会造成重大损失时,应设置自备应急柴油发电机组。但由于启动时间的限制,仍然不能满足用电负荷的供电要求,这就要增加转换时间短的蓄电池组。

应急柴油发电机组本身一般都自带检测与控制装置,并且有独立的控制箱,在供配电监控管理系统的工程设计中,尽量从这个控制箱的接线箱上获取集中监控信号。应急柴油发电机组监测内容包括:

(1) 应急电源的开关状态、供电电流、电压及频率等参数。

(2) 应急发电机组的机组运行状态、电压、电流、频率、故障报警等。

(3) 蓄电池电压、日用油箱油位、室外储油罐油位等。柴油发电机组设有日用油箱、配电箱、电池,以上这些机件都应在智能监控的范围内。

应急柴油发电机组监控原理如图 4-35 所示,其监控点类型见表 4-4。

5. 供电品质的监控

供电品质的指标通常是电压、频率和波形,其中尤以电压和频率最为重要。电压质量包括电压的偏移、电压的波动和电压的三相不平衡度等。

(1) 频率在电气设备的铭牌上都标有额定频率。我国电力工业的标准频率为 50Hz。由于频率直接影响电气设备的正常工作,因此对于频率的偏差要求很严格,国家规定电力系统对用户的供电频率偏差范围为±0.5%。

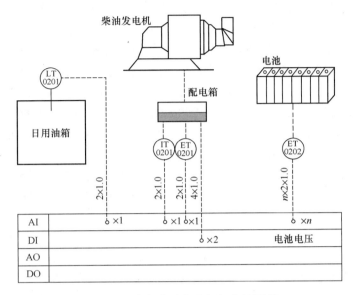

图 4-35　应急柴油发电机组监控原理

柴油发电机组监控点类型　　　　　　　　　　表 4-4

设备名称	监控内容	监控点类型				接口位置
		DI	AI	DO	AO	设备名称
柴油发电机	发电机输出电压		✓			电压变送器
	发电机输出电流		✓			电流变送器
	发电机输出有功功率		✓			有功功率变送器
	发电机输出无功功率		✓			无功功率变送器
	发电机输出功率因数		✓			功率因数变送器
	发电机运行状态	✓				交流接触器辅助触点
	发电机故障	✓				热继电器辅助触点
日用油箱	日用油箱高/低油位	✓				液位传感器
电池	电池电压		✓			电压变送器

对电网频率的检测可在低压侧进行。在电网的频率偏差超过允许值时,监测系统应予报警,必要时应切断市电供电,改用备用电源或应急发电机供电。

(2) 电压在各种电气设备的铭牌上都标有它的额定工作电压。但在实际运行中由于电力系统负荷的变化或用户本身负荷的变化等原因,往往使电气设备的端电压偏离额定值。电压低于额定值往往是发生在高峰负荷时长线路的末端,电压高于额定值往往是发生在低负荷时线路的始端。

当电压过高或过低时监测系统应予报警,同时需采取系统或局部的调压及保护措施。对电压偏移的改善一般要求在电网的高压侧采取措施,使电网的电压随负荷的增大而升高;反之,负荷减少,电压降低。对于重要的负荷,宜在受电或负荷端设置调压及稳压器。

(3) 电动机的启动、电梯及电焊类冲击负荷的工作，都会引起供配电系统中的电压发生矩时间的波动，即电压时高时低的现象，这种短时间的电压变化称为电压波动。电力系统中交流电的波形从理论上讲应该是正弦波，但实际上由于三相电气设备的三相绕组不完全对称，带有铁芯线圈的励磁装置，特别是大型晶闸管装置、电力电气设备的应用，在电力系统中产生了与50Hz基波成整数倍的高次谐波，使电压的波形发生畸变成为非正弦波。

电压波动及谐波对电气设备的运行是有害的。传统的无源型LCR滤波器已被用来解决这一问题，但由于结构原理上的原因，无源滤波器的应用中存在着一些难以克服的缺点：

1）滤波器只对调谐点的谐波效果明显，而对偏离调谐点的谐波无明显效果，实际应用中不可能无限地增加滤波器。

2）当系统中谐波电流增大时，无源滤波器可能过载，甚至损坏设备。

3）电源阻抗强烈地影响滤波特性，严重时电源和滤波器间可能发生谐振，这就是所谓的谐波放大现象。

有源电力滤波器（Active Power Filter，APF）是一种用于动态抑制谐波、补偿无功的新型电力电子装置，它能够对不同大小和频率的谐波进行快速跟踪补偿。其之所以称为有源，是相对于无源LC滤波器只能被动吸收固定频率与大小的谐波而言。有源滤波器同无源滤波器比较，治理效果好，可以同时滤除多次及高次谐波，不会引起谐振，目前在供配电系统中被广泛采用。

(4) 电压的三相不平衡度，在低压系统中一般采用三相四线制，单相负荷接于相电压上，由于单相负荷在三相电压不可能完全平衡，因而三个相电压不可能完全平衡。电压的不平衡度可以通过测量三个相电压及三个相电流的数据，再经相互比较其差值来检测。差值越大则不平衡度越大。当这个不平衡电压加于三相电动机时，由于相电压的不平衡使得电动机中的负序电流增加，因而增加了转子内的热损失。在设计中应尽量使单相负荷平衡地分配在三相中，对相电压不平衡敏感的负荷（如电子计算机类设备）应采用分开回路的措施，若三相不平衡超出了阀位监测系统应予以报警。

4.5.4 供配电监控系统的节能措施

供配电监控系统除了对供配电系统安全运行、正常供配电进行监视外，还应采用多种节能措施。以节约电能为目标，对系统中的电力设备及参数进行控制与调度。这些节能措施主要有：

（1）合理设置变电所位置，变压器尽可能靠近负荷中心，这样可以缩短低压（220V/380V）配电线路长度，降低线路损耗。在送电功率 P 不变条件下，线路电流 I 与电压 U 成反比，即：

$$P = \sqrt{3}IU\cos\varphi$$

低压380V的线路电流为中压10kV的26.3倍，而线路的电功率损耗又与电流的二次方成正比，即：

$$\Delta P = 3I^2R$$

则用380V送电的功率损耗为10kV的690倍。因此，智能化供配电系统若使10kV线路深入、靠近负荷中心（如制冷机、泵等），对大型建筑可降低年损耗约几万千瓦时。

（2）无功功率的自动补偿，智能楼宇中用电设备的功率因数较低，如：冷水组、水泵、送排风机等，功率因数约为0.5～0.65，功率因数偏低将使线路电流加大，从而大大增加线路损耗；同时，电流加大，将增加变压器损耗，降低变压器利用率。智能化供配电系统根据检测到的无功功率或功率因数自动进行补偿电容的投切，从而保证系统中的无功功率或功率因数始终在设定的范围内。

(3) 变压器选用与节能。一座大中型建筑，变压器容量可达 $5000 \sim 10000 kV \cdot A$，年用电总量达几百万至千万千瓦时，变压器年损耗达几万至十几万千瓦时。智能化供配电系统通过采用新型节能变压器；合理确定变压器的容量，使变压器负载率在 $0.5 \sim 0.7$；提高变压器的功率因数、降低谐波含量等这些措施，从而可以降低变压器 $20\% \sim 30\%$ 的年损耗。

(4) 合理调度负荷。当两个或多个大容量电动机负荷同时启动时，智能化供配电系统会自动将它们的启动时间错开，从而达到消减峰值负荷减少电费的目的。夜间轻载时，智能化供配电系统将根据监测到的负荷情况自动或通过提示由人工改变配电系统的运行方式，切除部分负荷的变压器，由其他变压器为这些负荷供电，从而降低了变压器的空载损耗，提高了供电质量。

(5) 谐波治理与节能。谐波主要来自电视机、计算机、UPS、整流器、变频调速、放电灯的电子镇流器等。谐波的危害很多，主要有波形的畸变和微电子设备的干扰；降低线路的功率因数；增加线路的电流的加大变压器及线路的损耗。智能化供配电系统治理谐波的措施有两个，一个是尽可能选择低谐波的设备、器材（如电子镇流器）；另外就是设置滤波装置，自动控制无源滤波器滤波电感和电容的投切，对谐波污染进行有效控制或补偿，保证母线电压/电流的谐波含量在规定的允许值以下。

4.5.5 供配电监控系统的构成

供配电监控系统和其他建筑物自动化系统一样采用分布式系统和多层次的网络结构，其结构由 3 层组成：现场 I/O 设备、控制层、管理层。现场 I/O 用于现场设备状态信号和运行参数的采集，对现场设备进行操作进行控制；控制层是整个系统的控制中心，检测和控制供电系统的运行；管理层用于人机对话、数据处理和存储管理，以及与建筑设备管理系统通信。供配电监控系统的结构如图 4-36 所示。

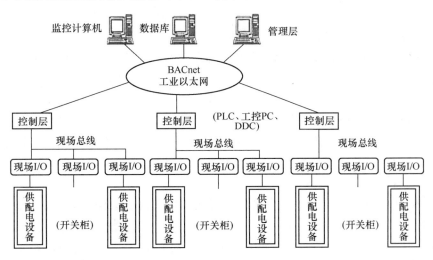

图 4-36 供配电监控系统的结构

对中小型系统，可以忽略控制层，将其功能分散到管理层，此时的控制层设备就是通信控制器或者网关一类的设备。

(1) 现场 I/O 设备

智能化供配电监控系统的现场 I/O 设备包括综合保护装置、网络电力仪表、电能质量检测装置、远程数据采集模块等。所有现场 I/O 设备相对独立，按一次设备对应分布式配置，完成供配电系统的保护、控制、检测和通信等功能，同时可以动态实时显示开关设备工作状态、运行参数、故障信息。

现场 I/O 设备的配置方式一般有两种：集中式配置和分散式配置。分散式配置方式是将各种现场 I/O 设备分别安装在各配电柜中，与配电柜融为一体，构成智能化配电柜，经 RS-485 通信接口接入现场总线，这种配置方式优点是柜间连线少，通常只有通信电缆和监控管理系统电源线。缺点主要是增加了配电柜制造和安装调试时的协调工作量，另外系统只能在现场进行调试，周期较长。

集中式配置方式是将各种现场 I/O 设备集中配置在监控柜中。优点是监控管理系统和配电柜分别制造和安装，相互间通过二次信号线相连，协调配合比较简单；另外监控管理系统的硬件和软件都可以实现标准化、产品化，从而进一步提高了系统的可靠性。缺点主要是配电柜与监控柜间的连线加大了安装布线的工作量。

(2) 控制层

控制层对现场发生的过程量做数字采集和存储，并通过控制网络向上传送，同时本身也完成局部的闭环控制或顺序控制，是整个系统的控制核心。控制层应由通信总线和控制器组成。通信总线的通信协议宜采用 TCP/IP、BACnet、LonTalk、Meter Bus 和 ModBus 等国际标准。控制层的控制器（分站）宜采用直接数字控制器（DDC）、可编程序逻辑控制器（PLC）或兼有 DDC、PLC 特性的混合型控制器（Hybrid Controller，HC）。在民用建筑中，除有特殊要求外，应选用 DDC。

(3) 管理层

管理层应具有下列功能：监控系统的运行参数；检测可控的子系统对控制命令的响应情况；显示和记录各种测量数据、运行状态、故障报警等信息；数据报表和打印。管理层是供配电监控系统的管理中心，由监控软件、服务器、监控计算机、大屏幕监视器、打印机、动态模拟显示屏、通信机柜、UPS 及其他附属设备。其中，服务器和监控计算机是整个系统管理层的核心设备，主要作用是人机对话的界面；数据和信息的处理、存储及管理；模拟屏的驱动与控制；与 BMS 等通信联网。

监控站的服务器与监控计算机的数量应根据实际需要确定，对于单个变电站的小型供配电监控系统可以只设一台监控计算机；对于多个变电站的中大型供配电监控系统，应设服务器专门进行数据的处理和数据库的管理，同时可设多台监控机。

(4) 网络通信

网络通信是现场 I/O 设备与管理层设备实现数据交换的通信设备和通信线路的总称，包括以太网关、以太网交换机、光纤收发器、光交换机以及路由用的光缆、通信电缆等，根据每个项目的实际情况，设计相应的网络结构，配置相应的通信设备。对于单个变电站的小型系统采用现场总线和以太网的网络组织形式。对于多个变电站的大中型系统，采用光纤通信网络与现场总线、以太网相结合的网络组织形式，其中站与站之间采用光纤星形网络或光纤冗余环形网络,站内采用现场总线和以太网络。

(5) 监控系统应用软件

供配电监控系统的应用软件一般和设备配套,采用专用软件,如配电系统监控和能源管理软件,也可以采用通用软件,又称监控和数据采集软件(SCADA)。对软件的要求是:具有良好丰富、方便的人机界面;具备完全开放的面向各种智能监控设备的通信驱动程序;满足楼控系统、上级管理系统、供电调度中心等系统的数据交换和管理要求。

4.6 照明系统监控

在现代建筑中,照明系统成为建筑中仅次于空调系统的耗电大户,我国照明所消耗的电能约占建筑内电力总消耗量的 1/6,建筑物性质不同,照明用电量所占比例也不同。如何做到既保证照明质量又节约能源,是照明控制的重要内容。因此,需要对照明供电系统进行合理设计与节能控制,以达到节省能源,提供高效、舒适、安全可靠的照明环境及高水平管理的目的。

降低照明系统能耗的途径可以从高效节能电器的使用,以及照明控制方法的改进等几个方面着手。照明系统的控制目前有两种方式:一种是由建筑设备监控系统进行监控,在这种情况下,监控系统中的 DDC 对照明系统的相关回路按时间程序进行开、关式控制。在系统中工作站可显示照明系统的运行状态、打印报警报告、系统运行报表等,这是目前最常用的一种方式。另一种方式是采用智能照明控制系统对建筑物内的各类照明进行控制和管理,并将照明系统与建筑设备监控系统进行联网,实现统一管理。

4.6.1 照明系统的组成和分类

照明系统是建筑物中至关重要的组成部分,它为人们提供了必要的光线和照明效果。一个完善的照明系统不仅可以提供良好的照明效果,还能够节约能源、提高安全性和舒适度。照明系统通常由光源、灯具、控制系统、配电系统、光学器件、安全设备等部分组成。

1. 照明系统的组成

(1) 光源

光源是照明系统中最基本的组成部分,它产生光线并提供照明效果。常见的光源包括白炽灯、荧光灯,LED 灯等。这些光源具有不同的亮度、色温和能效,可以根据不同的照明需求选择合适的光源。

(2) 灯具

灯具是用来安装和保护光源的装置,它起到传播和控制光线的作用。灯具的设计和材质对照明效果有着重要的影响,不同类型的灯具可以提供不同的光线形状和照明效果。常见的灯具包括吊灯、台灯、壁灯、筒灯等,它们可以根据不同的场景和需求进行选择和搭配。

(3) 控制系统

灯具控制系统是用来控制灯具开关、亮度和颜色的设备,可以通过手动开关、遥控器、智能手机或计算机进行控制,以实现灯光的调节和变换。灯具控制系统还可以通过定时、光线感应、人体感应等功能,实现智能化的照明控制,提高能源利用率和舒适度,如图 4-37(a)所示为照度传感器,如图 4-37(b)所示为人体感应器。

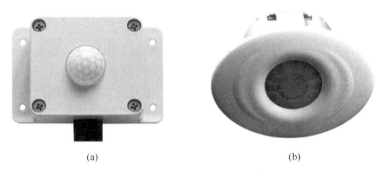

图 4-37 照明控制系统常用的传感器
（a）照度传感器；（b）人体传感器

（4）配线系统

配线系统是照明系统中的重要组成部分，它用来连接光源、灯具和灯具控制系统，并提供电力供应。合理的电气配线系统能够保证照明系统的正常运行和安全使用，同时还可以减少电线的混乱和维护成本。

（5）光学器件

光学器件是用来控制和调节光线的设备，它可以改变光线的方向、亮度和色温，以实现不同的照明效果。常见的光学器件包括反射器、透镜、散射器等，它们可以根据不同的需求和场景进行选择和配置。

（6）安全设备

照明系统中还需要配备相应的安全设备，以防止火灾和其他安全事故的发生。常见的安全设备包括过载保护器、漏电保护器、接地保护器等，它们可以保证照明系统的安全使用和运行，如图 4-38 为漏电保护器工作原理示意图。

2. 照明系统分类

照明系统是建筑物中不可或缺的组成部分，根据应用场景和需求的不同可以分为多种类型。

（1）按照用途分类

照明系统可以根据其用途和应用场景进行分类，主要包括室内照明系统和室外照明系统两大类。

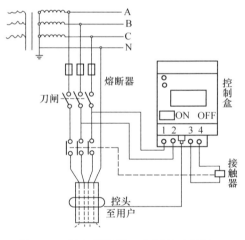

图 4-38 漏电保护器工作原理示意图

室内照明系统主要用于室内空间的照明，包括家庭照明、商业照明、办公照明等。室内照明系统需要考虑舒适度、美观性和能效等因素。

室外照明系统主要用于室外环境的照明，包括道路照明、广场照明、景观照明等。室外照明系统需要考虑防水防尘、耐用性和环境适应性等因素。

（2）按照光源类型分类

照明系统可以根据所采用的光源类型进行分类，主要包括白炽灯照明系统、荧光灯照明系统、LED 照明系统等。如图 4-39（a）所示，白炽灯照明系统采用传统的白炽灯作为光源，具有较高的色彩还原性和舒适的光线效果，但能效较低。如图4-39（b）所示，荧光灯照明系统采用荧光灯作为光源，具有较高的亮度和较长的使用寿命，但存在启动时间长、颜色表现不佳等缺点。如图4-39（c）所示，LED灯照明系统采用LED灯作为光源，具有较高的能效、长寿命、良好的色彩表现等优点，是目前照明系统中发展最快的一种类型。

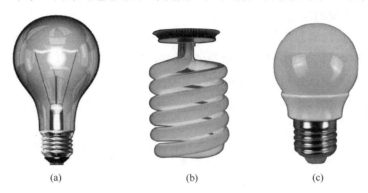

图4-39 一些常见光源类型
（a）白炽灯；（b）荧光灯；（c）LED灯

（3）按照控制方式分类

照明系统可以根据其控制方式进行分类，主要包括手动控制系统和智能控制系统两大类。手动控制系统主要通过开关、调光器等手动设备进行控制，操作简单但灵活性较差。智能控制系统则采用自动化控制设备，可以通过光线感应、定时控制、人体感应等方式实现智能化的照明控制，提高能源利用率和舒适度。

（4）按照安全性分类

照明系统可以根据其安全性进行分类，主要包括常规照明系统和应急照明系统两大类。如图4-40（a）所示，常规照明系统主要用于日常照明需求，其安全性要求相对较低。如图4-40（b）所示，应急照明系统则主要用于安全疏散通道、紧急照明等场所，需要具备自动切换、长时间照明等功能，以确保在紧急情况下的安全照明需求。

图4-40 照明性质分类
（a）常规照明；（b）应急照明

（5）按照照明设计分类

照明系统还可以根据其设计风格和特点进行分类，主要包括主光源照明系统、辅助照明系统、装饰照明系统等。

主光源照明系统主要用于提供整体照明效果，满足基本的照明需求。

辅助照明系统则用于强调特定区域或物体的照明，如展柜照明、景观照明等。

装饰照明系统则主要用于美化环境、营造氛围，如壁灯、吊灯等。

4.6.2 照明系统的监控

照明监控系统是指通过对照明系统进行实时监测和数据分析，以达到优化照明效果、提高能源利用效率、延长照明设备寿命等目的的过程。照明监控系统可以实现对照明设备的实时监测、数据采集、分析处理和远程控制等功能，以实现照明系统的智能化控制和管理。照明监控系统常用技术如下：

（1）传感器技术

传感器技术是照明监控系统的基础技术之一。通过安装光线传感器、温度传感器、湿度传感器等传感器设备，可以实现对照明环境的实时监测和数据采集，以便对照明系统进行智能化控制和管理。

（2）云计算技术

云计算技术是照明监控系统的重要技术手段之一。通过将传感器采集到的数据上传至云端，可以实现对照明系统的实时监测和数据分析，以便对照明系统进行智能化控制和管理。云计算技术还可以实现对照明系统的远程监控和控制，提高照明系统的运行效率和管理效果。

（3）人工智能技术

人工智能技术是照明监控系统的前沿技术之一。通过对传感器采集到的数据进行深度学习和分析处理，可以实现对照明系统的智能化控制和管理。人工智能技术还可以实现对照明系统的预测分析和优化调整，提高照明系统的能效和管理效果。

在现代化建筑中，照明监控系统已经成为一种重要的技术手段。如图 4-41 通过对建筑照明系统进行实时监测和数据分析，可以实现对照明效果的优化和能源利用效率的提

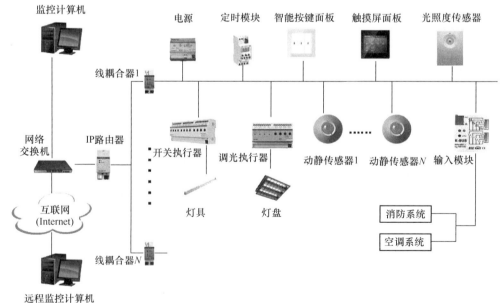

图 4-41 建筑照明监控系统原理图

第4章 建筑设备监控系统

高。例如,在一个大型商场中,可以通过照明监控系统实现对照明环境的实时监测和数据采集,以便对照明系统进行智能化控制和管理,提高照明效果和能源利用效率。

在城市管理中,照明监控系统也具有重要的应用价值。如图 4-42 通过对城市照明系统进行实时监测和数据分析,可以实现对城市照明效果的优化和能源利用效率的提高。例如,在一个大型城市中,可以通过照明监控系统实现对城市照明环境的实时监测和数据采集,以便对城市照明系统进行智能化控制和管理。

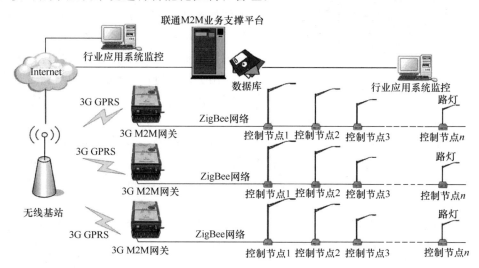

图 4-42 城市照明系统监控原理图

照明监控系统是一种重要的技术手段,可以实现对照明系统的智能化控制和管理,提高照明效果、能源利用效率和设备寿命。随着科技的不断进步,照明监控系统将会在更广泛的领域得到应用,为人们的生活带来更多的便利和舒适。

4.7 电梯及扶梯监控系统

电梯系统和扶梯系统都是现代建筑物中常见的垂直交通设备,它们为人们提供了便捷的上下楼交通方式,为人们提供了便利、高效的垂直交通服务,提高了城市的生活质量和工作效率。

4.7.1 电梯系统监控

电梯系统是现代建筑中不可或缺的重要设施,它们在提供便利的同时也极大地提高了建筑物的效率和舒适度。根据不同的标准和特点,电梯系统可以进行多种分类。下面先介绍电梯系统的组成和分类。

1. 电梯系统的组成

电梯系统由电梯机房、井道、轿厢等多个部分及相应的控制系统构成。

(1) 电梯机房:电梯机房通常位于建筑物的顶部或底部,包括曳引机、控制系统、驱动系统等设备,如图 4-43 所示。曳引机负责提供电梯的动力,通常采用电动机或液压系统。控制系统用于监控电梯的运行状态,并控制电梯的启停和运行方向。驱动系统则负责将电梯机器提供的动力传递到轿厢和配重之间,使电梯能够运行。

图 4-43 电梯机房图片

（2）电梯井道：电梯井道是电梯的运行通道，包括电梯轨道、导轨、门套等结构。电梯轨道是支撑轿厢和配重的结构，导轨用于引导轿厢的运行方向，门套则用于安装轿厢门和层门。

（3）电梯轿厢：电梯轿厢是用于运载乘客或货物的部分，通常由钢板、玻璃等材料构成。轿厢内部包括地板、壁板、顶棚等构件，还配备有照明、通风等设施，以确保乘客的舒适和安全。

（4）电梯门系统：电梯门系统包括轿厢门和层门，用于乘客进出电梯。轿厢门通常采用自动门，能够在电梯运行时自动开合，而层门则用于隔离电梯井道和楼层走廊，保障乘客的安全。

（5）安全系统：安全系统是电梯系统中最为重要的部分，包括紧急制动系统、防坠落系统、救援系统等。紧急制动系统能够在电梯出现异常情况时立即停止电梯的运行，防止事故的发生。防坠落系统则能够在电梯绳索断裂时自动启动，确保电梯不会坠落，救援系统则能够在乘客被困电梯时提供帮助。

（6）控制系统：控制系统是电梯系统的大脑，包括电梯调度系统、门控系统、限速系统等。电梯调度系统能够根据乘客的需求和电梯的运行状态，合理分配电梯资源，提高电梯的运行效率。门控系统则负责控制轿厢门和层门的开合，以确保乘客的安全。限速系统则能够监控电梯的运行速度，确保电梯在安全范围内运行。

（7）通信系统：通信系统包括紧急呼叫系统、监控系统等，用于乘客与电梯运行监控中心的通信和监控。紧急呼叫系统能够在乘客遇到紧急情况时与外界进行通信，监控系统则能够实时监控电梯的运行状态，确保电梯的安全运行。

电梯系统每个部分都发挥着重要的作用，共同保障着电梯的安全、快速运行。只有各个部分协调配合，才能确保电梯系统的正常运行。

2. 电梯系统的分类

电梯系统可以根据用途、驱动方式、速度等进行分类。

电梯系统按用途分为乘客电梯、货物电梯、客货两用电梯。

（1）乘客电梯是最为常见的电梯类型，其主要功能是运输乘客。它们通常安装在住宅楼、商业大厦、酒店和医疗机构等建筑物中，提供快速、安全的垂直交通服务。

（2）货物电梯主要用于运输货物、设备和其他物品。它们通常安装在仓库、工厂、商场和超市等场所，能够快速、高效地将货物从一个楼层运送到另一个楼层。

（3）客货两用电梯具有运输乘客和货物的双重功能，适用于综合性建筑物，既能满足乘客的垂直运输需求，又能满足货物的运输需求。

电梯系统按驱动方式分为曳引式电梯、液压电梯等。

（1）曳引式电梯通过电动机驱动钢丝绳或带条来提升和降低电梯舱，如图 4-44 所示。这种结构的电梯通常适用于高层建筑，能够提供更大的运载能力和更快的运行速度。

（2）液压电梯通过液压系统来提升和降低电梯舱，如图 4-45 所示。这种结构的电梯通常适用于低层建筑，具有结构简单、运行平稳的特点。

第 4 章 建筑设备监控系统

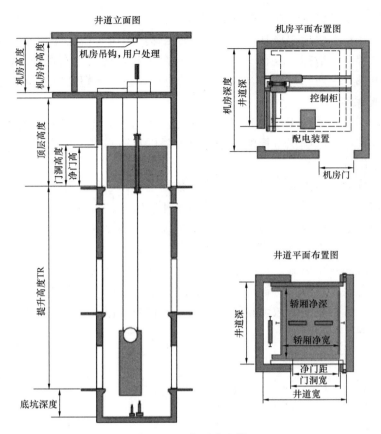

图 4-44 曳引式电梯

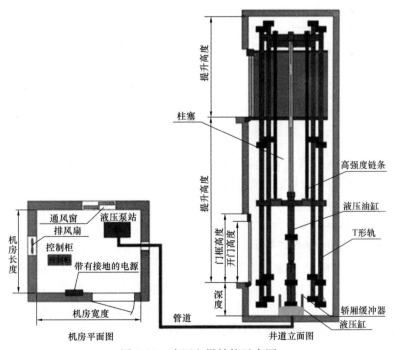

图 4-45 液压电梯结构示意图

电梯系统按速度可分为低速、中速、高速等系统。

(1) 低速电梯：一般指速度在 1m/s 以下的电梯，适用于住宅楼、医疗机构等场所。

(2) 中速电梯：一般指速度在 1~2m/s 之间的电梯，适用于商业大厦、酒店等场所。

(3) 高速电梯：一般指速度在 2m/s 以上的电梯，适用于超高层建筑、地铁站等场所。

3. 电梯监控系统

电梯监控系统是一种用于监视和管理电梯运行状态的系统。它是现代化建筑物中不可或缺的一部分，其作用是确保电梯的安全运行，提供乘客和建筑物管理者对电梯运行状态的实时监控和数据分析。

电梯监控系统的功能主要包括实时监控、数据记录和远程管理。首先，实时监控是指系统能够实时监视电梯的运行情况，包括电梯的位置、速度、负载情况等，如图 4-46 为电梯监控原理图。通过摄像头和传感器，系统可以实时捕捉电梯内外的情况，以便及时发现异常情况。其次，数据记录是指系统能够记录电梯的运行数据，包括每次开关门的时间、每次运行的时间和距离等。这些数据可以用于分析电梯的使用情况和运行状况，为电梯的维护和管理提供参考依据。最后，远程管理是指管理员可以通过网络远程监视电梯的运行情况，并进行远程控制和故障排除，提高了电梯的管理效率和安全性。

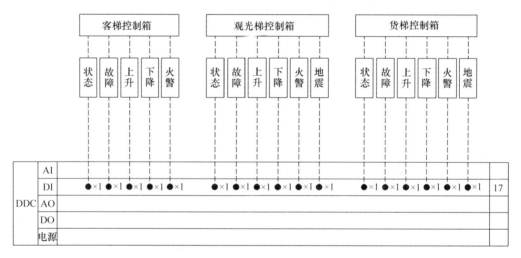

图 4-46 电梯监控原理图

如图 4-47 电梯监控系统通常由摄像头、传感器、监控软件和数据存储设备等组成。摄像头用于监视电梯内外的情况，传感器用于监测电梯的运行状态，监控软件用于实时监控和数据分析，数据存储设备用于存储电梯的运行数据。这些组成部分共同协作，构成了一个完整的电梯监控系统。

电梯监控系统在电梯安全管理中起着至关重要的作用。首先，它可以帮助管理员及时发现电梯的故障或异常情况。通过实时监控和数据记录，管理员可以了解电梯的运行情况，一旦发现异常情况，可以立即采取相应的措施进行处理，避免潜在的安全隐患。其次，电梯监控系统可以提高电梯的管理效率。通过远程管理，管理员可以随时随地监视电梯的运行情况，进行远程控制和故障排除，大大提高了电梯的管理效率。最后，电梯监控系统还可以提供数据支持，为电梯的维护和管理提供参考依据。通过数据分析，管理员可

第 4 章 建筑设备监控系统

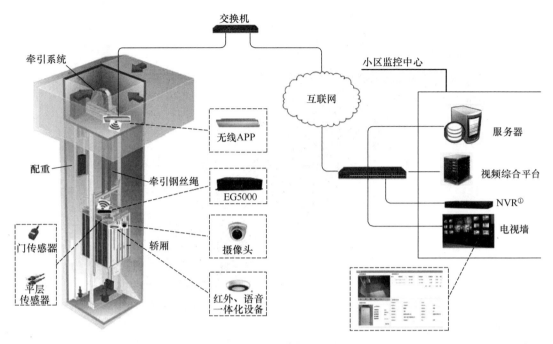

图 4-47 电梯监控系统

以了解电梯的使用情况和运行状况,有针对性地进行维护和管理,延长电梯的使用寿命,提高电梯的安全性和可靠性。

电梯监控系统是现代化建筑物中不可或缺的一部分,它通过实时监控、数据记录和远程管理,确保电梯的安全运行,提高了电梯的管理效率,为电梯的维护和管理提供了数据支持。在建筑物的安全管理中,电梯监控系统发挥着重要的作用,对于保障乘客的安全和提高建筑物的管理效率具有重要意义。

4.7.2 扶梯系统监控

扶梯又称自动扶梯,是带有循环运行阶梯,用于向上或向下倾斜运送乘客的固定电力驱动设备。因为自动扶梯的运输量比较大,连续运转不需要人们等待。自动扶梯是商场、车站、超市常见的设备。

1. 扶梯系统组成

扶梯一般由桁架、驱动主机、梯级导轨、栏杆、扶手带、梯级链条、梯级、盖板等组成,如图 4-48 所示。桁架作用是用来支撑整体的重量以及乘客的重量,是自动扶梯的整体框架;主机的作用是用来带动整体工作,带动自动扶梯的各个部分正常地运转;梯路导轨系统主要是用来控制梯级和梯级链条的运动轨迹,控制电梯的运行速度和提升高度;栏杆的主要作用就是保证乘客在乘坐时的安全;扶手装置让乘客在乘坐的时候可以有个扶手、依靠,尤其是针对小孩儿和老年人设置的装置;梯级链条的作用就是连接每个梯级,让每个梯级可以按照其轨迹正常运转;梯级也就是人们脚底下的楼梯板;检修盖板和楼层板(床盖板)设置在自动扶梯的出口处。

---

① Network Video Recorder,网络视频录像机。

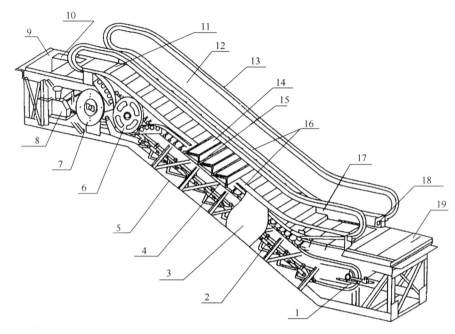

图 4-48 扶梯结构示意图

1—下转向部；2—梯级导轨；3—外装饰板；4—梯级链条；5—桁架；6—扶手驱动装置；7—转向链轮；8—驱动主机；9—上部床盖板；10—控制柜；11—梳齿板；12—护壁板；13—扶手带；14—梯级；15—梯级轴组立件；16—栏杆内外盖板；17—围裙板；18—操作面板；19—下部床盖板

2. 扶梯系统分类

扶梯分类方法很多，可根据其不同的驱动方式、不同的使用条件、不同的运行速度、不同的梯级运行轨迹进行分类。

（1）按驱动方式分类：有链条式（端部驱动）和齿轮齿条式（中间驱动）两类。

（2）按使用条件分类：有普通型（每周不大于140h运行时间）和公共交通型（每周大于140h运行时间）。

（3）按运行速度分：有恒速和可调速两种。

（4）按梯级运行轨迹分：有直线型（传统型）、螺旋型、跑道型和回转螺旋型。

3. 扶梯系统监控

扶梯是公共交通的重要工具，安全是至关重要的。根据《自动扶梯和自动人行道的制造与安装安全规范》GB 16899—2011 规定，要能够对系统的故障进行自动报警、自动显示、自动故障分析。扶梯监控系统如图4-49所示，系统具有数据采集、数据分

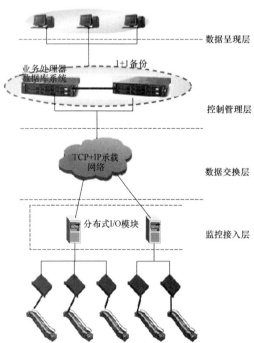

图 4-49 扶梯监控系统图

析、故障预警、故障抢修等功能,通过采集电梯数据、报警等信号,由 GPRS 或者有线网络转发到服务器,并依托服务器强大的后台分析软件对信号进行处理。自动扶梯预防性维修安全监控系统能够输出分析扶梯 24 小时运行状态数据,一旦扶梯故障将第一时间发送报警信息,为运营及维修提供科学、客观的数据,从而真正保障电梯的安全运行。

系统主要功能包括:

(1) 数据采集:扶梯信号采用传感方式采集扶梯运行数据,包括:驱动主机温度、温升速度;主驱动轴变形量;扶手带 V 形槽内温度;驱动链、梯级链、梯级滚轮状态监控(微摄像),结构件表面伤损状态;梯级导轨变形量、偏移量;上机室、下机室温度;安全回路传感器是否正常工作;安全回路故障信息监测;维修信息监测。

(2) 维保记录:记录扶梯维保人员每一次维保扶梯的数据,对维保信息、扶梯故障、扶梯检验的记录进行统计和监督。

(3) 故障预警:通过科学的数学建模方式、智能化地判断扶梯的实时运行状况,预估扶梯未来的状况。

(4) 故障记录:记录扶梯发生过的故障数据,包括发生时间,故障类型等。

(5) 应急调度:根据扶梯故障类型,通知相关维保单位和质检部门,指挥调度中心制定相应的解决方案,以防止扶梯故障引起的突发事件。

4.8 电动窗、电动遮阳系统监控

电动窗或电动遮阳系统均可使用电动机来自动开启或关闭建筑物中的窗户、遮阳板、百叶窗,相对于传统的手动控制方式具有更高的便利性、舒适性和安全性。通过添加一些智能化控制功能,可以根据环境温度、湿度、光照等参数自动调节遮阳板或百叶窗的开启程度。

4.8.1 电动窗的监控

电动窗为用户提供了方便、舒适和安全的窗户控制体验,能够提高生活和工作环境的品质,是现代建筑中常见的功能。

1. 电动窗系统组成

电动窗系统由电动窗机、传感器、电源系统、安全装置和控制面板等组成,如图 4-50 所示。

(1) 电动窗机是电动窗的核心部件,负责提供动力,驱动窗户的开闭运动。电动窗机一般由电机、减速机、传动装置和控制器组成。常见的电动窗机有电动推杆、电动链条、电动伸缩臂等。电机是电动窗机的动力来源,常见的电机有交流电机和直流电机。交流电机具有功率大、转速稳定等特点,适用于大型窗户;而直流电机体积小、噪声低,适用于小型窗户。减速机用于减小电机的转速,提供更大的扭矩输出,以适应窗户的开闭运动。传动装置将电机的旋转运动转化为线性运动,常见的传动装置有丝杠传动、链条传动和齿轮传动等。控制器负责接收信号,控制电动窗机的运行。可以通过开关、遥控器、传感器等方式进行控制。控制器还可以设置窗户的开闭角度、速度等参数。

(2) 传感器用于感知环境参数,如光线、温度、风速等,以便根据环境变化自动控制窗户的开闭。常见的传感器有光敏传感器、温度传感器、风速传感器等。

(3) 电源系统为电动窗提供电力供应,常见的电源系统有交流电源和直流电源。交流

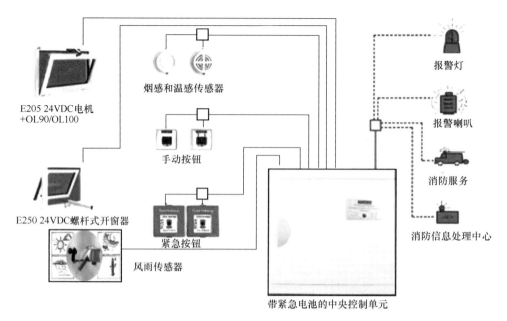

图 4-50 电动窗系统示意图

电源通常通过插座供电,直流电源则可以通过蓄电池或太阳能电池板供电。

(4) 安全装置用于保护窗户和使用者的安全。常见的安全装置有防夹手装置、防撞装置、过载保护装置等。

(5) 控制面板用于手动或自动控制窗户的开闭。控制面板一般设有开关、按钮、指示灯等,方便用户操作和监控窗户的运行状态。

2. 电动窗系统分类

电动窗按照窗户类型可分为平开窗、推拉窗、垂直滑动窗、斜开窗等。

(1) 平开窗是最常见的窗户类型,如图 4-51 所示,它可以沿着水平轴线旋转,实现窗户的开闭。这类窗户最大的优点是开启面积大,通风好,密封性好,隔声、保温、抗渗性能优良。缺点是窗幅小,视野不开阔。外开窗开启要占用墙外的一块空间,刮大风时易受损;而内开窗更是要占去室内的部分空间,使用纱窗,窗帘不方便,如质量不过关,还可能渗雨。电动平开窗可以通过电动推杆或电动链条实现开闭动作。

(2) 推拉窗是一种便于开启和关闭的窗户类型,它可以沿着水平轨道进行推拉运动。这种窗户优点是简洁、美观,窗幅大,玻璃块大,视野开阔,采光率高,使用灵活方便,价格经济,安装纱窗方便,使用寿命长,在一个平面内开启,占用空间少,安装纱窗方便等。缺点是两扇窗户不能同时打开,最多只能打开一半,通风性相对差一些,密封性也稍差,防尘隔声效果不理想,窗扇受力状态不理想,窗扇与主窗框没有联结,会造成窗扇掉落的意外。电动推拉窗可以通过电动推杆实现窗户的推拉动作。

(3) 垂直滑动窗是一种上下滑动的窗户类型,如图 4-52 所示,常见的有单悬挂窗和双悬挂窗。垂直窗户上拉可以打开,下拉可以关闭。因此,将其关闭相对容易。缺点是如果滑落或猛然关上,有可能打碎玻璃或损坏框架。电动垂直滑动窗可以通过电动链条实现窗户的上下滑动。

图 4-51 平开窗　　　　　　　　图 4-52 垂直滑动窗

（4）斜开窗是一种可以倾斜开启的窗户类型，适用于需要持续通风的区域，经常采用特殊处理的玻璃，可以在通风的同时保持对环境的隐私，例如厨房、服务区和浴室等区域。电动斜开窗可以通过电动推杆实现窗户的倾斜开启。

3. 电动窗系统监控

电动窗的监控原理是指通过一系列的传感器和控制器来监测和控制电动窗的运行状态和位置，电动窗的监控原理示意如图 4-53 所示。下面将详细介绍电动窗的监控原理。

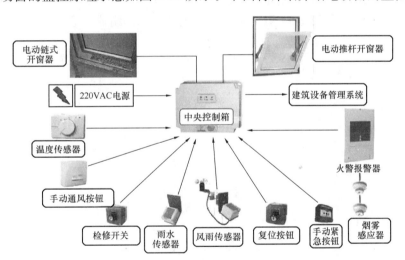

图 4-53 电动窗的监控原理示意

电动窗主要组成部分包括电动驱动装置、传感器、控制器和执行机构。电动驱动装置是电动窗的核心部分，通过电动机和传动装置实现窗户的开关。传感器用于监测窗户的状态和位置，控制器根据传感器的信号来控制电动驱动装置的运行，执行机构则负责实际的窗户开关操作。监控内容主要如下：

（1）位置监测：电动窗的位置监测是指监测窗户的开关位置。一般来说，电动窗的开关位置有上限位和下限位。当窗户达到上限位或下限位时，传感器会发出相应的信号给控制器，控制器根据信号来停止电动驱动装置的运行，从而保证窗户不会超过设定的开关范围。

（2）防夹监测：电动窗的防夹监测是指监测窗户开关过程中是否发生夹人或夹物的情况。为了保证使用安全，电动窗通常会配备夹人或夹物防护装置。传感器会监测窗户开关过程中是否发生夹人或夹物的情况，并将信号传输给控制器。如果发生夹人或夹物的情况，控制器会立即停止电动驱动装置的运行，以保护用户的安全。

（3）温度监测：电动窗的温度监测是指监测窗户周围的温度。传感器会监测窗户周围的温度，并将信号传输给控制器。控制器可以根据温度信号来调整电动驱动装置的运行，以保持室内的舒适温度。

电动窗的监控原理通过传感器和控制器来监测和控制窗户的运行状态和位置，以保证窗户的安全和舒适性。通过合理的监测和控制，可以有效地避免窗户的损坏和危险情况的发生，提高窗户的使用寿命和安全性。

4.8.2 电动遮阳的监控

电动遮阳是一种自动化遮阳系统，利用电力驱动机械装置，可以控制遮阳板的展开或角度，从而实现对阳光的遮挡和调节。这种遮阳系统广泛应用于建筑物的门窗、阳台、露台等位置，为室内提供舒适的光照环境，同时也能起到节能、保护室内家具和装饰物等作用。

1. 电动遮阳的组成

电动遮阳是一种可以遮挡阳光和防水防雨的遮挡装置，主要由电动机、卷绳器、卷管、导向装置、牵引钢丝绳等组成。图 4-54 为电动遮阳的组成示意图。

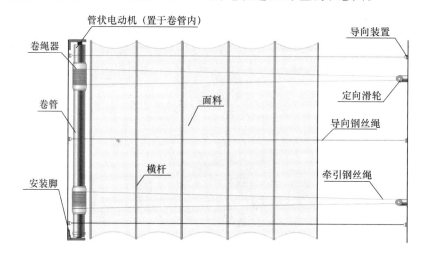

图 4-54 电动遮阳的组成示意图

（1）电动机是电动遮阳的核心部件，负责提供动力，传动系统负责将电动机的动力传递给遮阳布，将其展开或收起。

（2）传动系统由电机驱动的减速器、卷管、牵引钢丝绳等部分组成。其中减速器主要负责将电动机的高速旋转转换成较慢的扭矩，卷管和牵引钢丝负责展开或收起遮阳布，导向钢丝负责引导遮阳布的展开和收起。

（3）遮阳布则是遮阳天幕的最重要的部分，不仅要保证遮阳效果，还要具有防雨、防晒的功能。

（4）控制器负责接收信号，控制电动遮阳机的运行。可以通过开关、遥控器、传感器等方式进行控制。控制器还可以设置遮阳设施的开闭角度、速度等参数。

（5）传感器用于感知环境参数，如光线、温度、风速等，以便根据环境变化自动控制遮阳设施的开闭。常见的传感器有光敏传感器、温度传感器、风速传感器等。

（6）电源系统为电动遮阳提供电力供应，常见的电源系统有交流电源和直流电源。交流电源通常通过插座供电，直流电源则可以通过蓄电池或太阳能电池板供电。

（7）安全装置用于保护遮阳设施和使用者的安全。常见的安全装置有防撞装置、过载保护装置等。

2. 电动遮阳的分类

电动遮阳可以按照遮阳设施进行分类：

（1）电动百叶窗：百叶窗是一种可以调节光线和视线的遮阳设施，如图4-55，常见的有水平百叶窗和垂直百叶窗。电动百叶窗可以通过电动推杆或电动链条实现百叶的上下或左右旋转。

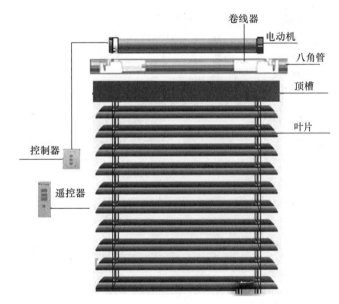

图4-55 电动百叶窗

（2）电动窗帘：窗帘是一种常见的遮阳设施，可以调节光线和保护隐私。电动窗帘可以通过电动推杆或电动链条实现窗帘的上下或左右移动，如图4-56所示。

（3）电动遮阳篷：通过电动机械装置控制遮阳篷的展开和收起，常见于室外的庭院、花园等场所，提供防晒和遮挡功能。

（4）电动遮阳伞：采用伞面可伸缩的设计，通过电动机械装置控制伞面的展开和收起，适用于户外用餐区、露天咖啡厅等场所。

3. 电动遮阳系统监控

电动遮阳的监控原理是指通过一系列的传感器和控制器来监测和控制电动遮阳的运行状态和位置。例如，可通过探头对太阳照射高度位置、方向及太阳光强弱的感应而自动调

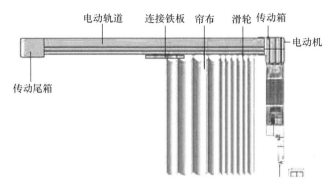

图 4-56　电动窗帘

节遮阳板的遮阳方向、角度、位置、遮阳面积大小等,以达到遮阳的目的。电动遮阳的监控原理如图 4-57 所示,监控内容如下。

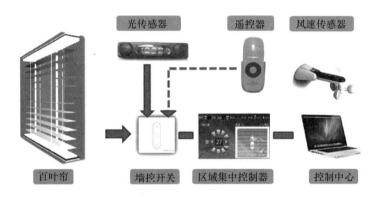

图 4-57　电动遮阳的监控原理

(1) 位置监测:电动遮阳的位置监测是指监测遮阳装置的开关位置。一般来说,电动遮阳的开关位置有上限位和下限位。当遮阳装置达到上限位或下限位时,传感器会发出相应的信号给控制器,控制器根据信号来停止电动驱动装置的运行,从而保证遮阳装置不会超过设定的开关范围。

(2) 光照监测:电动遮阳的光照监测是指监测室内或室外的光照强度。传感器会监测光照强度,并将信号传输给控制器。控制器可以根据光照信号来调整电动驱动装置的运行,以实现自动调节遮阳装置的开关状态,保持室内的舒适光照条件。

(3) 防风监测:电动遮阳的防风监测是指监测遮阳装置在强风环境下的稳定性。传感器会监测风速和风向,并将信号传输给控制器。控制器可以根据风速和风向信号来调整电动驱动装置的运行,以保证遮阳装置在强风环境下的稳定性和安全性。

(4) 温度监测:电动遮阳的温度监测是指监测室内或室外的温度。传感器会监测温度,并将信号传输给控制器。控制器可以根据温度信号来调整电动驱动装置的运行,以实现自动调节遮阳装置的开关状态,保持室内的舒适温度。

电动遮阳的监控原理通过传感器和控制器来监测和控制遮阳装置的运行状态和位置,以保证遮阳装置的安全和舒适性。通过合理的监测和控制,可以有效地避免遮阳装置的损坏和危险情况的发生,提高遮阳装置的使用寿命和安全性。

4.9 电加热、电伴热监控

在冬季，管道往往会有冻结的可能，为了防止这种现象的出现，常使用电伴热带与电加热带两种保温装置。根据管道的不同温度需求，采用不同的产品，如电伴热带，属于保温类产品，无法达到更高的温度，而电加热带是加热类产品，工作温度相较而言更高，并且耐腐蚀。电伴热带是由铜芯导线、防腐塑料层等构成，对于腐蚀性区域和爆炸性区域都有一定的效果，适用于电厂、消防、化工、食品等温度不高的场所，不适用于高温区域，温度过高会烫坏电伴热带。电加热带是由不锈钢作为外护套，能够抵御一千多摄氏度的高温而不发生烧毁融化等现象，适合用于高温炼油、高压给水、高压冷凝、高温输送等高温场所，因此管道设备在选择电伴热管道保温产品时需根据工作温度进行选择。

4.9.1 电加热系统监控

电加热系统是一种利用电能产生热能的加热设备。通常由电加热元件、控制系统和外壳组成，电加热系统监控原理如图4-58所示。电加热元件是电加热系统的核心部件，它将电能转化为热能，使得加热系统内部的温度升高。控制系统用于监控和控制电加热元件的工作状态，以达到预定的温度或功率输出。外壳则用于保护电加热系统和提高其安全性。电加热系统广泛应用于室内供暖、工业加热、食品加热、水处理和医疗设备等领域。它们可以用于加热空气、水、油等介质，以满足不同场合的需求。

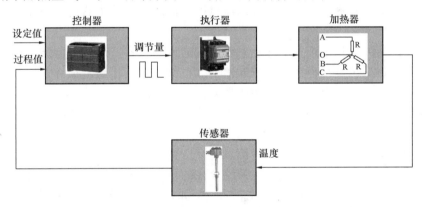

图 4-58 电加热系统监控原理

根据电加热的工作原理、使用效果及使用地方的不同，电加热系统可以分为：空气电加热器、防爆电加热器、液体电加热器、管道电加热器等。监控内容主要包括：出口温度监控，漏电保护及报警，加热元件、壳体、接线箱、出口温度高温报警及保护，可控硅击穿及高温报警、控制柜内部高温报警，温度信号丢失报警，运转状态信号，荷载管理，运行功率变送输出，输出功率低限报警，电流显示，电压显示，用电量显示，运转时间显示，熔断器熔断报警，远端启动、停止、急停联锁等。电加热系统监控是确保电加热系统正常运行和安全性的关键步骤。通过使用温度传感器、电流监测和远程监控等技术手段，可以及时发现和解决问题，确保电加热系统高效、可靠和安全运行。

4.9.2 电伴热系统监控

电伴热系统也是一种利用电能提供加热的系统，与电加热系统不同，电伴热一般使介质保持工作温度使其不会低于工作温度,温度一般是恒定的,主要用于保持管道、容器、设备等的温度,防止其结冰或过冷。电伴热技术温度梯度小、热效率高、热稳定时间长、寿命长,适合长期使用。电伴热系统广泛应用于工业、建筑和民用领域。例如,在化工厂中,它可以用于保持管道和储罐的温度,防止介质凝固或结冰。在建筑中,它可以用于防止管道、水槽和暖气设备等在寒冷天气中受到冻结的影响,电伴热系统监控原理如图4-59所示。

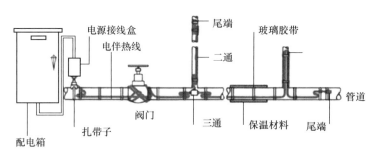

图4-59 电伴热系统监控原理

电伴热系统一般由电伴热带、控制器和安装附件等组成。为了保证电伴热系统的正常运行和安全性,需要对其运行情况进行监控。电伴热系统监控一般包括以下几个方面:

(1)温度监测:温度监测是电伴热系统监控的核心内容,通过温度传感器对管道或设备表面温度进行实时监测。监测数据可以通过控制器或数据采集器进行采集和存储,以便后续分析和判断。

(2)故障诊断:故障诊断是电伴热系统监控的重要内容,通过对监测数据进行分析和比对,确定电伴热系统是否存在故障或异常情况。例如,电伴热带损坏、接头松动、温度传感器失效等情况都可能导致电伴热系统故障。

(3)远程控制:远程控制是电伴热系统监控的高级功能,通过互联网或其他网络技术,实现对电伴热系统的远程监控和控制。例如,可以通过手机APP或PC软件,实时查看电伴热系统的工作状态、温度变化等信息,并进行远程调节和操作。

(4)报警功能:报警功能是电伴热系统监控的重要保障,通过设置报警阈值和报警方式,及时发现和处理电伴热系统的异常情况。例如,当管道或设备温度超过预设阈值时,可以通过声音、光信号等方式发出报警信号,提醒操作人员及时处理。

总之,电伴热系统监控可以有效提高电伴热系统的安全性和稳定性,减少故障和事故的发生。

4.10 智能灌溉系统监控

智能灌溉系统是一种基于先进技术的自动化灌溉解决方案,通过传感器、数据分析和控制装置等组件,实现对植物的精确浇水和管理。系统可以根据不同植物的需求制定个性化的浇水计划和参数设置,能够根据植物的实际需求进行精确浇水,避免过度灌溉和浪费水资源,促进植物的健康生长,减少人工参与的工作量和成本。

4.10.1 智能灌溉的概述

智能灌溉系统监控是现代建筑机电设备监控领域中的一项重要技术。它利用先进的技术和创新的方法，为建筑物内部和周围的绿化景观提供高效、可靠的水源管理和灌溉服务。该系统运用先进的传感器网络和数据分析算法，实时采集和监测环境数据，如温度、湿度、光照强度和土壤湿度等。这些数据与预设的植物需求模型进行分析和比对，帮助系统准确评估植物的生长需求。基于分析结果，智能灌溉系统能够自动调整灌溉参数，包括灌溉时间、水量和喷灌位置等，以满足植物的水分需求。

灌溉系统还具备远程控制功能，用户可以通过手机应用或计算机端软件随时查看实时数据、调整灌溉参数，并接收系统报警信息。智能灌溉系统监控的应用不仅提高了灌溉的精确性和效率，实现了科学利用水资源的目标，同时也为环境保护做出了重要贡献。通过合理的灌溉调度和减少水资源浪费，智能灌溉系统可以降低水资源的消耗，推动可持续发展的目标，并促进环境保护与可持续发展。

与传统的定时或手动灌溉方式相比，智慧灌溉解决方案具有以下优势：

（1）高效节水：通过根据植物的水需求和土壤状况精确控制灌溉，避免了过度浇水和水资源的浪费，实现了节约水资源和提高灌溉效率的目标。

（2）降低劳动力成本：智慧灌溉解决方案能够自动化地控制灌溉系统的运行，减少了人工操作的需求，从而降低了劳动力成本。

（3）改善植物品质：根据植物的水需求和生长环境精确调节灌溉，能够保持土壤适度湿润，为植物提供良好的生长条件，从而改善植物的品质。

（4）环保友好：智慧灌溉解决方案能够避免过度浇水和土壤盐碱化问题，减少土壤和水源的污染，对环境保护具有积极的影响。

4.10.2 智能灌溉系统监控

智能灌溉系统是根据植物需求模型基于多个因素进行构建的，以判断植物的生长状态并调整相应的灌溉系统、光照设备和其他环境因素，以提供最适宜的生长条件，主要监控内容如下：

（1）温度：不同植物对温度的要求会随着生长阶段变化。一般来说，可以将温度范围分为适宜温度、最低温度和最高温度。适宜温度是植物生长和发育的最佳范围，如果环境温度在此范围内，植物能够正常生长。而当温度低于最低温度或高于最高温度时，植物的生长可能会受到抑制或受损。

（2）湿度：植物的湿度要求会因种类差异很大。有些植物喜欢湿润环境，而有些则更适应干燥环境。一般来说，可以将湿度分为相对湿度和土壤湿度。相对湿度是空气中水分含量的衡量指标，可以根据植物的喜好设定合适的范围。土壤湿度监测可以通过传感器实时测量土壤水分含量，以确定是否需要灌溉，如图4-60所示为土壤湿度传感器。

（3）光照强度：光照是植物进行光合作用的关键因素之一。植物对光照的需求也会因种类而异。光照强度可以通过照度计进行测量，并与植物所需范围进行比较。如果光照过强或不足，可能会导致植物生长受限或出现光合作用问题。

（4）CO_2浓度：CO_2是植物进行光合作用所需的重要成分之一。植物对CO_2浓度的要求也会随着生长阶段和种类的不同而变化。通过监测CO_2浓度，并与适宜范围进行比较，可以判断植物是否能够充分利用光合作用进行生长，图4-61为二氧化碳探测器。

图 4-60　土壤湿度传感器　　　　图 4-61　二氧化碳探测器

除了上述因素外，还可以考虑植物的营养需求、土壤 pH 等因素，这些因素也会直接影响植物的生长和健康状况。监控系统通过部署传感器网络来实时获取与植物生长密切相关的环境参数，如温度、湿度、光照强度、土壤湿度等，如图 4-62 所示。这些参数对于准确评估构建植物模型和调整灌溉参数至关重要。

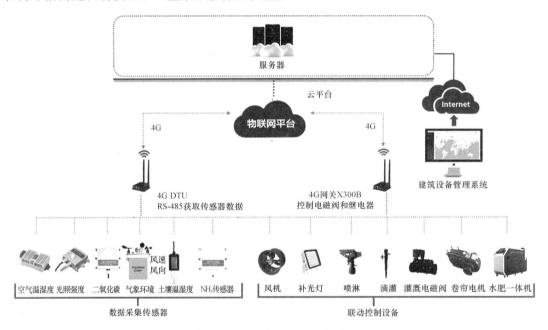

图 4-62　智能灌溉系统监控示意

综上所述，智能灌溉系统监控应包括以下功能：

（1）自动调节控制：系统通过对土壤湿度、气象条件和植物需求等参数进行实时监测和分析，智能决策灌水量和灌溉时间，并下达指令给相关的执行设备实施，以确保植物得到适量的水分。

(2) 土壤湿度监测：系统应配备高精度的土壤湿度传感器，能够准确地测量土壤湿度，并将数据传输给控制系统，根据实时的湿度变化进行智能调控。

(3) 远程监控与控制：系统应支持远程监控和控制功能，用户可以通过手机 APP 或计算机端实时监测灌溉系统的工作状态、查看土壤湿度数据，并可远程调整灌溉参数，提高灵活性和便利性。

(4) 多级报警机制：系统应设有多级报警机制，当土壤湿度异常、传感器故障、水泵或阀门故障等情况出现时，系统能够及时发出警报，提醒用户注意并采取相应措施。

(5) 节能功能：系统应具备节能功能，例如通过定时控制器或感应器来控制灌溉时间和频率，避免过度灌溉和浪费水资源。

(6) 水质监测与处理：系统应配备水质监测传感器，实时监测水源的水质情况，并能自动进行处理，如酸碱平衡、除杂等，以保证植物生长的水质要求。

(7) 数据存储与分析：系统应具备数据存储和分析功能，将历史监测数据进行记录和分析，为用户提供决策支持，优化灌溉方案。

(8) 多种工作模式选择：系统应提供多种工作模式选择，如定时控制模式、循环控制模式、手动控制模式等，以满足不同用户需求。

(9) 故障自诊断和报警：系统应具备自我诊断和报警功能，当灌溉系统出现故障、阀门堵塞、管道泄漏等异常情况时，系统能够自动诊断并发出警报，提醒用户及时维修。

4.11 雨水回收系统监测

在高速发展的现代城市中，水资源短缺已经成为城市发展的瓶颈，严重制约着国民经济的发展和人类生存环境的改善。雨水回收系统是一项旨在有效地收集、储存和利用降水的可持续水资源管理技术。随着全球气候变化，水资源短缺情况的加剧和人们环保意识的增强，雨水回收系统得到了更广泛的关注和应用。这项技术被广泛用于建筑、城市规划和农业领域，以减轻城市化带来的水资源压力。

4.11.1 雨水回收系统概述

雨水收集系统是一种将雨水收集起来，并经过处理后达到符合使用标准的系统，如图 4-63 所示。它综合利用雨水，通过收集地面和屋顶的雨水，引导至雨水收集系统中，经过一系列的过滤净化，以减轻对水资源的压力，缓解城市排水系统负担。

雨水收集系统可以概括为以下几个关键步骤：雨水收集→截污管道→预处理措施→雨水蓄水→雨水处理（包括物理和化学处理）→雨水回用，如图 4-64 所示。

雨水收集是通过将降雨水分流至收集设施来实现的。最常见的收集面包括建筑物的屋顶和地面。建筑物的屋顶是一个理想的收集面。通常情况下，屋顶会被设计成斜坡状，确保雨水能够迅速而自然地流向收集点。屋顶覆盖材料也需要选择合适的材料，如金属、瓦片或防水材料，以确保雨水不被污染。除了屋顶，地面也可以作为雨水的收集面。人行道、庭院、停车场等硬化地面可以通过设置雨水收集装置，将雨水引导到收集系统中。这可以通过设置排水沟、槽式排水系统或地面渗透系统来实现。

截污管道能够有效截留来自道路、人行道等区域的雨水中的污染物和杂质，如固体颗粒、油污、化学物质等。能够阻止较大的颗粒物进入管道系统，从而防止管道堵塞。截污

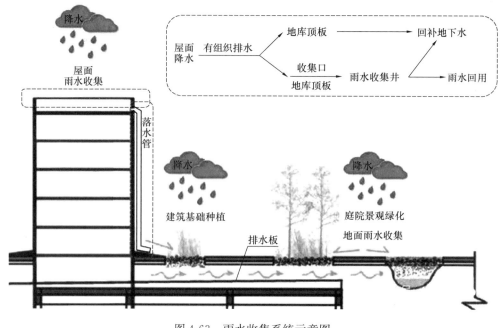

图 4-63 雨水收集系统示意图

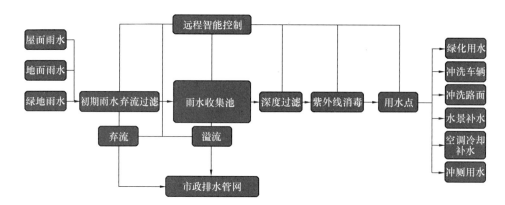

图 4-64 雨水收集系统流程图

管道能够在雨水进入处理设施之前进行初步的污染物截留和筛选，从而降低后续处理设施的负荷。这可减少处理设施的工作量和运营成本，提高其处理效率和性能。

预处理措施是指在雨水进入截污系统之前，采取的一系列措施来初步处理雨水中的污染物。通常包含沉砂池和初沉池。沉砂池可以去除污水中泥砂等粗大颗粒。主要用于去除污水中粒径大于 0.2mm，密度大于 $2.65t/m^3$ 的砂粒，以保护管道、阀门等设施免受磨损和阻塞。初次沉淀池（简称为"初沉池"）一般设置在污水处理厂的沉砂池之后，初沉池的主要作用是去除污水中密度较大的固体悬浮颗粒，以减轻生物处理的有机负荷，提高活性污泥中微生物的活性。

雨水蓄水是指通过合适的设备和结构，将收集到的雨水储存起来以供后续利用。蓄水池或水塔是最常见的雨水蓄水方式之一。它们通常是地下或地面上的大型容器，用于储存大量的雨水。蓄水池可以根据需求选择不同的材料，如钢筋混凝土、聚乙烯或玻璃钢等，并配备有防渗漏措施,确保储存的雨水不会外泄。地下蓄水系统是一种隐蔽的雨水蓄水方式。它将雨水通过截污管道输送到地下储层,便于长期储存和节约空间。地下蓄水系统通常由防渗漏层、过滤装置和储水层组成,如图 4-65 所示,确保储存的雨水质量和安全。

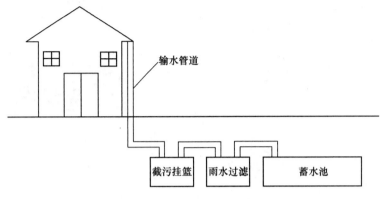

图 4-65 雨水蓄水示意

雨水处理是非常重要的环节,不同于自来水或地下水的分配方式,雨水采集后需要经过必要的处理才能再次回用。物理处理是指通过筛分、沉淀、过滤等方式去除雨水中的悬浮颗粒和杂质。物理处理可以有效地去除雨水中的固体颗粒和油脂等有机物,提高回用水的质量。

化学处理是指通过化学方法去除雨水中的污染物,利用化学反应使水质满足要求,如水的 pH 值调节、凝反应、药剂消毒等。

雨水回用是指可以将回用水用于各种非饮水用途,从而实现对水资源的有效利用。植物对于饮用水质量要求相对较低,因此回用水是一个理想的选择。通过合理的设计和管理,可以利用回用水为花园、绿化带、农作物等提供水源,减少对自来水或地下水的依赖。回用水也可以用于喷泉、人工湖泊和其他水景设施中。这些设施通常需要大量的水来创造视觉效果和气氛,因此使用回用水可以节约自来水的消耗,降低对水资源的压力。

4.11.2 雨水回收系统组成

雨水回收系统通常由以下关键组成部分构成,这些部分协同工作以实现系统的目标。

雨水收集表面:这些表面可以是建筑物的屋顶、道路、停车场或其他硬质表面。它们用于捕获降水并将其导向集水点。

雨水管道和过滤器:雨水从收集表面流入管道系统,并在此过程中经过过滤以去除杂质和污染物。

雨水贮存设备:这包括雨水贮存罐、地下储水箱或其他容器,用于储存捕获的雨水。

水位传感器:安装在贮存设备中的传感器用于监测雨水的水位,并向监控系统提供实时数据。

水泵和分配系统:当需要时,水泵被用来将储存的雨水分配到不同的用途,如灌溉、冲厕所等。

水质监测设备:这些设备用于监测雨水的水质,以确保它符合所需的标准和用途。

控制器和监控系统:这些系统负责自动化和监控整个雨水回收过程,包括水位监测、水质检测和系统控制。

4.11.3 雨水回收系统监测

雨水回收系统监测设备通常包括液位传感器、雨量计、pH 计、浊度计以及水泵运行状态监测等。监测设备可以通过传感器和数据采集系统实现自动化监测和控制，提高雨水回收系统的效率和稳定性。同时，监测设备还可以与其他智能家居设备进行联动，实现更加智能化的管理和控制，水质无线监测系统如图 4-66 所示。

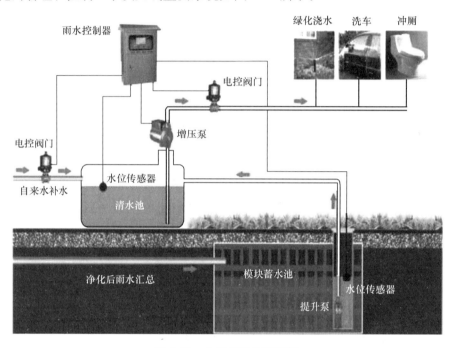

图 4-66 水质无线监测系统

（1）液位传感器是雨水回收系统中的关键组成部分，用于监测雨水贮存罐中的水位。常见的包括浮球式水位传感器、超声波传感器和电容式水位传感器。浮球式液位传感器采用浮球浸入液体中，通过浮力的变化来检测液体的水位高度，如图 4-67（a）所示。当液位上升时，浮球随之上浮，传感器输出信号相应变化。它简单实用、成本较低，适用于对水位变化要求不太精确的应用场景。超声波传感器通过发射超声波信号并测量其反射时间来确定水位，如图 4-67（b）所示。信号在水面反射后返回传感器，传感器计算出水位的高度。这种传感器通常精度较高且不受液体性质的影响。电容式液位传感器利用电容原理来测量液位的高度，如图 4-67（c）所示。传感器的探头与液体接触，形成电容，液位的变化会导致电容值的改变。通过测量电容值的变化，可以推算出液位的高度。电容

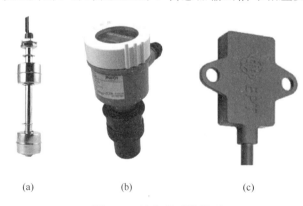

图 4-67 液位传感器类型
（a）浮球式液位传感器；（b）超声波液位传感器；
（c）电容式液位传感器

式水位传感器精度较高，对液体的腐蚀性也有较好的适应性。

这些水位传感器提供了实时的水位信息，允许监控系统追踪雨水贮存罐的容量。当水位接近贮存罐的容量上限时，系统可以自动启动水泵以避免溢出，并在需要时引导雨水分配到不同的用途，如灌溉或供水。

（2）水质监测设备：雨水贮存罐水质监测设备用于确保储存的雨水在使用前达到所需的水质标准。水质监测设备通常包括各种类型的传感器和探头，用于测量水中的各种参数，如pH、浊度、溶解氧和电导率。pH，用于衡量水的酸碱性，影响水的化学反应和生态系统。浊度，表示水中悬浮颗粒物的浓度，影响水的透明度和可见度。溶解氧，衡量水中的氧气含量，对水生生物的生存至关重要。电导率，反映了水中的电解质浓度，可用于评估水的盐度和离子含量。监测这些水质参数有助于确保雨水的质量满足特定用途的要求，当水质参数超出允许的范围时，系统可以触发警报并采取适当的处理措施，如关闭供水等。

（3）雨量计：雨水回收系统的有效性取决于雨水的数量和质量。因此，需要精确测量雨水收集面积和降雨量。收集表面的面积决定了系统每次降雨能够捕获的雨水量。通常使用地理信息系统（GIS）或工程测量技术来测量收集表面的面积，如建筑屋顶、场地或道路。降雨量测量是雨水回收系统中的关键要素，用于确定降水的数量。这可以通过安装雨量计或气象站来实现。雨量计可以是传统的雨量量规或现代的数字降雨量测量设备，后者通常与监测系统集成在一起，提供实时的降雨数据。监测雨水收集效率有助于评估系统的性能和效益。高效的雨水收集系统可以最大限度地减少城市供水的需求，降低水资源成本，减轻城市排水系统的负荷，并降低对环境的影响。

（4）泵站监测设备：泵站监测设备在雨水回收系统中起着关键的作用。首先是流量监测，流量计可以采用机械式涡轮流量计或电子式流量计，如图4-68所示，用于测量通过泵站的水流量，通过监测的实时水流量数据，使系统能够跟踪雨水分配的速率和总量。其次，泵站通常配备了控制器和自动化系统，这些系统可根据监测数据自动调整泵站的操作。例如，当贮存罐的水位过低时，自动化系统可以启动水泵以将更多的雨水抽入贮存罐中，以确保持续供水。最后，泵站监测设备还应包括警报系统，用于在出现问题或紧急情况时发出警报。包括水位异常、压力过高或过低、设备故障等情况。及时的警报有助于减少系统故障和损坏的风险，并促使维护人员采取必要的措施。泵站监测设备的集成和正常运行对于确保雨水回收系统的高效性和可靠性至关重要。通过实时监控和自动控制，这些设备可以最大限度地提高雨水资源的有效利用，同时降低维护和运营成本。

图4-68 电子式流量计

复习思考题

1. 简述建筑机电设备监控系统。
2. 建筑机电设备监控系统由哪些部分组成？
3. 冷源系统由哪些部分组成？
4. 简述压缩式制冷机系统工作原理。

5. 常用的制冷剂有哪些种类?
6. 简述锅炉系统的种类和工作原理。
7. 简述空气调节的基本原理。
8. 新风系统中具有两个温度传感器,两个温度传感器的作用分别是什么?
9. 简述定风量空调和变风量空调的工作原理,有什么不同?
10. 简述多联机空调的监控原理。
11. 简述通风系统的监控原理。
12. 在建筑物中,机械通风系统有哪些作用?如何监控?
13. 当发生火灾时防火阀起什么作用?
14. 给水系统的供水方式有哪些?
15. 简述生活给水和生活排水的监控原理。
16. 分别绘制给水和排水系统的监控原理图。
17. 简述供配电系统的监控功能。
18. 简述照明系统的监控功能。
19. 绘制电梯监控系统原理图。
20. 简述电动窗的监控原理。
21. 简述电动遮阳的监控原理。
22. 简述电加热和电伴热的监控原理。
23. 与传统灌溉相比较,智能灌溉的优势有哪些?
24. 简述智能灌溉系统的监控原理。
25. 简述雨水回收系统需要监测的内容。

第 5 章 智能照明系统

智能照明控制系统，是一个集多种照明控制方式、现代化数字控制技术和网络技术为一体的智能化控制系统，它的出现与发展，不仅为建筑提供了多种艺术效果，而且使照明控制和维护管理变得更为简单和便捷。现阶段，由于节能环保的需求，智能照明控制系统已经逐步成为现代智能建筑和绿色建筑的必备设施。

5.1 智能照明系统简介

智能照明系统是指利用计算机技术、网络技术、无线通信数据传输技术、电力载波通信技术、计算机智能化信息处理技术、传感器技术及电子继电器控制等技术组成的集散式控制系统。根据功能、时间、亮度以及用途等条件进行系统软件的预先制定来控制照明。智能照明系统示意如图 5-1 所示。

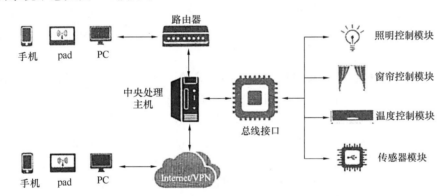

图 5-1　智能照明系统示意

建筑物采用智能照明系统具有以下重要意义：
(1) 可实现统一管理，提高管理效率；
(2) 节约能源，降低运营成本；
(3) 提高环境舒适性，给人创造良好的环境；
(4) 弱电控制强电，避免人体与强电设备直接接触，提高安全性；
(5) 对照明设施实施监控和保护，减少维护成本。

智能照明系统具有以下优势：
(1) 智能照明系统具有良好的节能效果，通过编程对不同时间、不同环境的光照度进行精确设置和管理，利用最少的能源满足并维持所要求的照度水平，节能效果一般可达30%以上。
(2) 将普通照明人为的开与关转换成了智能化管理，不仅管理者能将管理意识运用于照明控制系统中，而且将大大减少运行维护费用，并带来较大的投资回报。

（3）可对多种光源（包括荧光灯、节能灯、配以特殊镇流器的钠灯、LED、霓虹灯等）进行自动调节，根据室内光强，自动调节照度，使室内的照度始终保持在恒定值附近，提高照明质量，提高工作效率。

（4）系统通过对电压的限定和轭流滤波等功能，有效抑制电网电压的波动，避免过电压和欠电压对灯具的损害。

（5）对不同时间、不同用途、不同效果的场所提出照明要求，通过智能照明系统软件预设相应的场景进行控制，达到丰富的照明艺术效果。

5.1.1 智能照明系统构成

智能照明系统是一个总线型或局域网型的智能控制系统。通常由监控主机、控制输出单元、管理输入单元以及信息传输单元等部件组成。所有这些单元器件均内置微处理器和存储器，并由信号传输单元连接成网络，每个网络内的设备只具备唯一的单元地址。当有影响事件发生时，输入单元首先将其转变为网络信号，然后在控制传输系统上发出控制信号，所有的输出单元接收信号后进行判断，继而控制相应输出单元做出回应。

1. PC 监控主机

监控主机一般设置在智能照明管理中心（物业管理室、园区中控室、消防安防控制室等），监控主机内装有智能照明控制软件，其通常具有如下功能：

（1）管理及设定功能：在计算机操作平台上完成日常的运转与管理工作。根据集成管理软件中每日的预定时间表、每年的预定日程表以及假期、特定日期的安排表等进行时间程序编程，提供全年的照明计划安排表。

（2）统计功能：根据软件提供的关于照明系统的运行时间、照度值等参数的汇总报告（区别各照明场所内各照明回路）来统计照明灯具的运行时间、照度水平等。

（3）控制功能：实现对各照明分区照明回路的照明自动控制，自动调节室内照度，并维持在设定值上，通过图形化界面以鼠标单击的方式可灵活地修改各照明回路的开关控制和照度的连续调节。根据统计数据，结合软件中预置的工作循环程序表，自动切换各照明回路灯具的运行，从而均衡各照明回路的灯具的运行时间，并根据汇总报告定期对灯具进行维护检修，延长灯具的使用寿命。

（4）诊断及故障报警功能：能自动检查负载状态、坏灯和少灯、保护装置状态、故障自动报警、自动切断电路以及 MCB 跳闸报警等。

（5）图像处理功能：可实现动静探测、图形操作等。

（6）分级管理功能：通过权限设定，将用户分为查看、维护、管理等多种系统浏览身份，每种身份只给予特定操作权限。

2. 控制输出单元

（1）开关模块

用继电器开关输出的控制模块。这种模块主要用于实现对照明的智能开关管理，适用于所有对照明智能化开关管理的场所。开关模块具有按序启动功能，避免灯具集中启动时的浪涌电流。一些模块自带电流检测功能，可检测照明输出回路实时电流值并可真实记录灯具的运行时间。某 12 路 20A 开关驱动模块见图 5-2。

第 5 章 智能照明系统

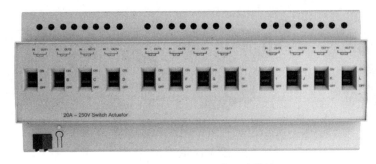

图 5-2　12 路 20A 开关驱动模块

（2）调光模块

用于对灯具进行调光或开关控制，能记忆多个预设置灯光场景，不因停电而被破坏，调光模块按型号不同其输入电源有三相也有单相，输出回路电流有 2A、5A、10A、16A、20A 等，输出回路数也有 1 路、2 路、4 路、6 路、12 路等不同组合供用户选用。有些调光模块控制灯具亮度采用了软启动方式，即渐增渐减方式，这样的调节方式能防止电压突变对灯具的冲击，同时使人的视觉十分自然地适应亮度的变化，没有突然变化的感觉。有些调光模块输入电源有一个由微处理机控制的 RMS 电压调节功能，确保输出电压稳定，不会对负载回路产生过压。由于各种光源的发光原理不同，导致运用的调光控制方式多样，关于调光原理及控制部分在 5.2 节进行阐述。某 4 路 5A 调光模块如图 5-3 所示。

图 5-3　4 路 5A 调光模块

3. 管理输入单元

用于将外部控制信号变换成网络上传输的信号，包括多功能传感器、多功能控制面板、移动编程器、红外线接收开关和遥控器等。

（1）传感器

涵盖多种功能的智能传感器。其传感原理基本利用了红外线、超声波、光敏元件、声音等或上述物理量的组合，用于识别有无人进入房间、照度动态检测、遥控接收等。传感器的制造原理多样，导致每种传感器的特性有所差别，将在 5.3 节进行重点介绍。图 5-4 给出了几种类型的传感器。

（2）控制面板

能提供 LCD 页面显示和控制方式，并以图形、文字、图片来做软按键，可进行多点控制、时序控制、存储多种亮度模式，这种面板既可用于就地控制，也可用作多个控制区域的监控。智能照明控制的设备如图 5-5 和图 5-6 所示。

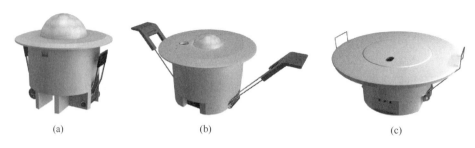

图 5-4 传感器

（a）小型红外传感器；（b）照度红外移动温湿度传感器；（c）人体存在传感器

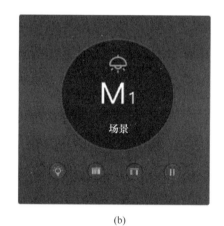

图 5-5 智能面板

（a）8 键智能面板；（b）调光窗帘旋钮

图 5-6 智能触摸屏

智能面板应用在楼宇控制系统中，通过 KNX 等总线与其他设备一起安装组成系统，功能上操作简单且直观，用户可以根据自己的需求进行调整。面板可用于控制开关、调光、百叶窗、场景、RGB 调光、多重操作、延时发送值等，面板上每个按钮对应有相应 LED 指示。面板的安装方式是采用标准 86 盒墙装方式。

调光窗帘旋钮，具有开关照明、窗帘开合、投影幕布升降、调光模式、场景模式等控制功能。

5.1.2 智能照明网络协议

智能照明系统中信息传输单元的最核心部分是所使用的协议，采用不同的协议会对系统效果、造价、使用带来较大影响。因此，国内外众多企业和协会对其做了大量研究，经查阅大量的文献资料，常用协议总结起来有以下几种：C-Bus 协议、EIB 协议、RS-485 总线及其通信协议、DALI 协议等。

1. C-Bus 协议

C-Bus 系统（Clipsal-Bus 的简称）起初来源于 20 世纪 90 年代，是由澳大利亚 Gerard Industries Dry Ltd 创立的智能型、可编程的照明管理系统。该系统中的所有元器件均内置存储单元或者说是微处理器，并由非屏蔽双绞线（UTP）连接进行通信。另外，它也可以比较方便地应用到总线和各个单元上，不通过任何中央控制器。C-Bus 系统主要应用标准中每个网段可以有 100 个单元，同时网段之间连接灵活，如网桥、交换机、集线器等这些网段在数量上不受任何限制，系统采用自由拓扑结构，可设计成线形、树形、星形等拓扑结构，组网非常方便。

C-Bus 系统主要是有针对性地开发一个具有智能化系统的照明控制模式，同时其也可以独立地运行，能够成为很多智能建筑物中相互连接的系统。另外，C-Bus 系统协议符合 OSI 模型和 ISO 标准，系统开放性好，有很多接口单元，从而使得其功能增强。所以该系统使设计简单化、安装便捷化、管理方便化。

2. EIB 协议

KNX/EIB 技术源于欧洲，是唯一一个对所有住宅和楼宇控制方面的应用开放的世界性标准，这些应用包括照明和多种安全系统的关闭控制、加热、通风、空调、监控、报警、用水控制、能源管理、测量以及家居用具、音响等众多领域。这项技术可以应用在现有的和最新的住宅和楼宇中。它是一个基于事件控制的分布式总线系统。系统采用串行数据通信进行控制、监测和状态报告。所有总线装置均通过共享的串行传输连接（即总线）相互交换信息。数据传输按照总线协议所确定的规则进行。需发送的信息先打包形成标准传输格式（即报文），然后通过总线从一个传感装置（命令发送者）传送到一个或多个执行装置（命令接收者）。数据传输和总线装置的电源（DC24V）共用一条电缆。2.1.6 小节中对 EIB 协议也有简单介绍。

系统最小的结构称为线路，一般情况下（使用一个 640mA 的总线电源）最多可以有 64 个总线元件在同一线路上运行。如有需要可以在计算线路长度和总线通信负荷后，通过增加系统设备来增加一条线路上总线设备的数量，最多一条线路可以增加到 256 个总线设备。一条线路（包括所有分支）的导线长度不能超过 1000m，总线装置与最近的电源之间的导线距离不能超过 350m。为了确保报文不发生碰撞，两个总线装置间的导线距离应被限制在 700m 以内。总线电缆可与 220V 供电电缆并行敷设，并可形成回路和分支。总线导线不需要终端连接器。当总线连接的总线元件超过64个时，则最多可以有15条线路通过线路耦合器（LC）组合连接在一条主线上。安装总线可以按主干线的方式进行扩展，干线耦合器（BC）将其域连接到主干线上。总线上可以连接15个域，故可以连接超过14000个总线元件。每条双绞线KNX/EIB线路都有自己独立的电源，这就保证即使某条线路断电，KNX/EIB系统的其他部分仍能正常工作。KNX/EIB总线电源为它所在线路上的每个总线装置提供直流24V的安全超低电压。

总线负载与其所连的总线装置种类相关，总线装置需在大于21.5V的直流电压下工作，总线装置的功耗一般为150mW，但如果有额外耗电的应用单元（如发光二极管LEDs），其功耗可能增加到200mW。如果在短距离（例如在同一个控制盘）内联有超过30个总线装置，那么电源必须安装在这些装置附近。在一条线路内允许连接最多两个电源，两个电源之间必须相隔至少200m（导线长度）的距离。

3. RS-485总线及其通信协议

现有智能照明产品除了EIB、C-BUS协议以外，大部分厂家都是基于RS-485总线方式下的通信协议，比如路创、邦奇、爱瑟菲、安科瑞等。以Dynet协议为例说明，它是澳大利亚邦奇电子工程公司在Dynalite智能灯光控制系统中使用的协议。Dynalite系统是一个分布式控制系统。Dynet网络上的所有设备都是智能化的，并以"点到点"的方式进行通信。

Dynet网络由主干网和子网构成。每个子网都可以通过一台网桥（Net-Bridges）与主干网相连，主干网最多可连接64个子网，每个子网可连接64个模块，系统最多可连接4096个模块。数据在子网的传输速率为916kbps，主干网的传输速率可根据网络的大小设定，最高可以达到5716kbps。Dynalite系统可以通过Dlight软件来进行设定和调整。Dlight软件还可以对系统的运行情况进行监控，如自动检测坏灯及报告灯具寿命、工作运行状态等，从而管理整个系统。

4. DALI协议

DALI作为IEC 929标准的一部分，为灯光设备提供通信规则。它问世于20世纪90年代中期，商业化应用开始于1998年。DALI协议在制定标准时，明确定位不是开发功能性最强和复杂的建筑物控制系统，而是建立一个结构清晰的镇流器专用照明系统。所以，DALI的特长不是用来构建复杂的总线系统，而是用于室内的智能照明控制；但DALI系统可以独立运行，也可以作为建筑管理系统的子系统，通过网关或者转发器实现双向通信，与楼宇自动化的其他子系统实现无缝集成；系统的另一大优势是支持设备编址，每个镇流器都可以根据设定的地址进行单独控制，这使得不同厂商的设备在一个照明系统中可以相互兼容。

DALI系统采用两条控制线，最多可以控制64个独立单元（物理地址），16个组（地址组），16个场景（场景值）。它发出地址和强度信号，控制调光镇流器或调光器内的0~10V输入控制电压，从而对受控灯具实施开关和调光。该系统可集成在电子镇流器或调光器内，也可作为一个附件装在可调光的镇流器或调光器外，由布置在室内的DALI控制器实施控制。根据IEC 929，控制线上的最大电流限制为250mA，每个电子镇流器的电流消耗设定在2mA，在设计系统时必须保证设备数目和最大电流都不能超过极限值。

DALI的基本结构如图5-7所示。每盏灯与一个数字接口相匹配，如电子镇流器。控制元件（如按钮面板）和感应元件（如人员感应传感器）通过一根电缆（或双绞线）单独连接到相关的控制接口或控制器。这样单个控制元件便可控制单盏或成组的灯具。即使在部分办公室重新布局后，DALI 仍可以灵活地调整控制元件、感应元件与灯之间的匹配。

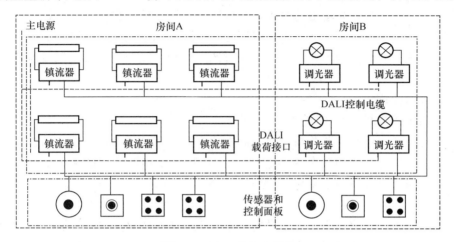

图 5-7　DALI 的基本结构

如图 5-8 所示为采用了自动化网络的大型 DALI 照明控制系统。所有的载荷接口、传感器和控制元件都是与 DALI 控制线直接连接的智能元件。不同的 DALI 元件可从不同供应商获取。在 DALI 系统中，每个载荷接口、传感器及控制元件都是独立的一个节点。多个 DALI 系统可以通过其他自动化网络集成为大型的控制系统。通过自动化网络也可以实现中央计算机监测和管理。同时，单个 DALI 系统的监测也可以直接通过 DALI 接口，如串行转换器，与计算机连接来实现。

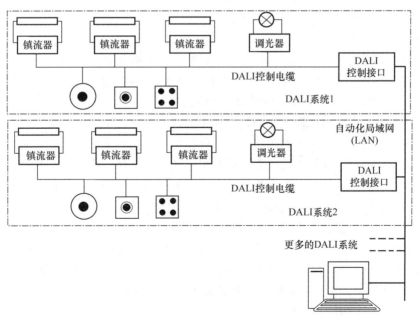

图 5-8　采用了自动化网络的大型 DALI 照明控制系统

5.2 光源调光原理及控制信号

调光是改变照明装置光输出的过程，既可以是连续性的，也可以是步进式的。调光的方法很多，比如可变电阻调光法、调压器调光法、脉冲调频调光法、脉冲调相调光法、可控硅相控调光法、波宽控制调光法等。下面对调光原理、光源调光方式以及调光控制信号进行讲述。

5.2.1 调光原理

(1) 脉冲宽度调制 (PWM) 调光法

这种调光控制法是利用调节高频逆变器中功率开关管的脉冲占空比，从而实现灯输出功率的调节。半桥逆变器的最大占空比为 0.5，确保半桥逆变器中的两个功率开关管之间有一个死区时间，以避免两个功率开关管由于共态导通而损坏，其工作频率一般在(20～150) kHz。

这种调光控制法能使功率开关管导通时工作在零电压开关 (ZVS) 状态，关断瞬间需采用吸收电容以达到 ZCS 工作条件，这样即可进入 ZVS 工作方式，这是它的优点。同时电磁干扰（Electromagnatic Interference，EMI）和功率开关管的电应力可以明显降低。但是，如果脉冲占空比太小，会导致电感电流不连续，将失去 ZVS 工作特性，并且由于供电直流电压较高，从而使功率开关管上的电应力加大，这种不连续电流导通状态将导致电子镇流器的工作可靠性降低并加大 EMI 辐射。

除了小的脉冲占空比外，当灯电路发生故障时，也会出现功率开关管的不连续电流工作状态。当灯负载出现开路故障时，电感电流将流过谐振电容，由于这个电容的容量较小，所以阻抗较大，从而在这个谐振电容上产生较高的电压。除非两个功率开关管有吸收保护电路，否则这时功率开关管将承受很大的电压应力。

(2) 改变半桥逆变器供电电压调光法

利用改变半桥逆变器供电电压的方法实现调光。脉冲占空比（约 0.5）固定，使半桥逆变器工作在软开关工作状态，并可在镇流电感电流连续的工作条件下实现宽调光范围的调光。改变半桥逆变器供电电压调光法调光曲线如图 5-9 所示。

改变半桥逆变器供电电压调光法的优点在于：开关工作频率固定，所以可以针对给定的荧光灯型号简化控制电路设计和方便地确定灯负载匹配电路中无源器件的参数。开关工作频率刚好大于谐振频率，所以可以降低无功功率和提高电路工作效率。可在较宽的灯功率范围内（5%～100%）保持零电压开关 ZVS 工作条件；在很低的半桥逆变器供电电压下，电子镇流器电路将会失去开关特性，会出现镇流电感电流不连续的工作状态。然而在直流供电电压很低的情况下，这种工作状态不再是个问题，这时功率开关管的电应力和损耗都将很小，即使工作在硬开关，在低直流供电电压情况下（如 20V）也不会产生太多的 EMI 辐射；供电电压可以选得很低（如 5%～100%的调光范围对应 30～120V），这样可采用低电压电容和低耐电压值的功率 MOSFET；可采用简单的 AC/DC 控制即可实现调光。

(3) 脉冲调频调光法 (PFM)

脉冲调频调光法（PFM）也是常用的调光方法。如果高频交流电子镇流器的开关工作频率增加，则镇流电感的阻抗增加，这样流过镇流电感的电流就会下降，导致流过灯负载

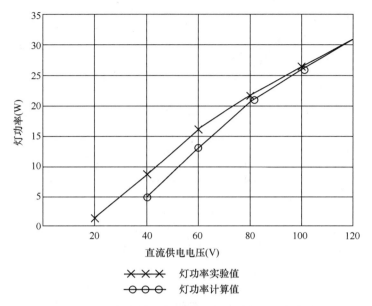

图 5-9 改变半桥逆变器供电电压调光法调光曲线

的电流下降，从而实现调光。

为了实现在荧光灯低灯功率工作条件下实现调光，则调频范围应很宽（即 25～50kHz）。由于磁芯的工作频率范围、驱动电路、控制电路等原因都可能限制荧光灯的调节范围，调频范围内不易实现软开关。轻载时，不能实现软开关，并使功率开关管上的电压应力加大。当灯管发生开路故障时，电子镇流器电路将出现电流不连续工作状态（DCM），特别是当开关频率很低时。

（4）脉冲调相调光法

利用调节半桥逆变器中两个功率开关管的导通相位的方法来调节荧光灯输出功率，从而达到调光的目的。脉冲调相调光曲线如图 5-10 所示。脉冲调相调光控制法主要有

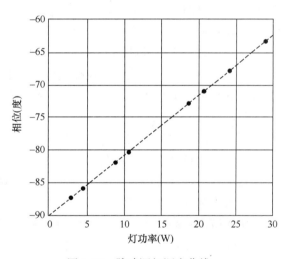

图 5-10 脉冲调相调光曲线

以下特点：可调光至 1% 的灯亮度；可在任意调光设定值下启动电子镇流器电路；可应用于多灯应用（如灯的群控）场合；调光相位-灯功率关系线性度好。

（5）可控硅相控调光法

应用可控硅相控工作原理，通过控制可控硅的导通角，将电网输入的正弦波电压斩掉一部分，以降低输出电压的平均值，达到控制灯电路供电电压，从而实现调光。可控硅前沿触发的相控调光工作波形原理如图 5-11 所示。

可控硅相控调光对照明系统的电压调节速度快，调光精度高，调光参数可以分时段实时调整。由于调光电路主要是电子元件组成，相对来说体积小、设备质量轻、成本低。但

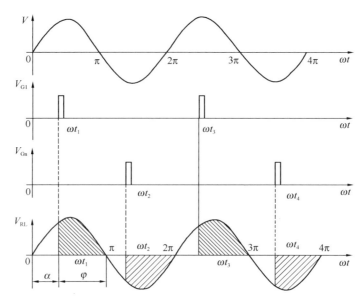

图 5-11　可控硅前沿触发的相控调光工作波形原理

是可控硅相控调光由于是工作在斩波方式，电压无法实现正弦波输出，由此出现大量谐波，形成对电网系统的谐波污染，危害极大，尤其是不能用于有电容补偿的电路中。

可控硅相控调光是采用相位控制的方法来实现调光的。对普通反向阻断型可控硅，其闸流特性表现为当可控硅加上正向阳极电压的同时，又加上适当的正向栅极控制电压时，可控硅即导通；这一导通即使在撤去栅极控制电压后仍将维持，一直到加上反向阳极电压或可控硅阳极电流小于可控硅自身的维持电流后才会关断。

5.2.2　调光光源

不同光源的性能不同，发光原理也不同，需要采用不同的调光方案。

(1) 高压钠灯、金属卤化物灯调光

这类灯的调光类型常用脉宽调制、变频调节；工作频率在 20~100kHz，电子镇流器与灯最大距离为 15m。

调光范围：高压钠灯一般输出功率为 50%~100%（光通量约 30%~100%）。金属卤化物灯输出功率 60%~100%（光通量约 45%~100%）。调光 HID 灯电子镇流器，在灯启动 3~5min 内，必须满功率工作，否则会出现灯管早期有发黑现象，影响灯的使用寿命。

(2) 荧光灯、节能灯调光

常用脉冲宽度调制（PWM）调光法、改变半桥逆变器供电电压调光法、脉冲调频调光法及脉冲调相调光法。

高频驱动的电子镇流荧光灯，调压、调频、调感均可实现调光运行。在中低频率的不敏感段，可采用调压调光方式，在对频率比较敏感的高频段，可采用调频调光方式，从而使整个调光范围得到扩展。荧光灯的伏安特性表现为较复杂的非线性，调光运行时基本上随着频率的增加，由负阻特性连续过渡到正阻特性。驱动电压不变的情况下，频率升高，灯电流降低，光输出减弱，镇流电路的稳定裕度变小，直至熄灭。

(3) 白炽灯、卤素灯（石英灯）调光

常用可控硅相控调光法。

(4) LED 调光

1) 线性调光。因为 LED 的亮度几乎和它的驱动电流直接成正比关系，所以可以通过改变它的驱动电流来实现。调节 LED 的电流最简单的方法就是由芯片提供一个控制电压接口，改变输入的控制电压就可以改变其输出恒流值。

但此种方法会造成在调亮度的同时也会改变它的光谱和色温，因为目前白光 LED 都是用蓝光 LED 激发黄色荧光粉而产生，当正向电流减小时，蓝光 LED 亮度增加而黄色荧光粉的厚度并没有按比例减薄，从而使其光谱的主波长增长，改变色温；而且从 LED 的伏安特性可知，正向电流的变化会引起正向电压的相应变化，确切地说，正向电流的减小也会引起正向电压的减小。所以在把电流调低的时候，LED 的正向电压也就跟着降低。这就会改变电源电压和负载电压之间的关系，引起恒流源无法工作的严重问题。

2) PWM 调光。LED 是一个二极管，它可以实现快速开关。它的开关速度可以高达微秒以上，是任何发光器件所无法比拟的。因此，只要把电源改成脉冲恒流源，用改变脉冲宽度 (PWM) 的方法，就可以改变其亮度。

脉宽调制调光的优点：不会产生任何色谱偏移；可以实现极高的调光精确度；可以结合数字控制技术进行控制；即使在很大范围内调光，也不会发生闪烁现象。

3) 可控硅相控调光。要实现 LED 灯的可控硅相控调光，其电源必须能够分析可控硅控制器的可变相位角输出，以便对流向 LED 的恒流进行单向调整。然而，在维持调光器正常工作的同时做到这一点非常困难，往往会导致性能不佳，表现为启动速度慢、闪烁、光照不均匀，或在调整光亮度时出现闪烁。此外，还存在元件间不一致以及 LED 灯发出不需要的音频噪声等问题。这些负面情况通常是由误触发或过早关断可控硅以及 LED 电流控制不当等因素共同造成的，误触发的根本原因是在可控硅导通时出现了电流振荡。

5.2.3 调光控制信号

(1) 1~10V 模拟量信号

1~10V 接口的控制信号是直流模拟量，信号极性有正负之分，按线性规则调节灯的亮度。调光时，一旦控制信号触发，镇流器启动光源，首先被激励点燃到全亮，然后再按控制量要求调节到相应亮度。根据 IEC 929 标准[①]，每个镇流器的最大工作电流为 1mA。

(2) 数字信号接口 (DSI)

数字信号接口 (Digital Signal interface, DSI) 镇流器的控制信号用的是数字信号曼彻斯特编码 (Manchester Code)，信号没有极性要求，信号在控制线上传输和同步方式比较可靠，调光按指数函数方式调光。这种镇流器被触发启动后，荧光灯亮度可以从 0 调整到控制信号所指定的亮度，这对剧场类荧光灯调光应用十分适合。另外 DSI 还可以通过信号命令，在电子镇流器内部对进入镇流器的 220V 主电源进行开关切换控制。当荧光灯被关闭熄灭后，镇流器可自动切断 220V 主电源以节省能源消耗。还可省掉调光器经过开关控制的主电源线连接，而直接与 220V 主电源线连接，也可节省系统成本。

(3) 数字可寻址灯光 (DALI)

数字可寻址灯光接口 (Digital Addressable Lighting Interface, DALI) 镇流器，是当

---

① Photovoltaic Systems-Power Conditionesr-Procedure for Measuring Efficiency.

前最新型的可调光荧光灯镇流器。1999 年 PHILIPS、ORSAM、Tri-donic 等公司共同制订了 DALI 的工业标准，纳入 IEC 929 标准，保证不同的制造厂生产的 DALI 设备能全部兼容。DALI 是一个数据传输的协议，通过荧光灯调光控制器（作为 Master）可对每个镇流器（作为 Slave）分别寻址，这意味着调光控制器可对连在同一条控制线上的每个荧光灯的亮度分别进行调光。

5.3 智能照明系统的传感器

智能照明系统的传感器是一种器件或装置，能够感知特定的被测量，并根据一定的规律（如数学函数法则）将其转换为可用的信号，通常由敏感元件和转换元件组成。

常见智能传感器基本利用了红外线、超声波、光敏元件、声音等或上述物理量的组合，用于识别有无人员进入房间、照度动态检测、遥控接收等。

5.3.1 红外传感器

人体都有恒定的体温，一般在 37℃ 左右，会发出特定波长 $10\mu m$ 左右的红外线，红外探测器就是靠探测人体发射的 $10\mu m$ 左右的红外线而进行工作的。人体发射的 $10\mu m$ 左右的红外线通过菲涅尔滤光片增强后到红外感应源上，红外感应源通常采用热释电元件，这种元件在接收到人体红外辐射温度发生变化时就会失去电荷平衡，向外释放电荷，后续电路经检测处理后就能产生报警信号。

红外传感器一般由光学系统、探测器、信号调理电路及显示单元等组成。其中，红外探测器是利用红外辐射与物质相互作用所呈现的物理效应来探测红外辐射的。红外探测器的种类很多，按探测机理不同，可分为热探测器和光子探测器两大类。

热探测器（基于热效应）利用红外辐射的热效应，探测器的敏感元件吸收辐射能后引起温度升高，进而使某些有关物理参数发生相应变化，通过测量物理参数的变化来确定探测器所吸收的红外辐射。其特点是响应波段宽，响应范围可扩展到整个红外区域，可常温下工作，应用相当广泛。但与光子探测器相比，热探测器的探测率比光子探测器的峰值探测率低，响应时间长。主要分为热释电型、热敏电阻型、热电偶型和气体型四大类。其中，热释电型探测器在热探测器中探测率最高，频率响应最宽，所以发展很快。

光子探测器（基于光电效应）利用入射光辐射的光子流与探测器材料中的电子互相作用，从而改变电子的能量状态，引起光子效应。光子探测器特点是灵敏度高，响应速度快，具有较高的响应频率，但探测波段较窄，一般在低温下工作。光子探测器主要分为光敏电阻、光电管、光敏晶体管、光电伏特元件、光电池等几类。

对于红外传感器的特性及要求具体如下：

（1）红外探测器是以探测人体辐射为目标的，所以热释电元件对波长为 $10\mu m$ 左右的红外辐射必须非常敏感。

（2）为了仅对人体的红外辐射敏感，在它的辐射照面通常覆盖有特殊的菲涅尔滤光片，使环境的干扰受到明显的控制作用。

（3）一旦人进入探测区域内，人体的红外辐射通过部分镜面聚焦，并被热释电元件接收，经信号处理后即可被探测。

（4）红外探测器感应作用与温度和气流的变化具有密切的关系，不宜正对冷热通风口、冷热源或易摆动的大型物体，以免引起探测器误报。

（5）红外探测器对于径向移动反应最不敏感，而对于切向（即与半径垂直的方向）移动则最为敏感。

（6）红外探测器具有多种型号，从室内到室外，从有线到无线，从单红外到三红外，从壁挂式到吸顶式的都有，所以需要根据实际情况调试探测器。红外探测器的调试一般是步测，就是调试人员在警戒区内走 S 形的线路来感知警戒范围的长度宽度等来测试整个报警系统是否达到要求。红外探测器可以适当调节探测器的灵敏度，以达到较好的探测效果。

5.3.2 超声波传感器

人们能听到声音是由于物体振动通过介质传播形成声波产生的，它的频率在 20Hz～20kHz 范围内，超过 20kHz 的称为超声波，低于 20Hz 的称为次声波。常用的超声波频率为几十千赫兹到几十兆赫兹。超声波传感器是利用超声波的特性研制而成的传感器。

超声传感器由发送传感器（或称波发送器）、接收传感器（或称波接收器）、控制部分与电源部分组成。发送传感器（或称波发送器）由发送器与使用直径为 15mm 左右的陶瓷振子换能器组成，换能器的作用是将陶瓷振子的电振动能量转换成超能量并向空中辐射；接收传感器（或称波接收器）由陶瓷振子换能器与放大电路组成，换能器接收波产生的机械振动，将其变换成电能，作为接收传感器的输出。

超声波传感器有很多种类，不同分类方法有：

（1）根据使用方法可分为收发一体型、收发分体型（收发各一只）；

（2）根据结构可分为开放型、防水型、高频型等；

（3）根据使用环境可分为空气环境和水环境；

（4）根据应用范围可分透射型（用于遥控器、防盗报警器、自动门、接近开关等）、反射型（用于材料探伤、测厚等）、分离式反射型（用于测距、液位或料位）。

5.3.3 光敏传感器

光敏传感器是利用光敏元件将光信号转换为电信号的传感器，它的敏感波长在可见光波长附近，包括红外线波长和紫外线波长。光敏传感器不只局限于对光的探测，还可以探测其他传感器的元件组成。对于许多非电量的检测，只要将这些非电量转换为光信号的变化即可。

光敏传感器是目前产量最多且应用最广的传感器之一，它在自动控制和非电量电测技术中占有非常重要的地位。光敏传感器大多采用半导体材料，通常有光敏电阻、光敏二极管、光敏三极管、硅光电池等。光敏电阻型传感器的代表器件有 LXD5506 型硫化镉光敏电阻。光敏二极管型（包括光敏三极管）品种很多，应用最广泛，例如硅光敏二极管 2CU2B。光伏电池型代表器件有 2DU3。

5.3.4 声音传感器

传感器内置一个对声音敏感的电容式驻极体话筒。声波使话筒内的驻极体薄膜振动，导致电容的变化，而产生与之对应变化的微小电压。这一电压随后被转化成 0～5V 的电压，经过 A/D 转换被数据采集器接收，并传送给计算机。

声音传感器的作用相当于一个话筒（麦克风）。它用来接收声波，显示声音的振动图像，但不能对噪声的强度进行测量。因此，常作为一种在人员活动较少区域使用的开关控制元件。

声音传感器按其变换原理，可分为压电陶瓷式、电容式、动圈式、驻极体式，其中压电陶瓷式和驻极体式应用最为广泛。

该类传感器无需再次进行校准，软件自动调零；采样频率要取10000次/s或更大些，否则不能真实、准确地反映声振动的图像；接入控制系统的可以采用4～20mA的输出型传感器。

5.3.5 多功能传感器

包含两种及以上功能的单只传感器即为多功能传感器。例如将移动探测器、红外（IR）遥控接收传感器及环境照明探测器等结合在一台传感设备中，可实现单一功能探测器无法比拟的功能。在建筑应用中，利用多功能传感器进行移动探测并打开照明，该装置还在PIR[①]传感器元件周围配有一个分段式遮板，可将一部分感应区遮挡住以防止来自邻近门道或走廊的探测；提供IR控制接收，实现对灯光、视听设备及百叶窗的遥控；一些需要为单独工作区保持精确照明控制的情况下，可协助灯光补偿，促进能源节约。

传感器的选择需要根据被测量的特点和传感器的使用条件考虑以下一些具体问题：量程的大小、被测位置对传感器体积的要求、测量方式为接触式还是非接触式、信号的引出方法、有线或是无线传输的、传感器的来源、国产还是进口、价格能否承受、测量技术是外国引进还是自行研制。在考虑上述问题之后就能确定选用何种类型的传感器，然后再考虑传感器的具体性能指标。

5.4 智能照明控制系统的设计

5.4.1 智能照明控制策略

在进行实际工程项目的智能照明控制系统方案设计时，不是单一使用某一控制策略，而是要根据工程要求和特点，综合考虑采用多个控制策略。优秀的智能照明控制系统的设计常常使用一种全面的方法，即结合几种不同类型的控制器和控制策略，使系统能最高效率地利用能源、最低限度地影响建筑物的环境，实现"以人为本"，"人、建筑、环境"三者和谐统一。

1. 节能效果控制策略

（1）可预知时间表控制

在活动时间和内容比较规则的场所，灯具的运行基本上是按照固定的时间表进行的，规则地配合上班、下班、午餐、清洁等活动在平时、周末、节假日等的变化，就可以采用预知时间表控制策略。通常适用于一般的办公室、工厂、学校、图书馆和零售店等。

如果策划得好，按预知时间表控制策略的节能效果显著，甚至可达到40%。同时，采用预知时间表控制可带来照明管理的便利，并起到一定的时间表提醒作用，例如提示商店开门、关门的时间等。

可预知时间表控制策略通常采用时钟控制器来实现，并进行必要的设置来保证特殊情况（如加班）时能亮灯，避免将活动中的人突然陷入完全的黑暗中。

（2）不可预知时间表控制

---

① Passive Infrared Sensor 被动红外传感器。

对于有些场所，活动的时间是经常发生变化的，可采用不可预知时间表控制策略，如在会议室、复印中心档案室、休息室和试衣间等场所。

虽然在这类区域不可采用时钟控制器来实现，但通常可以采用人员动静传感器等来实现，节能可高达60%。不过应当注意，尤其是在大空间办公室内，灯具的开关会引起对相邻地区的干扰，所以这时一般会采用将灯光调亮或调暗，而不是直接进行开关变化。

（3）自然采光控制

若能从窗户或天空获得自然光，即利用自然采光，则可通过关闭电灯或降低电力消耗来节能。自然采光的节能效果，与许多因素有关，如天气状况、建筑的造型、材料、朝向和设计、传感器的选择和照明控制系统的设计和安装、建筑物内活动的种类等。自然采光的控制策略通常用于办公建筑、机场、集市和大型廉价商场等。

自然采光的控制一般使用光照度传感器实现。应当注意的是，由于自然采光会随时间变化，因此通常需要与人工照明相互补偿。另外，自然采光的照明效果随着与窗户的距离增大而降低，所以一般将靠窗4 m左右以内的灯具分为单独的回路，甚至将每一行平行于窗户的灯具作为单独的回路，以便进行不同的亮度水平调节，保证整个工作空间内的照度平衡。

（4）亮度平衡控制

这一策略利用了明暗适应现象，即平衡相邻的不同区域的亮度水平，以减少眩光和阴影，减小人眼的光适应范围。例如，可以利用格栅或窗帘来减少日光在室内墙面形成的光斑；在室外亮度升高时，开启室内人工照明，而在室外亮度降低时，关闭室内人工照明。亮度平衡的控制策略通常用于隧道照明的控制，室外亮度越高，隧道内照明的亮度也越高。

如果建筑室内亮度平衡控制采用光照度传感器来实现，其控制的逻辑恰好与隧道控制相反。

（5）维持光通量控制

通常，照明设计标准中规定的照度标准是"维持照度"，即在维护周期末还要能保持这个照度值。这样，新安装的照明系统提供的照度要比这个数值高20%～35%，以保证经过光源的光通量衰减，灯具的积尘，室内地面的积尘等，在维护周期末达到照度标准。维持光通量策略就是指根据照度标准，对初装的照明系统减少电力供应，降低光源的初始光通量，而在维护周期末达到最大的电力供应，这样就可减少每个光源在整个寿命期间的电能消耗。

维持光通量控制是采用照度传感器和调光控制相结合的方法来实现的。然而，当大批灯具采用这一控制方式时，初始投资会很大；而且该控制方式要求所有的灯同时更换，而无法考虑某些灯的提前更换。

（6）作业调整控制

在一个大空间内，通常要维持恒定的照度。采用作业调整控制策略，可以调节照明系统。改变局部的小环境照明，例如，改变工作者局部的环境照度，降低走廊、休息厅的照度，提高作业精度要求较高区域的照度。作业调整控制的另一优点是，给予工作人员控制自身周围环境的权力，这有助于提升员工心情和生产率。通常，这一策略通过改变一盏灯或几盏灯来实现，可以利用局部的调光面板或者使用红外线、无线遥控器等进行控制。

（7）平衡照明日负荷控制

电力公司为了充分利用电力系统中的装置容量，提出了实时电价的概念，即电价随一天内不同的时间段而变化。我国已推出"峰谷分时电价"，将电价分为峰时段、平时段、谷时段，即电能需求高峰时电价贵，低谷时电价廉，鼓励人们在电能需求低谷时段用电，以平衡电能负荷曲线。

智能照明控制系统可以在电能需求高峰时降低一部分非关键区域的照度水平，这样同时降低了空调制冷耗电，也就降低了电费支出。

2. 艺术效果控制策略

艺术效果的照明控制策略有两方面含义：一方面，像多功能厅、会议室等场所，其使用功能是多样的，就是要求产生不同的灯光场景以满足不同的功能要求，维持好的视觉环境，改变室内空间的气氛；另一方面，当场景变化的速度加快时，就会产生动态变化的效果，形成视觉的焦点，这就是动态的变化效果。

艺术效果的控制可以利用开关或调光来产生。当照度水平发生变化时，人眼感受的亮度并不是与其呈线性变化的，而是遵循"平方定律"曲线，如图5-12所示的调光曲线。调光器一般都按照预先设定的调光曲线进行工作。调光曲线就是调光过程中灯光亮度变化与调光器的控制电压的关系曲线。常用的调光曲线有线性曲线、S形曲线、平方曲线和立方曲线等。图5-12为一些常见的调光曲线图。许多厂家的照明控制产品都利用了这一曲线，根据该曲线，当照度调节至初始值的25%时，人眼感受的亮度变化已达到初始亮度的50%。

艺术效果控制策略可以通过人工控制、预设场景控制和中央控制来实现。

（1）人工控制：指通过on/off开关或调光开关来实现，直接对各照明回路进行操作，其相对耗资少，但需要在面板上将回路划分注明得尽量简单，并讲究面板外形的选择。该方式多用于商业、教育、工业和住宅的照明中。

（2）预设场景控制：可以将几个回路同时变化来达到特定的场景，所有的场景都经过预设，每一个面板按键储存一个相应的场景。该方式多用于场景变化较大的场所，如多功能厅、会议室等，也可用于家庭的起居室、餐厅和家庭影院。

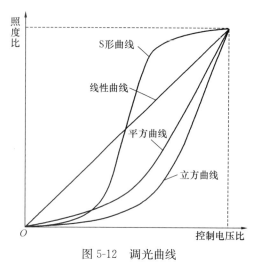

图5-12 调光曲线

（3）中央控制：是最有效的灯光组群调光控制手段。例如，对于舞台灯光的控制，需要利用1个以上的调光台进行场景预设和调光，这也适用于大区域内的灯光控制，并可与多种传感器联合使用，以满足要求。对于单独划分的小单元，也可采用若干控制小系统的组合进行集中控制，这常见于酒店客房的中央控制。近年来出现较多的还有整栋别墅的控制，主要利用中央控制及人工控制、预设场景控制等相结合，并需要与电动窗帘、电话、音响等配合使用，必要时还需要与报警系统有接口。

实际工程中，由于建筑物包含了各种空间以进行不同的活动，多种策略可以满足各种不同空间类型的需求。因此，设计智能照明控制系统时常常使用一种全面的方法，即结合几种不同类型的控制器和控制策略。

5.4.2 系统设计过程

在实际智能照明控制系统工程设计时，要根据工程要求和特点，综合考虑采用多个控制策略。优秀的智能照明控制系统的设计常常使用一种全面的方法，即结合几种不同类型的控制器和控制策略，做到系统以最高效率利用能源，最低限度地影响建筑物的环境。采用绿色照明设计理念，遵循可持续发展的原则，通过科学的整体设计，集成绿色配置、自然采光、低能耗光源、智能控制等高新技术，充分显示人文与建筑、环境与科技的和谐统一。

5.4.2.1 相关设计规范

我国目前没有专门的智能照明控制系统设计规范。《建筑照明设计标准》GB 50034—2024 第 7.3 节对照明控制作了如下的规定：

7.3 照 明 控 制

7.3.1 公共建筑和工业建筑的走廊、楼梯间、门厅等共用场所的照明，宜按建筑使用条件和天然采光状况采取分区、分组控制措施。

7.3.2 建筑物公共场所宜采用集中控制，并按需采取调光或降低照度的控制措施。

7.3.3 旅馆的每间（套）客房应设置节能控制措施；楼梯间、走道的照明，除疏散照明外，宜采用自动降低照度等节能措施。

7.3.4 住宅建筑共用部位的照明，应采用自动降低照度等节能措施。当应急照明采用节能自熄开关时，应采取消防时强制点亮的措施。

7.3.5 除设置单个灯具的房间外，每个房间灯具的控制分组不宜少于 2 组。

7.3.6 当房间或场所装设 2 列或多列灯具时，宜按下列方式分组控制：

  1 生产场所宜按车间、工段或工序分组；

  2 在有可能分隔的场所，宜按照每个可分隔场所分组；

  3 多媒体教室、会议厅、多功能厅、报告厅等场所，宜按靠近或远离讲台分组；

  4 除上述场所外，所控灯列宜与侧窗平行。

7.3.7 有条件的场所，宜采用下列照明控制措施：

  1 可利用天然采光的场所，宜随天然光照度变化自动调节照度，地下车库宜按使用需求自动调节照度；

  2 办公室、阅览室等人员长期活动且照明要求较高的空间宜采用感应调光控制、时钟控制或场景控制；

  3 居住建筑及非人员密集的公共建筑的走廊、楼梯间、电梯厅、厕所，地下车库的行车道和停车位以及类似人员短时逗留的场所宜采用红外、声波与超声波、微波等自动感应控制；

  4 校园教学楼、学生宿舍楼、图书馆、工业建筑等按时间规律运行的功能空间宜采用时钟控制；

  5 酒店大厅、高档走廊、会议室、餐厅、报告厅、个性化居所、体育场馆等多功能用途空间宜采用场景控制；

  6 营业大厅、仓储、展厅、超市等大面积单一功能室内空间等宜采用分区或群组控制；

  7 高档办公室、高档酒店、精品商店等节能舒适要求高的空间宜采用单灯或分组控制；

  8 老年人照料设施、特教建筑、病房等空间可采用语音控制；

9 照明负荷较大以及特定照明效果需要进行照明光源编组和按顺序进行控制的空间宜采用顺序控制；

10 有需求的场所，宜考虑与安全技术防范系统的协同控制；

11 利用导光装置将天然光引入室内的场所，人工照明宜随天然光照度自动调节。

7.3.8 大型公共建筑宜按使用需求采用适宜的照明控制系统。采用智能照明控制系统宜具备下列功能：

1 宜具备信息采集功能和多种控制方式，并可设置不同场景的控制模式；

2 宜与受控照明装置具备相适应的通信协议；

3 可实时显示和记录所控照明系统的各种相关信息，并可自动生成分析和统计报表；

4 宜具备良好的人机交互界面；

5 宜预留与其他系统的联动接口；

6 当系统断电重新启动时，应恢复为断电前的场景或默认场景。

7.3.9 特定场所的照明控制应符合下列规定：

1 车库出入口、建筑入口等采光过渡区宜采用天然光与人工照明的一体化控制；

2 采用场景控制的会议室或会客空间场景切换的系统响应时间应小于1s；

3 光感控制和人体感应控制可按需求与场所的遮阳、新风、空调设施联动控制；

4 消防和安防监控等系统对照明有要求的场所，照明控制应符合其要求；

5 当照明采用定时控制时，系统应具有优先级设置功能，以便在非预定时段灵活使用；

6 恒照度控制应采用光电传感器等设备监测光源性能或场所照度水平。

5.4.2.2 设计过程和设计步骤

当照明设计和灯具平面布置图完成后，就可以进行智能照明控制系统的设计。控制系统的设计方案不仅涉及照明场景效果的实现，还涉及工程的造价。优秀的控制系统设计，既能满足业主和灯光设计师的要求，还能提供经济和节能的配置方案。

智能照明控制系统的设计过程如下：

（1）确定用户的需求，光源种类和现场情况。首先，要取得与客户的沟通，了解客户的需求，确定场所的功能和场景要求，对于其中需要特殊控制的区域应按不同的回路设计。其次，要了解灯具的平面布置和光源种类。灯具的布置是与建筑和室内设计相关联的，回路的设计应遵循相应的照明设计原则和室内布局要求。对于不同的灯具，其光源种类不同，需要确定光源的类型和开关、调光等要求。现场的情况对于控制柜的选址、开关面板的设置、控制的距离等都有关系。

（2）确定照明回路的配置和数量。对于不同类型的照明控制系统，其控制模块的各回路性能和容量都是不同的，应根据产品来选择回路，必要时可以添加继电器、接触器等附件，以降低成本。

（3）选择照明控制单元。回路归纳完毕，就可选择相应的控制器和各种必需的传感器、控制面板及系统的监测运行设备等。

（4）绘制相应的图表。随控制系统的设计方案提供的图表包括：总配置表、回路表、照明控制系统图、平面图等。

（5）安装和调试照明控制系统。

第 5 章 智能照明系统

一个照明控制项目的基本设计过程包括以下步骤:

(1) 明确技术应用的需求

做任何项目,最初都要了解此技术应用的目的、原因和特点,包括:

① 能源规范的要求。能源规范在全国范围内强制实施,往往是促使照明控制需求的主要原因。其中最常见的规范要求有:单独空间控制、自动关闭、调光控制、室外照明控制、自然采光照明控制。

② 节省能源。许多建筑物业主和设施经理想通过尽可能地减少能源支出来降低使用成本,同时又要保证住户使用的舒适度和安全性。

③ 符合可持续发展。业主们有高效设计的标准,或者追求可持续发展等,比如 LEED 的认证。

④ 保障住户方便和喜好。保障住户享有便捷和容易掌控的局部照明控制系统,以便提高住户的满意度和效率。

⑤ 保障安全。确保设施的照明总是能照顾到住户或客人的安全。

⑥ 维护和管理。为设施管理人员提供必要的控制和工具来有效地管理设施。

(2) 选择适当的控制策略

在这一阶段,设计师应该适当选择最适合应用需要的控制策略。由于大多数建筑物包含了大量的空间进行不同的活动,多种策略可以满足各种不同的空间类型的需求。

一些应用可能只需要一个单一产品实施一个简单的策略,如时间开关提供定时开关控制。在另外一些方面的应用,设计者可以结合多项控制方法,例如在正常工作时间,办公空间可以使用定时控制的开关,在工作时间以外可以采用动静传感器控制模式。

这些基本控制策略可以根据应用的场合,单独使用或结合在一起使用。

① 自动关闭

照明节能和能源规范的一个基本要求,也是最重要的控制策略是:当不需要照明时,应把灯关闭掉;并且要求关闭或打开照明灯的开关是同一个装置。

② 单独空间的控制

这涉及单独空间内的开关照明控制,也是节能规范的一项基本要求。通常开关装置必须放置在所控制的照明范围内的明显位置上。如果开关不在可见的位置上,此开关通常需要有可以指示照明开关状态的信号灯(如指示灯)。

③ 亮度渐变的照明控制(调光控制)

节能的理想状态(或硬性规定)是:空间中尽可能装有可以均匀减弱灯光亮度的手动控制开关。减弱灯光亮度的方法有关掉一盏灯内的单个灯泡、关掉不用的灯具,或者是减弱所有灯具的亮度。

④ 室外照明控制

要确保照明打开时是自然光照不足的时候,而当有足够的光照或这一区域无人使用时随即关闭照明。外部照明控制通常分为两类:一类是室外保障性夜灯,即黄昏时分打开的照明并持续整个夜间,直到早上有足够的自然光照时关闭;另一类是一般室外照明,即天黑时打开照明并在夜间无人使用这一区域时随即关闭。

⑤ 自然采光控制

当区域内有足够的自然光照时,应减少或关掉照明光源。

（3）选择控制产品

如表 5-1 所示为照明控制的基本控制策略及控制装置选择参考。现在市场上智能照明控制系统的产品种类很多，选择时需结合工程特点仔细阅读厂家说明书等资料。

照明控制的基本控制策略及控制装置选择参考　　表 5-1

控制策略	控制装置		动作原理	应用场所
自动开关控制	感应开关		空间内没有人时自动关闭照明	有时断时续的住房和活动的地点私人办公室、会议室、洗手间、休息室和一些敞开式的办公区域
	照明控制面板、定时器		在控制继电器面板上，根据时钟设定的日程安排关闭照明	在需要正常运营时间和空间保持照明的区域； 大堂、走廊、公共场所、零售门市部和一些敞开办公区域
	时间开关		墙式开关手动打开照明并在预定时间之后自动关闭	有频繁活动的空间或传感器可能无法一直工作的场所； 储物间、机械和电气室、摆放设备装置的壁橱和清洁室
	建筑智能化系统，例如安防系统、门禁系统和楼宇自控系统		利用其他建筑智能化系统与照明控制系统之间的联锁或者操纵照明控制系统装置来关闭照明	需要在正常运营时间和空间保持照明的区域； 空间安排使用非常广泛地方，如多功能厅、社区服务中心和健身房
减弱亮度的照明控制	手动开关	电压开关	可以控制亮度的开关（通常是两个开关），可以选择性关闭灯具或灯泡	除走廊和洗手间以外的所有的内部空间
		低压开关	这些开关（例如数据线开关、瞬间开关和多按钮低压开关）通过关掉继电器控制面板或分布式控制照明来减弱照明亮度	
	感应开关		由两个继电器输出的墙壁开关传感器和两个独立的开关同时控制两种不同的亮度	
	调光控制		低压开关的调光控制器或电压调光器减少照明亮度； 可编程调光控制系统可调整最多 4 种不同的照明组来实现调光控制	
	高/低的控制		外部控制装置（即传感器、面板等）指示 HID[①] 1KJ 固定装置上的高/低控制器来减少照明亮度	

---

① High Intensity Discharge，高强度放电。

续表

控制策略	控制装置	动作原理	应用场所
自然采光控制	手动开关	当自然光充足时，住户利用电压或低压开关关掉照明灯	有助于足够采光的建筑因素（视窗、天窗等）的室内空间
	自动交换控制器	当自然光充足时，照度传感器与控制装置关闭照明灯	
	墙式电压控制调光器	当自然光充足时，墙式感应开关或电压指示调光控制器调暗照明灯	
	自动调光控制器	可调光镇流器及自动调光的采光控制器液晶板加上照度传感器的调光	
独立空间的控制	手动开关；电压开关；低电压或多按钮开关指示感应开关；照明控制继电器面板墙壁感应开关；定时开关；电话控制模块	手动开关与自动控制装置、自然采光和其他控制策略相结合	所有的建筑内部空间（规范中列出的例外之处除外）
	感应开关：由两个继电器输出的墙壁开关传感器，两个独立的开关同时控制两种不同的亮度		

（4）布局、规范和记录

当产品选择完成后，设计师就可以在工程的照明平面图纸上布局系统控制装置。

不同的照明控制产品需要具体的设计细节。比如，当采用传感器感应开关时，方案中应包括放置各个传感器的位置以及每一个传感器覆盖的范围。对开关而言，方案中应该说明位置和控制任务。对自然采光控制来说，方案中还应包括照度传感器布局以及每个覆盖区域理想的光照度设置。

当使用照明控制面板时，设计师应该准备接口的图表和控制计划的文档。该文档将协助设计师完成具体技术细节和规格并制定统一完整的设计书。

当智能照明控制系统的工程项目较大时，系统设备装置的具体布局可利用厂商提供的辅助设计软件自动生成，包括分配回路开关、接触器、继电器、管道列表的设备清单，并描述面板控件的负荷等。接线管道布置图也可由辅助设计软件自动生成，包括：每个面板的名称和相对于其他面板与设备的大致位置；电线的类型和面板与设备之间的导线数量，以及其他重要的系统信息。

（5）安装和调试

在照明控制工程的安装和调试阶段，设计师应该提供安装指南和细节的图纸。必要时，可以参阅产品生产商提供的其他应用和设计的详细信息资料。

任何项目的成功与否在很大程度上都要依赖于调试。最理想的情况是，整个过程应该是项目工程师、产品生产商、承包商和场馆业主/操作者之间的完美合作。为了促进这种合作，工程师应在一些工程实施细节中注明调试要求。

5.4.3 系统及设备选择

1. 系统的选择

如前面所述，智能照明控制系统的分类方法有多种，在实际工程中一般从照明控制的层次上分类，系统属于以下情况中一种或多种：单个光源或灯具的控制、单个房间的控制、整个楼宇的控制和建筑群的控制。

（1）单个光源或灯具的控制

这种控制的各个部件（传感器、控制器）与光源组合在一起，达到灯具本身的智能控制。这种控制方法的优点是不需要额外的设计和安装工作。灯具就像普通灯具那样安装，可以在大楼施工的最后阶段进行，甚至可以用于改造和更新环境。例如公共走廊、洗手间、别墅车库等处的照明控制。

（2）单个房间或区域的控制

一个房间或区域的照明控制由一个单一的系统，通过传感器或从面板开关、调光器来的控制信号实现。例如多功能厅、宴会厅等处的照明控制。

（3）整个楼宇的控制

楼宇照明控制系统是比较复杂的智能照明控制系统，它包括大量分布于大楼各个部分并与总线相连的照明控制元件，传感器和手动控制元件，各个控制单元可通过总线传递信息，系统可集中控制和分区控制。楼宇智能照明控制系统不仅能完成控制功能，还能用来搜集重要的数据，如实际灯具点燃的小时数和消耗的电能，甚至可以计算出系统设备的维护时间表。整个系统对通信的要求很高，可被合并到整个大楼的集中管理系统中。

（4）建筑群的控制

建筑群的照明控制系统是在楼宇智能照明控制系统的基础上扩展而成，其控制主要是通过网络来实现。网络协议主要采用 TCP/IP 协议，距离较远的可采用以太网，城市大楼的景观亮化工程和路灯远程控制管理属于这类控制。

2. 控制器设备的选择

智能照明控制系统的控制器设备分为三大类：开关控制器、调光控制器和 LED 调光控制器。控制器的输入电压既可以是单相交流 220V，也可以是三相交流 380V。下面以邦奇智能科技（上海）股份有限公司的产品为例，介绍如何选择控制器。其他厂家产品也都会提供详细说明，可根据实际情况进行选用。

当有了照明系统图后就可按回路的控制要求、负载性质、功率、相位和回路数等参数选择相应技术规范和数量的控制器（模块），具体设计方法如下。

（1）选用调光控制器

1）用单相供电调光控制器系列产品设计的系统

原照明系统（一）为 4 路 2kW 和 12 路 1 kW 调光回路，如图 5-13 所示。选用一台单相 4 通道 10A 和一台单相 12 通道 5A 调光控制器，再配上控制面板后构成的智能照明控制系统（一）如图 5-14 所示。

2）用三相供电调光控制器系列产品设计的系统

图 5-13 原照明系统（一）

原照明系统（二）为 12 路 2kW 调光灯路，如图 5-15 所示。选用一台三相 12 通道 10A 调光控制器，再配上控制面板后构成的智能照明控制系统（二），如图 5-16 所示。

3）用荧光灯调光控制器系列产品设计的系统

原照明系统（三）为 4 路 0.5kW 荧光灯调光灯路，如图 5-17 所示。选用一台单相 4 通道 10A 荧光灯调光控制器，再配上控制面板后构成的智能照明控制系统（三）如图 5-18 所示。

（2）选用开关控制器

开关控制器的通道输出有三种结构形式：产品型号后缀为 FR 的无电源的多进多出通道输出；单相或三相电源输入多通道输出；三相电源输入交流接触器输出。

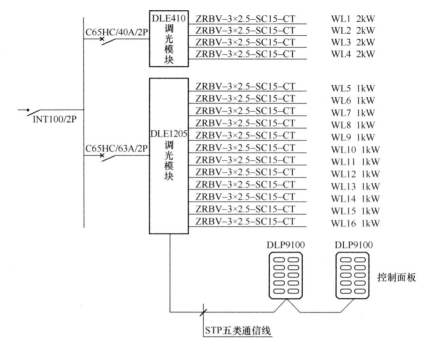

图 5-14 智能照明控制系统（一）

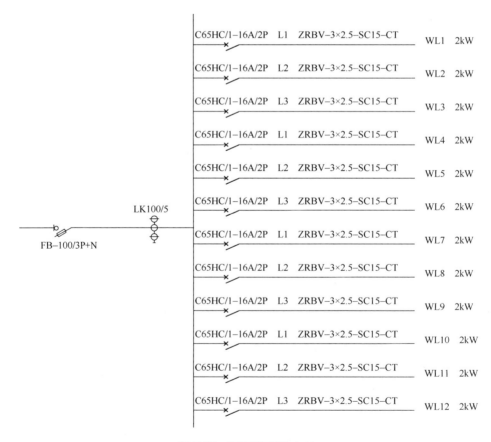

图 5-15 原照明系统（二）

第5章 智能照明系统

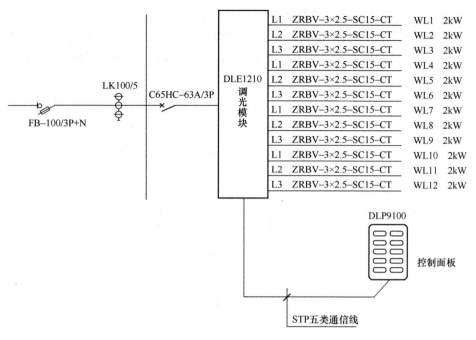

图 5-16　智能照明控制系统（二）

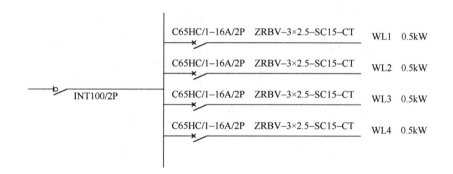

图 5-17　原照明系统（三）

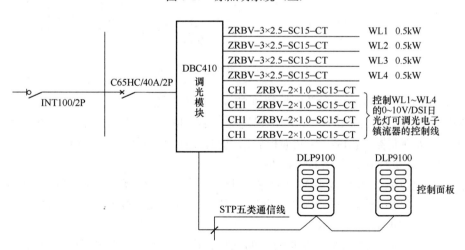

图 5-18　智能照明控制系统（三）

1）用导轨式多进多出开关控制器系列产品设计的系统

原照明系统（四）为 6 路 4kW 开关控制路灯，如图 5-19 所示。选用一台 6 通道 20A 多进多出 FR 型导轨式开关控制器，再配上控制面板后构成的智能照明控制系统（四）如图 5-20 所示。

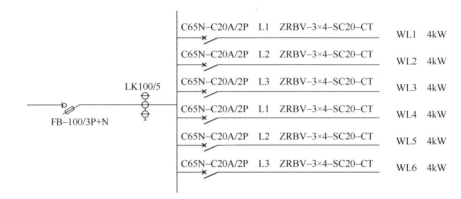

图 5-19　原照明系统（四）

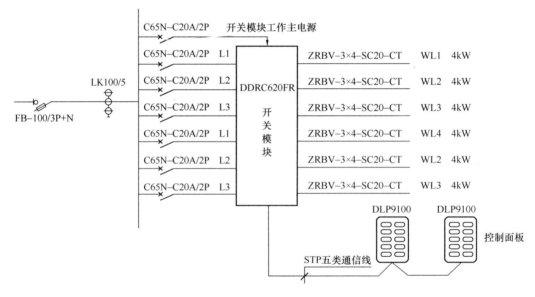

图 5-20　智能照明控制系统（四）

2）用导轨式一进多出开关控制器系列产品设计的系统

原照明系统（五）为 8 路 0.5kW 开关控制灯路，如图 5-21 所示。选用一台单相 8 通道 10A 导轨式开关控制器，再配上控制面板后构成的智能照明控制系统（五），如图 5-22 所示。

3）用大容量负载开关控制器设计的系统

原照明系统（六）为 6 路 6kW 开关控制灯路，如图 5-23 所示。选用一台相应通道数的导轨式开关控制器控制交流接触器去驱动大功率负载，配上控制面板后构成的智能照明控制系统（六），如图 5-24 所示。

此外，还有传感器的选择，控制面板的选择，电源组的选择等可查相关文献，此处就不一一说明。

第 5 章 智能照明系统

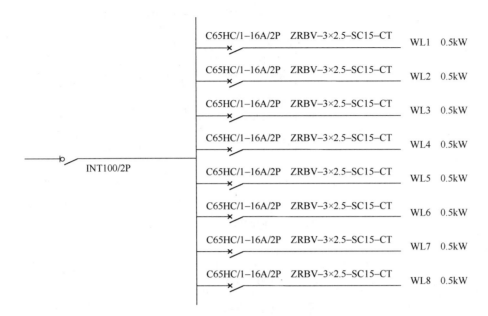

图 5-21 原照明系统（五）

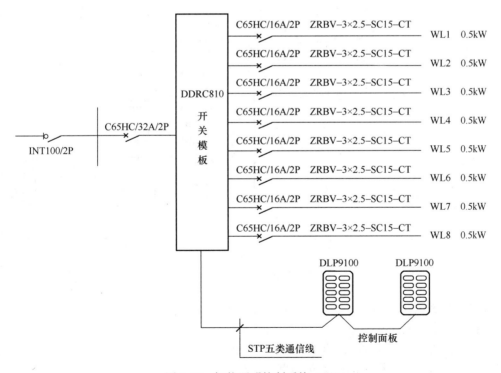

图 5-22 智能照明控制系统（五）

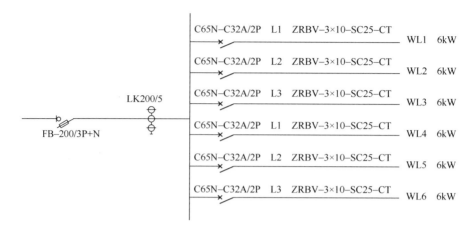

图 5-23 原照明系统（六）

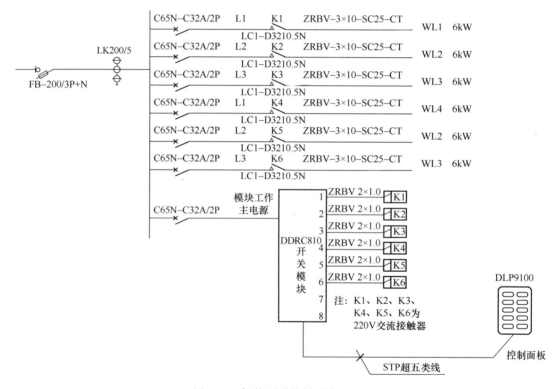

图 5-24 智能照明控制系统（六）

3. 动静传感器的选择

动静传感器选用注意事项：

（1）在屏蔽区域和用家具分隔的区域可使用超声波传感器；

（2）在封闭区域使用被动红外传感器（PIR）；

（3）在大区域内分区域使用不同的传感器控制和管理照明系统，在有少量活动的区域采用双传感器技术；

（4）对于有震动的场所，要将传感器安装在稳定的表面；

(5) 传感器的安装位置上方要靠近主要活动区域；

(6) 传感器的镜头要正确对准到使用的控制区域。

5.4.4　控制器的安装

智能照明控制系统的控制器一般放置在楼层配电间或管道井内，图 5-25 是某控制器安装示意图。控制器模块可直接安装在配电间的墙上，也可安装在机柜内。由于调光器模块工作时会产生一定的热量，主要靠模块本身自然通风进行散热，因此安装时不要阻塞模块顶部和底部的通风口。调光模块周围无腐蚀性气体，避免有较强功率启停的电气设备。

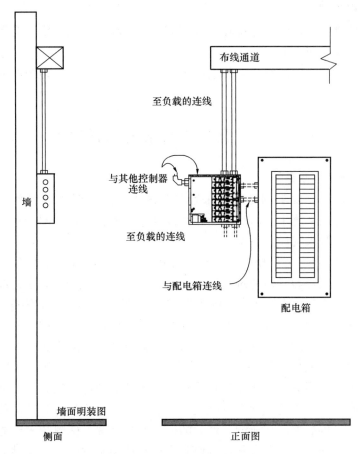

图 5-25　某控制器安装示意图

调光模块应垂直平整安装，模块四角有安装孔槽，有的模块提供安装条架。安装时不必卸下模块外壳就可固定就位。调光模块之间的安装距离应按要求保留间隔。

控制器模块输入主电源的供电方式可采用三相五线［相线（L1、L2、L3）、中线（N）、地线（PE）］或单相三线（L、N、PE）两种。

连接输入输出电源线时卸下模块外壳，输入电源线可从模块背后或顶部的进线孔引进，然后分别接到 L1、L2、L3 相电源和 N 线的端头上；PE 线固定在标有接地的接地铜排上。固定在端头上的导线必须压紧，不能松动。

输出电源线的连接方式与输入线类似，每个输出回路有 3 条线（L、N、PE）分别接到照明回路的灯具上，每条回路必须单独有一条 N 线，不能多个回路合用一条 N 线输出。

荧光灯调光模块中每个通道回路有两对输出线：一对是220V的交流电源线，另一对是控制调光的0~10V直流线。直流地线不能与交流地线相连通，这两对线可穿在一个管内连接到可调光电子镇流器端头上。

输入到控制器模块的主电源电缆的相数和截面积必须符合控制器模块的额定容量和相数要求。

输出电缆的截面积和相位可按控制器模块额定输出容量和实际设计容量及相位选用，控制器模块输出最大允许安装电缆截面积为6mm²（20A以下一般为2.5mm²）。N线的截面积与相线截面积相同。

原则上每个控制器模块的主电源输入前端应加一只隔离开关或空气开关，便于在调试和维修时切断控制器模块电源。

其他设备如传感器、电源组、智能电源组、控制面板和控制电缆等的安装请查阅相关文献。

5.5 典型照明控制系统工程案例

5.5.1 典型照明控制系统

随着世界对照明节能要求的呼声越来越高，国内外生产照明控制系统的厂家不断涌现。不同智能照明控制系统生产商的产品和其设计方案都有各自不同的特点，要针对具体实际要求来选择产品和系统设计方案。

邦奇智能（DALITEK）科技（上海）股份有限公司（简称邦奇智能）是一家集研发、设计、制造、市场、销售为一体的现代化高新技术企业。自1995年首次将智能照明控制理念带入中国以来，邦奇智能已成为中国领先的建筑智能控制解决方案提供商。邦奇智能照明控制系统，支持市面上大多数的调光方式，通过可编程智能控制设备，与光照度探头等传感器联动，实现不经意间的场景变换效果，搭配RTC时钟智能模块，一年四季可随日出日落时间自动开关光源。后台监控软件实时查看当前场景状态，并配置虚拟场景按钮，可随时随地更改照明场景，让建筑智能化，符合节能减排大趋势，实现绿色节能。

施耐德·奇胜是一个世界著名的装置电器品牌，1920年创立于澳大利亚，是澳大利亚排名第一的装置电器品牌，在亚洲是最大的电工产品品牌。施耐德·奇胜是全球5大电工品牌之一，并在全球十多个国家和地区设有生产基地和研发中心。奇胜品牌的产品广布于家用、通信、工业和自动化行业，产品种类达到2万种之多。C-Bus系统由奇胜电器公司在1994年初开发，其产品设计和制造工艺满足澳大利亚及欧洲电气安全和电磁兼容性标准。

美国立维腾（Leviton）公司是专业制造电气附件、灯光控制、能源管理和结构化布线产品的公司。立维腾公司在国内有多家生产工厂和销售服务机构，提供了全面的智能化能源管理系统、剧院式灯光控制系统、高性能综合布线解决方案和开关电气配线产品。

北京捷为（GIVEI）智能化科技有限公司是一家专注于智能照明控制系统研发及生产的高科技企业。公司面向全球市场提供KNX/EIB产品，主要应用智能照明、智能家居、智慧社区、智能楼宇、智慧交通、智能管廊等。KNX是国际通用的楼宇与住宅控制标准。KNX技术是汇集超过15年KNX技术前身如欧洲安装总线（EIB）、欧洲住宅系统

(EHS) 及 BatiBUS 的知识所得经验的结果。KNX 是唯一一个针对住宅和楼宇控制的世界性的开放标准。通过 KNX 总线系统，对家居和楼宇的照明、遮光/百叶窗、保安系统、能源管理、供暖、通风、空调系统、信号和监控系统、服务界面及楼宇控制系统、远程控制、计量、视频/音频控制、大型家电等进行控制。

安科瑞电气股份有限公司专注于用户端智能电力仪表的研发应用、生产和销售，致力于为用户提供 35kV(10kV)/0.4kV 变电所自动化系统、建筑光伏发电系统、电能质量治理系统、电能分项计量系统、电气火灾监控系统、医疗 IT 配电系统、消防设备电源监控系统以及智能照明系统等产品和服务，提高客户用电效率和用电安全。

5.5.2 学校智能照明控制系统设计

教学环境不仅要有足够的工作照明，更需要舒适的视觉环境。照明已经成为直接影响师生学习和工作效率的主要因素。因此，照明已经引起人们的高度重视。做好照明设计，加强照明系统控制，已成为建设现代化学校的重要内容。

1. 系统工作原理

智能照明系统是基于现场控制总线，集多种照明控制方式（面板、场景、时钟、后台等）于一体，对建筑的照明回路终端进行集中管理和监控的智能化系统。可根据各领域的应用需求和定制的控制方式不同，对终端照明灯具进行远程控制开关、调光、分时段变换和集中管理等操作。

通过照明控制器，对负载的供电线路进行控制，照明控制器接收管理后台以及其他控制终端的控制信号，通过对控制信号的分析处理，最终作用于灯具回路，以实现灯具的管理和控制。同时，控制模块之间通过总线相互相连，借助总线通信技术实现系统联网，既能使各个分散的操作元件有机结合起来，又能使安装在控制箱和暗盒的元件能独立运行。系统为全分散式总线，每个总线器件都有微控制器（内含 CUP, RAM, ROM, EEROM），能独立处理总线数据。总线的元件都已实现智能化，每个通过编程后的总线器件都可独立接收和发送总线控制/状态信号。这意味着各元件既可独立完成诸如开关、控制、监视等工作，又可根据要求进行不同组合，从而实现不增加元件数量而使功能倍增的效果。

系统设备之间通过通信总线进行通信，具备强大的联动功能和多种控制效果，使得控制手段更为灵活、智能，结合时间自动控制、传感器联动、组合式场景控制功能，很好地实现了绿色节能、智能管理的需求。

学校按照不同方式可以进行不同的分类。按建筑区域可分为：各功能区走廊、教学楼、宿舍楼、综合楼、图书馆、体育馆、食堂等功能区（针对项目增减区域）；

（1）各功能区走廊

走廊在学校中是必不可少的，每层走廊的照明最能体现智能照明的节能特点，智能照明系统可以有效地进行管理。

没用到智能照明时，人行横道没有人经过的时候而灯还依然亮着，这就大大浪费了电能。智能照明系统可以设置 1/3、2/3 场景，根据现场情况自由切换。也可以设置时间控制，在白天的时候，室外日光充足，只需要开启 1/2 或 1/3 场景模式；在傍晚的时候，室外日光逐渐降低，这时人流量也是一天中最高的时候，走廊灯应该全部打开；等到深夜没人的时候，自动关闭所有灯；这样最大限度地节约了能源。各入口处的智能面板，能够依据实际要求，实现灯具开关的手动本地控制。

(2) 教学楼/宿舍

教室是供学生学习的地方，因此其灯光亮度就显得特别重要。教室内要避免长明灯，除合理设计外，还需要加强管理，节约用电能耗。

学生宿舍采用定时控制，按时间控制，统一管理，保证学生按时就寝，节省管理费用。

在主控中心对所有照明回路进行监控，通过计算机操作界面控制灯的开关。白天、傍晚、夜晚、深夜等时段采用定时控制。

还可采用现场可编程开关控制，通过编程的方式确定每个开关按键所控制的回路，单键可控制单个回路、多个回路。

(3) 综合楼

综合楼多为报告厅和会议厅等，具体可设置以下场景模式：

投影模式：主席台只留讲解人所在位置的筒灯亮度在50%；听众席以筒灯由前排至后逐渐增亮，壁灯全部开启。投影模式时可增加对投影仪的红外控制。

研讨模式：所有灯光全部开启，亮度60%~80%。

退场模式：听众席灯槽、筒灯和立柱壁灯全部开启亮度100%。

备场模式：主席台筒灯与听众席筒灯亮度均在70%。

投影模式：前排灯光调暗，呈梯级向后排逐步调亮，既满足演示，又满足与会者记录。

清扫模式：大厅的清扫工作需要一定的照度，又尽可能节能。

以上所有模式场景变换，均设置淡入淡出时间1~100s可调，保持场景切换不影响会议进程和视觉效果。

(4) 食堂

食堂可以采用多种调光光源，通过智能调光始终保持最柔和、最优雅的灯光环境。并且可以设置成以下几种场景模式：

日常场景：开启常用灯光回路，保证日常工作需求，一键式开启模式。

用餐场景：根据用餐时间段，设置不同的灯光工作模式，保证基本的照明需求。

停业场景：食堂内所有的灯光会非常柔和舒适的渐渐变暗直至灯光全部熄灭。

(5) 图书馆

图书馆可设置成以下几种场景模式：

日常场景：开启常用灯光回路，保证日常工作需求，一键式开启模式。

开馆场景：根据开馆时间段，设置不同的灯光工作，保证基本的照明需求。

闭馆场景：图书馆内所有的灯光会全部关闭。

(6) 体育场馆

体育场馆赛场照明的控制是一项功能性强、技术性高、难度较大的控制系统。要最大限度满足各种体育项目比赛要求，有利于运动员技术水平的最佳发挥，有利于裁判员的正确评判，特别是在彩色电视对比赛期间进行实时转播中，要保持整个赛区照明的照度、照明的质量稳定，这就要求照明的垂直照度、均匀照度、立体感、显色指数、光源的色温达到一定的标准。

综合型体育馆的照明要适合多类运动项目的比赛、训练及其他使用要求。比赛场地很多情况下不只是一块，而是两三块场地同时进行；而且在同一场地进行同一比赛对亮灯的模式在不同时间段也不尽相同，如观众进场、开幕、比赛准备、正式比赛、场间休息、结束散场等。主赛场地是体育场馆的主体部分,预设置不同的照明控制模式:全开模式、全关模式、电视转播模式、观众席照明模式、应急照明模式。

接下来以某教学楼智能照明控制为例来说明智能照明控制系统是如何进行设计的。

2. 教学楼智能照明控制系统

该教学楼智能照明控制采用安科瑞ALIBUS智能照明控制解决方案,其被命名为ALIBUS(Acrel Lighting Intelligent Bus)。预留I/O口以及RS-485接口,还可以与AcrelEMS企业微电网管理云平台进行数据交换。

在该ALIBUS智能照明控制系统中:

1)ALIBUS智能照明产品采用超六类屏蔽网线(CAT6a S-FTP 4×2×0.58mm)进行通信。可以采用手拉手、星形和树形连接。

2)用于对设备进行开关控制的驱动器,具有逻辑、定时、预设、场景、开关等功能。

3)开关驱动器每路都带有手动操作开关,可以在上电前手动操作开关照明回路,每路额定电流16A,超出负载能力可以再配合更大功率的交流接触器使用。

4)一条总线最多可支持50个设备(需要辅助电源供电);若干条总线通过IP协议转换器(网关)接入服务器整合为一套完整的智能照明控制系统。

(1)教学楼智能照明平面图

ALIBUS智能照明控制系统教学楼平面图强电和弱电分别如图5-26和图5-27所示。

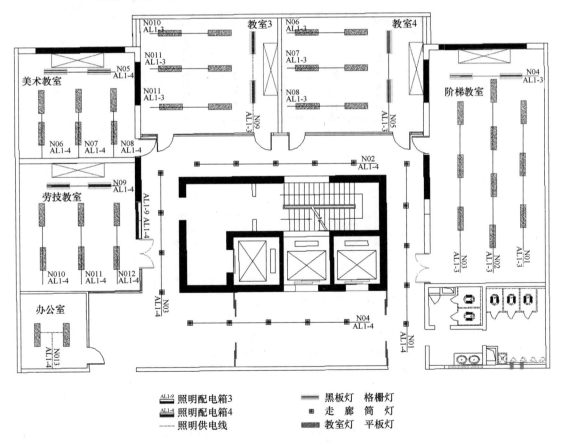

图5-26 ALIBUS智能照明控制系统教学楼平面图(强电)

建筑设备管理系统

该层教学楼由教室和办公室组成。由两个照明配电箱 AL1-3 和 AL1-4 进行供电，AL1-3 配电箱给阶梯教室、教室 3 和教室 4 供电，有 12 个回路；AL1-4 配电箱给过道、美术教室和劳技教室及办公室供电，共有 13 个回路。

以阶梯教室为例，阶梯教室照明划分为 4 个回路，教室平板灯 3 个回路，黑板格栅灯 1 个回路。其控制方式为调光控制，教室门口装有 4 联 8 键智能面板 2 个，教室内装有 8 个微动感应传感器，该传感器是微动和照度二合一传感器。传感器接收到人员移动以及室外光照度信息，将信号发送给智能开关驱动器模块，对相应回路进行开关控制。

走廊采用筒灯照明，共 4 个回路，通过红外感应传感器和开关驱动模块进行感应控制。

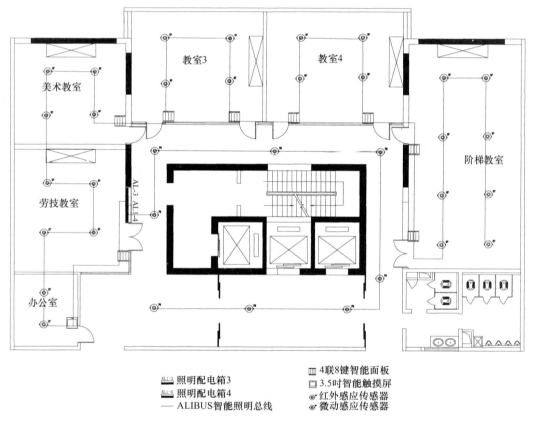

图 5-27 ALIBUS 智能照明控制系统教学楼平面图（弱电）

注：① 智能面板、触摸屏建议安装在进门处高约 1.3m 的地方。
　　② 红外传感器建议安装在走廊、过道，探测直径与安装高度近似（3~5m），需要兼顾门和角落。
　　③ 微动传感器建议安装在教室、会议室、办公室等动作幅度不大的场合，细微动作的探测范围为 3.5m 左右，需要兼顾角落；5~7m 时可以检测到大动作而不能检测微小动作。
　　④ 红外传感器注意避让空调出风口，距离大于 3m。

（2）智能照明控制系统拓扑图

该智能照明控制系统的拓扑结构如图 5-28 所示。系统图例见表 5-2。

第 5 章 智能照明系统

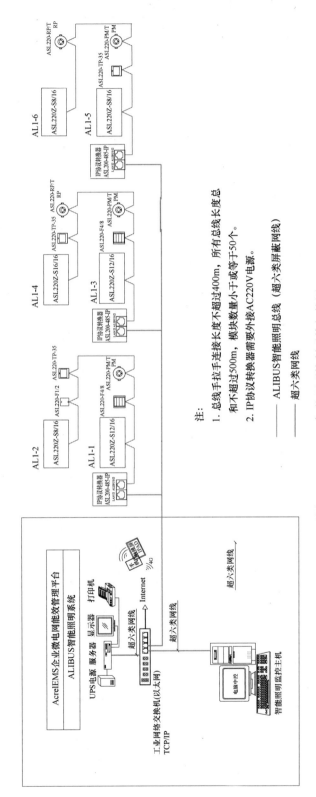

图 5-28 ALIBUS 智能照明控制系统拓扑图

ALIBUS智能照明控制系统图例 表 5-2

图例	产品名称	型号	参数	安装方式	外形尺寸（mm）	备注
ASL220Z-S8/16	8路开关驱动器	ASL220Z-S8/16	负载电流：16A	导轨式	216×90×70	1. 控制相线； 2. 每回路额定电流16A； 3. 磁保持继电器； 4. 定时控制； 5. 电流检测； 6. 过零触发
ASL220Z-S12/16	12路开关驱动器	ASL220Z-S12/16	负载电流：16A	导轨式	288×90×70	1. 控制相线； 2. 每回路额定电流16A； 3. 磁保持继电器； 4. 定时控制； 5. 电流检测； 6. 过零触发
ASL220Z-SD4/16	4路调光驱动器	ASL220Z-SD4/16	负载电流：16A	导轨式	216×90×70	1. 控制相线； 2. 每回路额定电流16A； 3. 磁保持继电器； 4. 定时控制； 5. 电流检测； 6. 0～10V调光； 7. 过零触发
ASL220Z-SD8/16	8路调光驱动器	ASL220Z-SD8/16	负载电流：16A	导轨式	360×90×70	1. 控制相线； 2. 每回路额定电流16A； 3. 磁保持继电器； 4. 定时控制； 5. 电流检测； 6. 0～10V调光； 7. 过零触发
ASL220-S8/5	8路小功率开关驱动器	ASL220-S8/5	负载电流：5A	导轨式	216×90×70	1. 控制相线； 2. 每回路额定电流5A； 3. 磁保持继电器； 4. 定时控制； 5. 过零触发
PM	红外感应传感器	ASL220-PM/T	探测距离：3～5m 120°	嵌入式安装	外径φ80 开孔φ60	红外+照度 二合一
RM	微波感应传感器	ASL220-RM/T	探测距离：5～7m 120°	嵌入式安装	外径φ80 开孔φ60	微波+照度 二合一

续表

图例	产品名称	型号	参数	安装方式	外形尺寸(mm)	备注
RP	微动感应传感器	ASL220-RP/T	探测距离：5～7m 120°	嵌入式安装	外径φ80 开孔φ60	微动+照度二合一
	户外照度传感器	ASL220-L/O	防护等级：IP65	壁挂式安装	116×86×55	自带线长1.5m
ASL200-485-IP	IP协议转换器	ASL200-485-IP	通信协议：ALIBUS TCP/IP	导轨式	36×97×70	系统组网元件监控软件接口设备
	1联2键智能面板	ASL220-F1/2	2组控制指令	86盒	86×86×28	开关、调光、场景
	2联4键智能面板	ASL220-F2/4	4组控制指令	86盒	86×86×28	开关、调光、场景
	3联6键智能面板	ASL220-F3/6	6组控制指令	86盒	86×86×28	开关、调光、场景
	4联8键智能面板	ASL220-F4/8	8组控制指令	86盒	86×86×28	开关、调光、场景
	3.5英寸（89mm）智能触摸屏	ASL220-TP-35	分辨率：240×320	86盒	86×86×33	开关、调光、场景、定时

（3）AL1-3和AL1-4配电箱系统图

AL1-3和AL1-4配电箱系统图如图5-29和图5-30所示。

5.5.3 调度中心智能照明控制系统

本调度中心照明采用捷为（GIVEI）智能照明控制系统，本系统采用分布式总线结构，实现集中管理分散控制，管理简单高效，通过对各个回路进行单个、群组、定时、联动等控制与统一管理，从而能够实现照明节能和照明管理的有效结合，为使用者提供一套科学、智能、高效、全面的管理方案。

照明控制根据建筑内各场所的照明要求，合理利用天然采光。具有天然采光条件或天然采光设施的区域，照明设计结合天然采光条件进行人工照明布置；有天然采光的区域按平行于窗独立分区控制；楼梯间和具有天然采光的楼梯间照明采用节能控制措施。公共部位均采用高效光源、高效灯具。所有灯具采用高效节能型LED光源，单灯功率因数应不小于0.9。

建筑设备管理系统

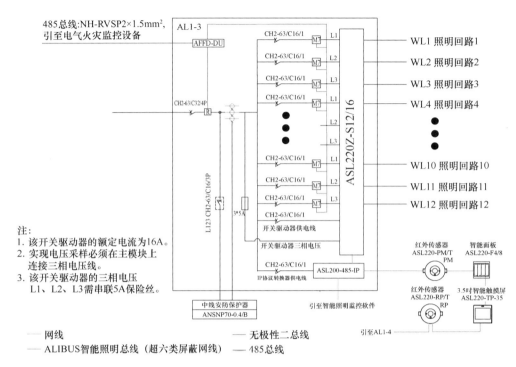

图 5-29　AL1-3 配电箱系统图

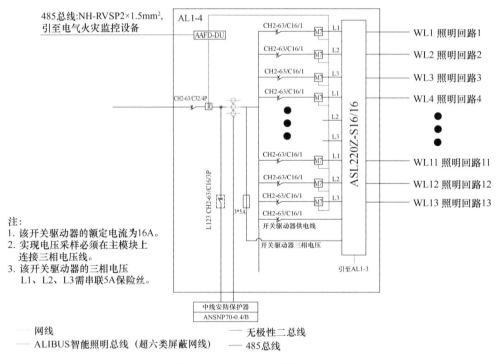

图 5-30　AL1-4 配电箱系统图

第 5 章 智能照明系统

1. 系统照明平面图和调光照明平面

调度中心智能照明平面图（强电）如图 5-31 所示，相应图例见表 5-3，调光照明平面图如图 5-32 所示。该调度中心的主要功能间包括总调度大厅、应急指挥室、办公室、休息室、新风机房、加压机房、设备间、电气间、卫生间等。

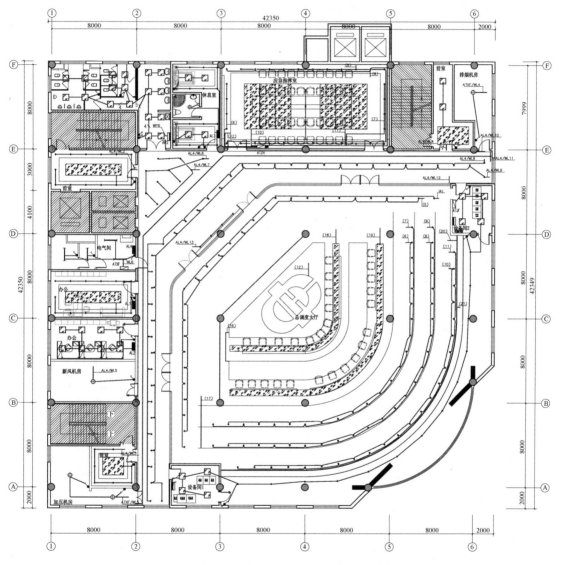

图 5-31 调度中心智能照明平面图（强电）

调度中心智能照明图例　　　　　　　　　　　　　　表 5-3

图例	名称	参数
⊕	S1，筒灯	12W
L1	透光软膜用灯带（每区域软膜灯带数量以图纸为准）	12W

续表

图例	名称	参数
L2	顶棚灯带	10W
L3	裸板灯带（用于顶棚明装灯带）	10W
T1	集成LED面板灯	36W
T2	吸顶灯	36W
S2，双头格栅射灯		2×10W

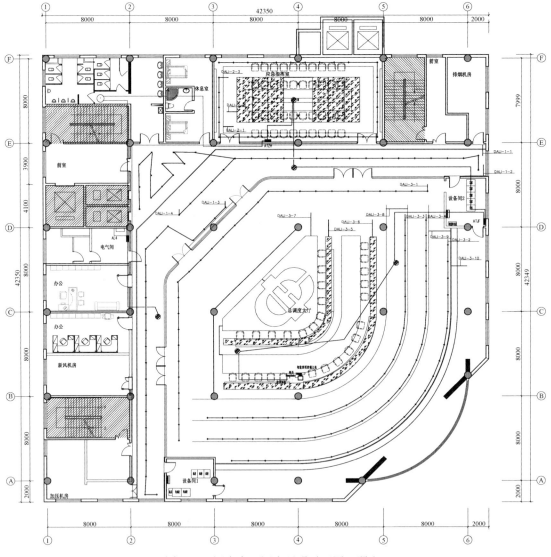

图 5-32 调度中心调光照明平面图（弱电）

2. 智能照明系统示意图

智能照明系统示意图如图 5-33 所示，主要材料表见表 5-4 所示。智能照明系统总线选用 RVSP4×0.75，总线设备手拉手方式进行组网。智能照明系统各类模块放置在现有的照明配电箱内。DALI 调光总线采用 $2×1.5mm^2$ 控制线，穿管敷设，最终根据厂家深化确定。

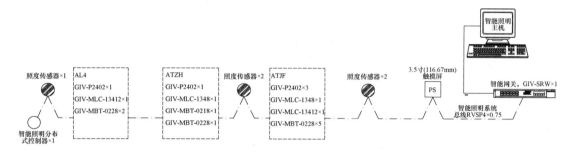

图 5-33 智能照明系统示意图

主要材料表　　　　　　　　　　　　　　表 5-4

名称	型号	尺寸	备注
系统电源	GIV-P2402	54×95×66	标准 35mm 导轨安装
4 路 20A 继电器控制模块	GIV-MLC-1344	108×88×66mm	标准 35mm 导轨安装
8 路 20A 继电器控制模块	GIV-MLC-1348	180×88×66mm	标准 35mm 导轨安装
12 路 20A 继电器控制模块	GIV-MLC-13412	244×90×66mm	标准 35mm 导轨安装
1 路 DALI 控制器	GIV-MBT-0218	108×88×66mm	标准 35mm 导轨安装
2 路 DALI 控制器	GIV-MBT-0228	108×88×66mm	标准 35mm 导轨安装
智能网关	GIV-SRW	108×88×66mm	标准 35mm 导轨安装
3.5 寸(116.67mm)彩屏触摸面板	GIV-86LD-2788	86×86×42	标准 86 底盒安装
CAN 总线	RVSP4×0.75		
网线	CAT6e		

3. AL4 配电箱系统图

AL4 配电箱系统图如图 5-34 所示。AL4 配电箱主要负责总调度大厅外走廊的照明。该配电箱有 20 个出线回路，4 个调光回路。WL1 到 WL5 为普通照明回路，WL6 到 WL17 为智能照明回路，由 12 路 20A 继电器控制模块 GIV-MLC-13414 驱动。结合照明平面图可以看出，WL6～WL9 为走廊筒灯照明，WL10 为走廊柱灯带，WL11 为走廊顶棚灯带，WL12 为走廊地面灯带，WL13 为迎宾灯。

4 个调光回路分别由两个 2 路 DAL1 调光模块 GIV-MBT-0228 驱动。继电器模块、调光模块以及照度传感器等由系统电源模块 GIV-P2402 供电，这些模块通过智能照明控制系统总线 RVSP4×0.75 连接至配电箱 ATZH。结合调光照明平面图可以看出，DAL1-1-1

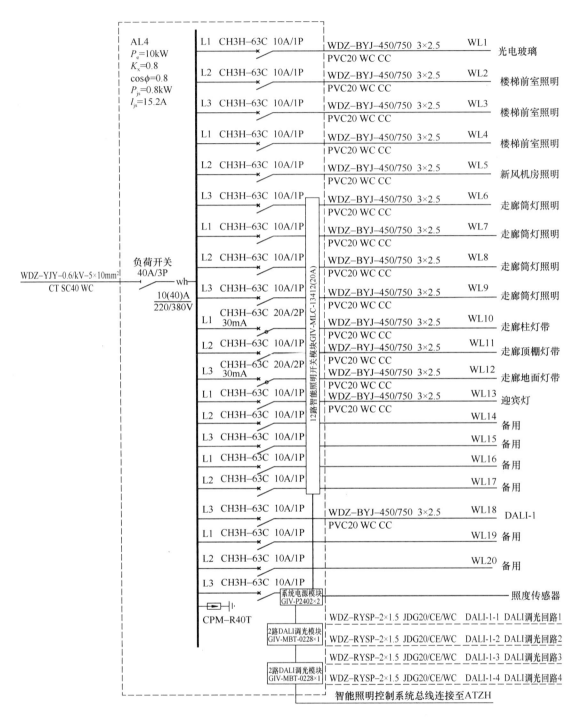

图 5-34 AL4 配电箱系统图

为 DAL1 调光回路 1，该回路为走廊顶棚灯带；DAL1-1-2 为 DAL1 调光回路 2，该回路为走廊地面灯带；DAL1-1-3 为 DAL1 调光回路 3，DAL1-1-4 为 DAL1 调光回路 4，这两个回路为走廊筒灯照明。

4. ATZH 配电箱系统图

ATZH 配电箱系统图如图 5-35 所示。ATZH 配电箱主要负责应急指挥室的照明。该配电箱有（1）～（13）个出线回路和 DAL1-2-1、DAL1-2-2D 和 AL1-2-3 共 3 个调光回路。回路（6）～（13）由一个 8 路 20A 继电器控制模块 GIV-MLC-1348 驱动，其中（6）～（9）四个回路为筒灯照明，回路（10）和（11）的红色线代表顶棚照明，回路（12）的紫色线代表顶棚灯带，回路（13）为备用回路。3 个调光回路分别由 1 个 2 路 DAL1 调光模块 GIV-MBT-0228 和 1 个 1 路 DAL1 调光模块 GIV-MBT-0218 控制。

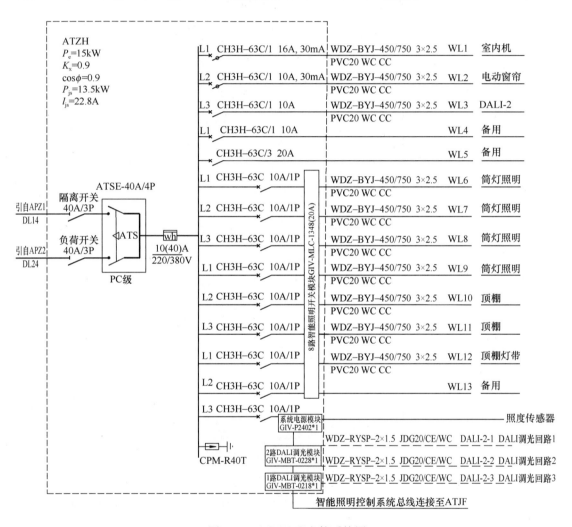

图 5-35　ATZH 配电箱系统图

5. ATJF 配电箱系统图

ATJF 配电箱系统图如图 5-36 所示。该配电箱主要负责总调度大厅的照明，共有 23 个开关回路和 10 个调光回路。筒灯回路（4）～（15）由一个 12 路 20A 继电器控制模块 GIV-MLC-13414 驱动，灯带和灯箱回路（16）～（23）由一个 8 路 20A 继电器控制模块 GIV-MLC-1348 驱动。调光回路均由 2 路 DAL1 调光模块 GIV-MBT-0228 控制。

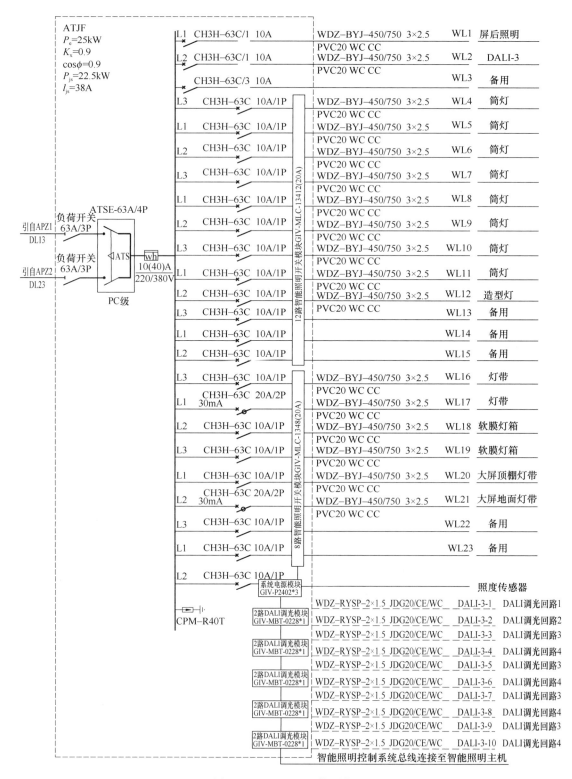

图 5-36　ATJF 配电箱系统图

复 习 思 考 题

5-1　请简述智能照明控制系统的构成。
5-2　常见的智能照明网络协议有哪些？
5-3　请详述 PWM 调光的原理。
5-4　常用的智能照明传感器有哪些？简述它们的工作原理。
5-5　智能照明控制策略有哪几种？
5-6　简述智能照明控制系统的设计过程。
5-7　智能照明控制系统的"智能"特点体现在哪里？
5-8　根据本章所学的知识，谈谈学校教室智能照明控制的策略。

第6章 建筑能效监管系统

建筑能效监管系统是一个涵盖面很广的综合性系统，涉及建筑智能化、工业自动化、数据采集分析等多个技术领域。能效监管系统的最终目的是通过智能化系统来节约和改善既有系统的能源消耗。它是以绿色建筑内各用能设施基本运行为基础条件，依据各类机电设备运行中所采集的反映其能源传输、变换与消耗的特征，采用能效控制策略实现能源最优化，是最为经济的专家管理决策系统，可实现"管理节能"和"绿色用能"。

6.1 概　　述

能源短缺已经成为我国社会面临的共同问题，其中，建筑、工业和交通是我国三大耗能领域。能源管理部门提供的数据显示，建筑能耗占能源总消耗的近30%。据统计，我国国家机关办公建筑和大型公共建筑总面积不足城镇建筑总面积的4%，但年耗电量约占全国城镇总耗电量的22%，每平方米年耗电量是普通居民住宅的10~20倍，是欧洲、日本等发达国家同类建筑的1.5~2倍，具有巨大的节能空间。

在我国《智能建筑设计标准》GB 50314—2015中，明确了智能建筑应"以建筑物为平台，基于对各类智能化信息的综合应用，集架构、系统、应用、管理及优化组合为一体，具有感知、传输、记忆、推理、判断和决策的综合智慧能力，形成以人、建筑、环境互为协调的整合体，为人们提供安全、高效、便利及可持续发展功能环境的建筑"。并对建筑设备管理系统提出支撑绿色建筑综合功效的要求，即综合应用智能化技术，对可再生能源有效利用进行管理，为实现低碳经济下的绿色环保建筑提供有效支撑。因此，积极开展能效监管、能耗统计，全面、准确、及时地了解能源的消费与使用状况，提高节能管理水平，切实降低能源消耗，对于促进全社会节能减排、"碳达峰""碳中和"具有重要意义。

建筑能效监管系统就是通过在建筑或建筑群内安装各种能耗计量装置，实时采集能耗数据，实现对建筑能耗、碳排放等在线监测和动态分析功能的软件和硬件系统的统称。《智能建筑设计标准》GB 50314—2015中对建筑能效监管系统具有如下规定：

（1）能耗监测的范围宜包括冷热源、供暖通风和空气调节、给水排水、供配电、照明、电梯等建筑设备，且计量数据应准确，并应符合国家现行有关标准的规定；

（2）能耗计量的分项及类别宜包括电量、水量、燃气量、集中供热耗热量、集中供冷耗冷量等使用状态信息；

（3）根据建筑物业管理的要求及基于对建筑设备运行能耗信息化监管的需求，应能对建筑的用能环节进行相应适度调控及供能配置适时调整；

（4）应通过对纳入能效监管的系统分项计量及监测数据统计分析和处理，提升建筑设备协调运行和优化建筑综合性能。

故建筑能效监管是建立在科学采集建筑能耗数据的基础之上。建筑能耗分为广义和狭义两种。广义建筑能耗是指建筑全生命周期内发生的所有能耗,从建筑的开采、生产、运输,到建筑使用全过程直至建筑寿命终止所发生的所有能耗。狭义建筑能耗是指建筑正常使用的期限内,为了维持建筑正常的功能所消耗的能耗,包括供暖、空调、照明、热水、家用电器及其他能耗。一般所说的建筑能耗是指狭义的建筑能耗。

6.1.1 建筑能耗采集的对象与指标

建筑能耗采集的对象主要是指建筑内部的能耗设备,包括照明设备、空调设备、电梯设备、水泵设备、通风设备等。通过对建筑内部的能耗设备进行实时监测和采集,可以准确地获取建筑内部的各种能耗指标,为节能减排提供数据支持。

建筑能耗的监测和采集需要借助各种传感器和仪表设备。例如,照明设备的能耗可以通过安装在照明设备上的电能表进行采集;空调设备的能耗可以通过安装在空调设备上的电能表和热量表进行采集;水泵设备的能耗可以通过安装在水泵设备上的流量计和电能表进行采集。通过对这些能耗设备的实时监测和采集,可以实现对建筑内部能耗的全面监管和管理。

以办公建筑和大型公共建筑为例,根据建筑的使用功能和用能特点,将国家机关办公建筑和大型公共建筑分为 8 类。(1) 办公建筑;(2) 商场建筑;(3) 宾馆饭店建筑;(4) 文化教育建筑;(5) 医疗卫生建筑;(6) 体育建筑;(7) 综合建筑;(8) 其他建筑。其他建筑是指除上述 7 种建筑类型外的大型公共建筑。

公共建筑能耗监测系统采集的建筑信息包括建筑基本信息和建筑附加信息。采集建筑基本信息与附加信息的主要目的是计算建筑的各种能耗指标,根据建筑不同类型和用能情况,进行对比分析挖掘建筑节能潜力。建筑基体信息是数据指标分析的基础,为便于能耗监测软件对基础数据指标进行统计、分析、比较,以及对被监测建筑的能耗情况进行评价,建筑基本信息是必选项。由于建筑类型、功能及能耗分析程度的不同,建筑附加信息可进行有选择性和针对性地采集。

(1) 基本项

基本项为建筑规模和建筑功能等基本情况的数据,8 类建筑对象的基本项均包括建筑名称、建筑地址、建设年代、建筑层数、建筑功能、建筑总面积、空调面积、供暖面积、建筑空调系统形式、建筑供暖系统形式、建筑体形系数、建筑结构形式、建筑外墙材料形式、建筑外墙保温形式、建筑外窗类型、建筑玻璃类型、窗框材料类型、经济指标(电价、水价、气价、热价)、填表日期、能耗监测工程验收日期。

(2) 附加项

附加项为区分建筑用能特点情况的建筑基本情况数据,8 类建筑对象的附加项分别包括:

1) 办公建筑:办公人员人数。
2) 商场建筑:商场日均客流量、运营时间。
3) 宾馆饭店建筑:宾馆星级(饭店档次)、宾馆入住率、宾馆床位数量。宾馆饭店档次见《餐饮企业的等级划分和评定》GB/T 13391—2009 的相关规定。

4)文化教育建筑：影剧院建筑和展览馆建筑的参观人数、学校学生人数等。

5)医疗卫生建筑：医院等级、医院类别（专科医院或综合医院）、就诊人数、床位数。

6)体育建筑：体育馆建筑客流量或上座率。

7)综合建筑：综合建筑中不同建筑功能区中区分建筑用能特点情况的建筑基本情况数据。

8)其他建筑：其他建筑中区分建筑用能特点情况的建筑基本情况数据。

1. 分类分项能耗

在建筑能效监管系统中，前端的能耗数据采集是能效监管功能实现的基础，为了详细了解建筑物各类负荷的能耗，实现目标化管理，对能耗数据进行分类分项计量。

根据住房和城乡建设部编制的《关于印发国家机关办公建筑和大型公共建筑能耗监测系统建设相关技术导则的通知》（建科〔2008〕114号）的规定，建筑能耗计量分类分项如图6-1所示。建筑物总能耗量分为：耗电量、耗气量、耗水量、集中供热量、集中供冷量及其他能耗。陕西省《西安市公共建筑能耗监测系统技术规范》DBJ 61/T 97—2015中将分类能耗数据采集指标分为7项：电、水、燃气、燃油、集中供热、集中供冷及可再生能源。

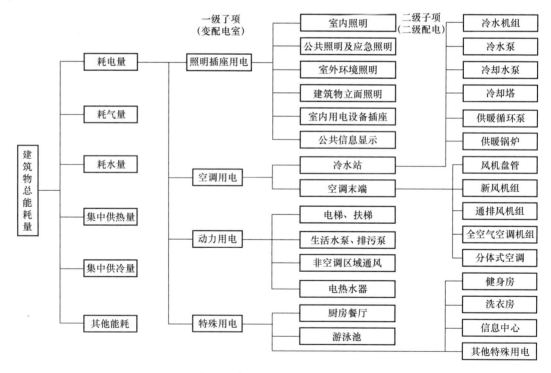

图6-1 建筑能耗计量分类分项图

(1) 分类能耗

根据建筑用能类别以及陕西省《西安市公共建筑能耗与监测系统技术规范》DBJ 61/T 97—2015的规定，分类能耗数据采集指标为7项，见表6-1所示分类能耗及一级子类能耗。

分类能耗及一级子类能耗 表 6-1

分类能耗	一级子类能耗
电	—
水	市政给水
	中水
	雨水回收利用
燃气	天然气
	液化石油气
	人工煤气
燃油	柴油
	燃料油
集中供热	—
集中供冷	—
可再生能源	太阳能热水系统
	太阳能光伏系统
	空气源热泵
	浅层地源（污水源）热泵
	中深层地热能
	风力发电
	其他可再生能源

表 6-1 中，分类能耗中"可再生能源"设置 7 个一级子类能耗。"可再生能源"应根据不同能源种类进行计量，而且计量点应设置在能源转换系统输出侧，即建筑能耗输入侧。例如太阳能光伏系统发电量和用电量、太阳能热水系统供热量、风力发电量和用电量、地热能利用系统供热及供冷量等其他形式的能源利用量。

（2）分项能耗

分类能耗中，电量应分为 4 项分项，包括照明插座用电、供暖空调用电、动力用电和特殊用电。电量的 4 项分项是必分项，各分项可根据建筑用能系统的实际情况灵活细分为一级子项和二级子项，是选分项。电分项能耗见表 6-2 的规定。

电分项能耗及一级子项、二级子项能耗 表 6-2

分项能耗	一级子项能耗	二级子项能耗
照明插座用电	室内照明和插座	室内照明
		室内插座，包括： （1）计算机等办公设备； （2）空调末端（包括分体空调、风机盘管、多联式空调室内机等）； （3）其他（包括电烧水壶、小型医疗设备等）
	公共区域照明和应急用电	公共区域照明
		应急用电
	室外照明及景观用电	—

续表

分项能耗	一级子项能耗	二级子项能耗
供暖空调用电	冷热源系统	冷水（热泵）机组
		锅炉
		辅助设备（软水器等）
	供暖空调水系统	冷水泵
		冷却水泵
		冷却塔
		热水泵
		辅助设备（补水泵、定压泵等）
	供暖空调风系统	空调机组、新风机组
		风机盘管
		变风量末端、热回收机组等
		多联式空调（或室外主机）
		户式冷水（热泵）机组
		其他空调方式
动力用电	电梯（包括各类电梯、机房专用空调）	—
	水泵（包括生活热水泵、市政给水加压泵、排污水泵、中水泵、喷泉及雨水回用泵等）	—
	风机（包括车库通风机、厕所排风机等）	—
特殊用电	信息机房（包括通信、网络、各种监测系统、机房专用空调等）	—
	公共厨房（包括所有用电炊具、油烟净化设备、污水处理设备等）	—
	洗衣房	—
	游泳池（包括供暖设备、通风设备、水处理设备等）	—
	健身房（包括健身器械、空调设备、通风设备等）	—
	充电桩	—
	机械停车设施	—
	大型医疗设备	—
	其他（包括大型电开水器、太阳能热水系统辅助电加热等）	—

注：照明插座用电二级子项中"空调末端"是指未设单独供电回路、用电不可单独计量的情况。

以下对电分项能耗进行详细说明。

1) 照明插座用电

照明插座用电指建筑主要功能区域的照明、插座等室内设备用电的总称。照明插座用电包括室内照明和插座、公共区域照明、应急用电和室外照明及景观用电 3 个一级子项。

① 室内照明和插座指建筑主要功能区域的照明灯具和从插座取电的室内设备；

当空调系统末端未设置独立供电回路时，其用电量可归到室内照明和插座。

② 公共区域照明和应急用电指建筑的走廊、门厅等公共区域的照明系统用电和应急插座用电。

③ 室外照明及景观用电指用于建筑外立面装饰及室外园林景观的照明系统用电。

2) 供暖空调用电

供暖空调用电指为建筑提供供暖、空调服务的设备用电的总称。供暖空调用电包括冷热源系统、供暖空调水系统、供暖空调风系统 3 个一级子项。

① 冷热源系统指供暖空调系统中制备冷热量的设备总称。常见的设备包括冷水（热泵）机组、燃气锅炉和热交换器等。

② 供暖空调水系统指供暖空调系统中输送冷、热水的设备总称。包括冷水泵（一次冷水泵、二次冷水泵、冷水加压泵等）、冷却水泵、冷却塔风机和热水循环泵等。

③ 供暖空调风系统指所有空调系统末端，包括全空气空调机组、新风机组、变风量末端、热回收机组、空调区域的排风机组、风机盘管、多联式空调室内机等。

3) 动力用电

动力用电指集中提供各种动力服务的设备用电的总称。动力用电包括电梯、水泵、风机 3 个一级子项。

① 电梯指建筑中所有电梯（包括货梯、客梯、消防梯、扶梯等）及其附属机房的专用空调等设备。

② 水泵指除供暖空调系统和消防系统以外的所有水泵，包括自来水加压泵、生活热水泵、排污泵、中水泵及雨水回用泵等。

③ 风机指除供暖空调系统和消防系统以外的所有风机，包括车库通风机、厕所排风机等。

4) 特殊用电

"特殊用电"指不属于建筑常规功能的用电设备的耗电量，特殊用电的特点是能耗密度高、占总电耗比重大。特殊用电包括信息机房、公共厨房、洗衣房、游泳池、健身房、充电桩、机械停车、大型医疗设备、电开水器、电热水器、太阳能热水系统辅助电加热设备等。

2. 建筑能耗指标

根据住房和城乡建设部《关于印发〈国家机关办公建筑和大型公共建筑能耗监测系统建设相关技术导则〉（建科〔2008〕114 号）的通知》，大型公共建筑的能耗指标主要有：建筑总能耗、总用电量、分类能耗量、分项用电量、单位建筑面积用电量、单位空调面积用电量、单位建筑面积分类能耗量、单位空调面积分类能耗量、单位建筑面积分项用电量、单位空调面积分项用电量等。在建筑能耗监测系统指标计算时，为了便于统一比较，对采用多种不同能源种类的建筑计算其总能耗时可统一折算成标准煤或等效电，各类能源折算标准煤和等效电系数分别应符合表 6-3、表 6-4 的规定。

各类主要能源及耗能工质折算标准煤系数　　　　　　　　　表 6-3

序号	能源类型	折标准煤系数
1	电	0.1229kgce/（kWh）
2	水（新水）	0.2571kgce/t
3	天然气	1.2143kgce/m³
4	液化石油气	1.7143kgce/ke
5	人工煤气（水煤气）	0.3571kgce/m³
6	柴油	1.4571kgce/kg
7	燃料油	1.4286kgce/kg
8	集中供热	0.03412kgce/MJ

注：表中数据来源于《综合能耗计算通则》GB/T 2589—2020。

其他类型能源折算标准煤的折算系数按下式计算：

$$P = H_{\text{value}}/7000$$

式中　P——某种能源折标准煤的折算系数；

　　　H_{value}——某种能源实际热值，kcal。

各类能源折算等效电值　　　　　　　　　　　　　　　　表 6-4

序号	能源种类	等效电折算系数	
1	电（kWh）	1	kWh/kWh
2	热水（95℃/70℃）	0.06435	kWh/MJ
3	热水（50℃/40℃）	0.03927	kWh/MJ
4	饱和蒸汽（0.4MPa）	0.09571	kWh/MJ
5	冷水（7℃/12℃）	0.02015	kWh/MJ
6	天然气（m³）	7.131	kWh/m³
7	液化石油气（kg）	6.977	kWh/kg
8	人工煤气（m³）	3.578	kWh/m³
9	煤（kg）	2.928	kWh/kg
10	原油（kg）	7.659	kWh/kg
11	汽油（kg）	7.889	kWh/kg
12	柴油（kg）	7.812	kWh/kg

注：① 表中数据来源于《公共建筑能耗远程监测系统技术规程》JGJ/T 285—2014 和《建筑能耗数据分类及表示方法》JG/T 358—2012。

　　② 1MJ=0.278kWh。

接下来给出能耗指标的具体计算方法。

（1）能耗监测系统应用软件能耗指标的计算方法如下：

1）建筑总能耗 E_0：

$$E_0 = \sum_{i=1}^{n}(E_{si} \times p_i) \qquad (6\text{-}1)$$

式中 E_0——建筑总能耗，tce；
E_{si}——建筑消耗的第i类能源实物量；
p_i——第i类能源标准煤当量值折算系数；各类能源标准煤当量值折算系数应按照表6-3取值。

2）总用电量：

$$E_e = \sum_{i=1}^{n} E_{li} + \sum_{j=1}^{m} E_{hj} \quad (6-2)$$

式中 E_e——总用电量，kWh；
E_{li}——建筑第i个变压器低压侧总表直接计量值，kWh；
E_{hj}——建筑第j个高压设备用电量计量值，kWh。

3）单位建筑面积用电量：

$$e_e = E_e/A \quad (6-3)$$

式中 e_e——单位建筑面积用电量，kWh/m²；
A——总建筑面积，m²。

4）单位建筑面积各分类能耗量：

$$e_s = E_S/A \quad (6-4)$$

式中 e_s——单位建筑面积某类能源消耗量，tce/m²；
E_S——建筑消耗的某类能源实物量，tce。

5）单位建筑面积分类能耗等效用电量：

$$e_{eq} = E_{eq}/A \quad (6-5)$$

$$E_{eq} = \sum_{i=1}^{n} (E_{si} \times q_i) \quad (6-6)$$

式中 e_{eq}——单位建筑面积分类能耗等效用电量，kWh/m²；
E_{eq}——分类能耗等效电量值，kWh；
E_{si}——建筑能耗的第i类能源实物量；
q_i——第i类能源等效电量折算系数，各类能源等效电量折算系数应按照表6-4的规定取值。

6）单位建筑面积分项用电量：

$$e_{Ie} = E_{Ie}/A \quad (6-7)$$

式中 e_{Ie}——单位面积分项用电量，kWh/m²；
E_{Ie}——分项用电量直接计量值，kWh。

（2）能耗监测系统应用软件能耗指标的计算根据实际情况及要求可包括单位体积能耗、单位供暖面积供暖系统能耗、单位空调面积空调系统能耗、单位营业额能耗、建筑人均能耗、单位床（座位）数能耗等，能耗指标计算应符合下列规定：

1）单位体积能耗应按下式计算：

$$e_v = E_0/V \quad (6-8)$$

式中 e_v——单位建筑体积能源消耗量，tce/m³；
V——建筑体积，m³。

2) 单位供暖面积供暖系统能耗应按下式计算：

$$e_n = E_n/A_n \tag{6-9}$$

式中　e_n——单位供暖面积能耗，MJ/m^2；
　　　E_n——供暖系统能耗量，MJ；
　　　A_n——建筑供暖面积，m^2。

3) 单位空调面积空调系统能耗应按下式计算：

$$e_k = E_k/A_k \tag{6-10}$$

式中　e_k——单位空调面积能耗，kWh/m^2；
　　　E_k——空调系统能耗量，kWh；
　　　A_k——建筑空调面积，m^2。

4) 单位营业额能耗应按下式计算：

$$e_m = E_0/M \tag{6-11}$$

式中　e_m——单位营业额能耗，tce/万元；
　　　M——总营业额，万元。

5) 建筑人均能耗应按下式计算：

$$e_p = E_0/P \tag{6-12}$$

式中　e_p——建筑人均能耗，tce/人；
　　　P——办公建筑为固定办公人数，商场/交通建筑为年客流量，学校建筑为学校注册学生人数，人。

6) 单位床（座位）数能耗应按下式计算：

$$e_w = E_0/W \tag{6-13}$$

式中　e_w——单位床（座位）数能耗，tce/床或tce/座位；
　　　W——总床位数或总座位数，床或座。

6.1.2　系统结构与组成

大型公共建筑能耗监测系统为三级架构。一级为省级建筑能耗监测管理平台；二级为市（或区）级建筑能耗监测管理平台；三级为本地建筑（建筑群）能耗监测子系统，这三级是最基本的建筑能效监管系统单元。

1. 系统结构

建筑能效监管系统对建筑能耗实现精确的计量、分类归总和统计分析，从而建立科学有效的节能运行模式与优化策略方案。该系统通过对建筑进行能效监管，提升了建筑设备系统协调运行的能力，并优化了建筑的综合性能，实现了能源系统管理的精细化和科学化。此外，它还能检测与诊断能源系统的低效率和能耗异常现象，准确查找能耗点，挖掘节能潜力，进而提高能源系统的效率。

建筑能效监管系统采用分层分布式计算机网络结构，一般分为三层：管理层、网络层和现场层。建筑能效监管系统结构图如图6-2所示。

（1）现场层

现场层由各种计量仪表和数据采集器组成，测量仪表担负着最基层的数据采集任务，数据采集器实时采集测量仪表采集到的建筑能耗数据并向数据中心上传。

第6章 建筑能效监管系统

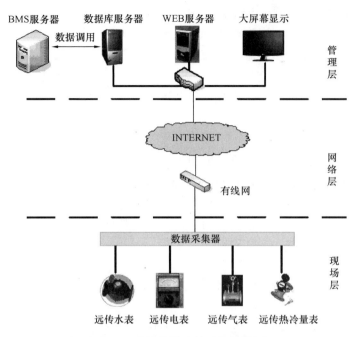

图 6-2 建筑能效监管系统结构图

（2）网络层

网络层由网络设备和通信介质组成，完成数据信息交换的功能，在将采集到的能耗数据上传至能耗数据中心的同时，传达上位机对现场设备的各种控制命令。

（3）管理层

管理层主要由系统软件和必要的硬件设备组成，是面向系统管理人员的人机交互窗口，主要实现信息集中监视、报警及处理、数据统计和储存、文件报表生成和管理，数据管理与分析等，并具有对各智能化系统关联信息采集、数据通信和综合处理等能力。

2．系统组成

依据建筑能效监管系统的三层架构，建筑能效监管系统由三大系统构成，即建筑能耗数据采集系统、能耗数据传输系统、能耗数据中心管理平台组成。

（1）能耗数据采集系统

能耗数据采集方式包括人工采集方式和自动采集方式。

1）人工采集方式

通过人工采集方式采集的数据包括 6.1.1 节建筑基本情况数据采集指标和其他不能通过自动方式采集的能耗数据，如建筑消耗的煤、液化石油、人工煤气、汽油、煤油、柴油等能耗量。

2）自动采集方式

通过自动采集方式采集的数据包括建筑分项能耗数据和分类能耗数据。由自动计量装置实时采集，通过自动传输方式实时传输至数据中转站或数据中心。

自动采集方式中数据采集系统通过各种仪表分项采集企业内各主要耗能设备耗电量、耗水量、耗气量、耗热量等参数数据。

耗电量包括电流、电压、功率、功率因数、电度、电能质量等参数。

耗水量包括水速、进水量、排水量、水位高度等。

耗气量包括压力、密度、温度、累积气量等。

耗热量包括进口温度、出口温度、流速、流量、累积热量等。

（2）能耗数据传输系统

采用有线网络或无线网络提供能耗计量装置、数据采集器及能耗数据中心之间的数据传输。

（3）能耗数据中心管理平台

由具有采集、存储建筑能耗数据，并对能耗数据进行处理、分析、显示和发布等功能的一整套设施组成。能耗数据中心的硬件配置包括服务器、交换机、防火墙、存储设备、备份设备、不间断电源设备和机柜等。软件配置包括应用软件和基础软件，基础软件包括操作系统、数据库软件、杀毒软件和备份软件；应用软件主要包括能耗监测和能效管理两部分，实施能效监管的功能。

6.2 能耗数据采集系统

现场数据采集系统由各种计量装置组成，对楼宇内部各分项、分类能耗数据进行监测和采集，构成建筑内部的能耗数据监测采集网络，是完成能耗监测工作的首要一步。

能耗数据采集子系统的设计按以下步骤进行：

1) 确定需要进行能耗数据采集的用能系统和设备。

2) 选择能耗计量装置，并确定安装位置。

3) 选择能耗数据采集器，并确定安装位置。

4) 设计采集系统的布线，包括能耗计量装置与能耗数据采集器之间的布线、能耗数据采集器与网络接口间的布线。当能耗数据采集器与网络接口间的布线存在困难时，可采用无线网络传输方式。

能耗数据采集系统常用的仪表主要有电能表、远传水表、热量表、燃气流量计、数据采集器等。

1. 电能表

用电分项计量系统采用的电能表包括普通电能表和多功能电能表。普通电能表是具有计量有功电能和有功功率或电流的电能表，由测量单元和数据处理单元等组成，并能显示、储存和输出数据，具有标准通信接入。多功能电能表是由测量单元和数据处理单元等组成，除具有普通电能表的功能外，还具有分时、测量最大需量和谐波总量等其他电能参数的计量监测功能。

按接入线路的方式和测量电能量类别对电能表进行分类见表6-5。

电能表分类　　　　　　　　　　　表6-5

接入线路方式	测量电能量类别		
	单相	三相三线	三相四线
直接接入式	有功	有功及无功	
经互感器接入式	有功	有功及无功	

续表

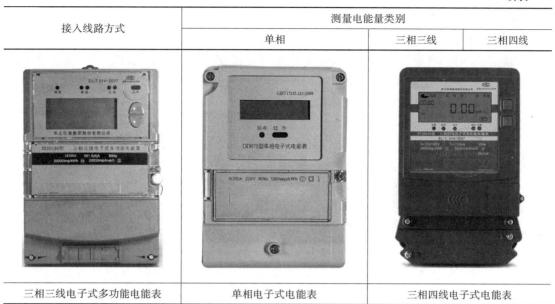

接入线路方式	测量电能量类别		
	单相	三相三线	三相四线
三相三线电子式多功能电能表	单相电子式电能表		三相四线电子式电能表

2. 远传水表

远传水表通常是以普通水表作为基表，加装了远传输出装置的水表，远传输出装置可以安置在水表本体内或指示装置内，也可以配置在外部。远传水表大致分为两种：瞬时型、直读型。主要有直读式远传水表、螺翼式远传水表、干式远传水表等，如图6-3所示。

(a) (b) (c) (d) (e)

图 6-3 远传水表分类

(a) 直读式远传水表；(b) 螺翼式远传水表；(c) 旋翼式远传水表；
(d) 干式远传水表；(e) 插入式远传水表

远传水表的选用需首先考虑水表的工作环境：如水的温度、工作压力、工作时间、计量范围及水质情况等对水表进行选择，然后依据水表的设计流量，以产生的水表压力损失接近和不超过规定值来确定水表口径。一般情况下，公称直径不大于 $DN50$ 时，应采用旋翼式水表；公称直径大于 $DN50$ 时，应采用螺翼式水表；水表流量变化幅度很大时应采用复式水表。室内设计中应优先采用湿式水表。

水表性能指标还应满足以下要求：

（1）应具有监测和计量累计流量的功能；

（2）应具有数据远传功能，具有符合行业标准的物理接口；

（3）应采用 Modbus 协议或相关行业标准协议；

(4) 不应低于 2.5 级；

(5) 应符合《饮用冷水水表和热水水表》GB/T 778—2018 的规定。

3. 热量表

热量表是用于测量及显示水流经热交换系统所释放或吸收热量的仪表，一般用于集中供热场合。热量表分为整体式、组合式两种形式。热量表流量测量装置根据测量方式的不同主要分为电磁及超声波式、机械式和压差式三大类，如图 6-4 所示。

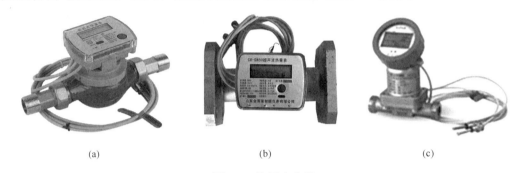

图 6-4 热量表分类

(a) 机械式热量表；(b) 超声波式热量表；(c) 压差式热量表

热量表温度测量装置按测温方式可分为接触式和非接触式两大类。接触式测温装置比较简单、可靠，测量精度较高；但因测温元件与被测介质需要进行充分的热交换，需要一定的时间才能达到热平衡，所以存在测温的延迟现象，同时受耐高温材料的限制，不能应用于很高的温度测量。非接触式装置测温是通过热辐射原理来测量温度的，测温元件不需与被测介质接触，测温范围广，不受测温上限的限制，也不会破坏被测物体的温度场，反应速度一般也比较快；但受到物体的发射率、测量距离、烟尘和水汽等外界因素的影响，其测量误差较大。在楼宇温度计量装置中，常用接触式的热电偶温度计或热电阻温度计，以便于实现自动采集。热量表按工作温度分为三种类型，见表 6-6。

热量表按工作温度分类 表 6-6

类型	温度（℃）	压力（MPa）
中温型	4~95	≤1.6
高温型	4~150	≤2.5
低温型	2~30	≤1.6

热量表性能指标应符合如下要求：

(1) 热量表工作温度及压力应满足供热供暖空调水系统温度及压力条件。

(2) 温度传感器宜采用铂电阻温度传感器。如果温度传感器和积算仪组成一体，也可采用其他形式的温度传感器。温度传感器应经过测量选择配对，并配对使用。

(3) 热量表应具备检测接口或数据通信接口，接口形式可选择 RS-485 或无线接口。所有接口均不得改变热量表的计量特性，且接口应符合 M-BUS 协议或《户用计量仪表数据传输技术条件》CJ/T 188—2018 的规定。

(4) 热量表应具有断电数据保护功能，当电源停止供电时，热量表应能保存所有数据，恢复供电后，能够恢复正常计量功能。

(5) 热量表应抗电磁干扰，当受到磁体干扰时，不影响其计量特性。

(6) 热量表应有可靠封印，在不破坏封印情况下，不能拆卸热量表。

4. 燃气流量计

燃气计量常用气体涡轮流量计。气体涡轮流量计是一种精确测量气体流量的仪表，适于测量各种燃气及工业领域中各种气体，如天然气、城市煤气、丙烷、丁烷、乙烯、空气、氮气等。由于仪表精确度高、重复性好，特别适用于能源计量。

气体涡轮流量计的工作原理为：进入仪表的被测气体，经截面收缩的导流体加速，然后通过进口通道作用在涡轮叶片上。涡轮轴安装在滚珠轴承上与被测气体体积成正比的涡轮转数，经多级齿轮减速后传送到多位数的计数器上，显示出被测气体的体积量。

在建筑中还常用容积式流量仪表——膜式煤气表。膜式煤气表的工作原理为：在进出口的压差作用下，燃气通过滑阀和分配室使两个计量室的隔膜形成交替进排气的往复运动。由于隔膜每一个往复的排出气量是定值，可以以两个隔膜相互交替、各自往复进排气一次的体积作为计量单位。随着燃气流经计量室的流速大小，隔膜的往复运动速度也随之变化。连接在隔膜主轴上的传动转换机构则将隔膜所产生的回转次数读入仪表的计数机构，并进行流量累计，显示出燃气总量。

燃气供应企业与大楼管理者的管理界线就在燃气计量表处。燃气计量表和燃气计量表出口前的管道及其附属设施，由燃气销售企业负责维护和更新，用户应当给予配合，燃气计量表出口后的管道及其附属设施，由用户负责维护和更新。

对于计量装置的设置应根据工程实际合理确定，并应符合以下原则：

(1) 为建筑（群）供电的变压器出线侧总开关处应设置电表；照明插座、空调、动力及特殊用电在低压配电主干线路或楼层应设置电表；租赁使用的场所应按照用电分项设置电表。

(2) 动力中心热（冷）源总管上应设置热（冷）量表；采用区域性热源和冷源时，应在每栋单体建筑的热（冷）源总管上设置热（冷）量表；租赁使用场所应单独设置冷热量表。冷（热）量消耗在建筑物能耗及碳排放统计中的占比最大，其计量装置的选择及性能配置值得重视。新建项目计量装置应采用法兰连接方式安装，改建项目可采用既有管路外夹式流量测量方式，计量装置宜采用超声波测量原理的能量（流量）表。对于设置能耗监测子系统、建筑设备监控系统和建筑能效监管系统的项目，以 BELIMO 一体化能量阀实现流量测量、能耗测量、温度压力探测及阀门控制集成功能的方案值得研究与应用。

(3) 水表的设置应根据使用性质及计费标准分类合理确定。应在建筑物（或建筑群）市政给水、中水及雨水一级子类管网引入总管处设置监测计量水表（区别于贸易计量水表）；应在租赁使用场所及不同用途（如厨房餐厅、洗衣房、游乐设施、公共浴池、绿地喷灌、道路浇洒、机动车清洗、冷却塔、游泳池、水景等供水管）供水管设置水表；宜在建筑物内部按独立经济核算单元设置水表；宜在空调水系统、生活及消防供水系统的补水管路上设置水表。

(4) 数字燃气表的设置位置应由燃气公司确定。可再生能源系统应设置相应的能量计量装置，并将其数据纳入该建筑（群）的能耗监测系统中管理。

5. 数据采集器

数据采集器是在一个区域内进行电能或其他能耗信息采集的设备。它通过信道对其管辖的各类表计的信息进行采集、处理和存储，并通过远程信道与数据中心交换数据。分项计量系统采用的数据采集器应符合下列要求。

（1）数据采集器应支持根据数据中心命令采集和主动定时采集两种数据采集模式，且定时采集周期可以从 10min 到 60min 灵活配置。

（2）一台数据采集器应支持对不少于 32 台计量装置设备进行数据采集。

（3）一台数据采集器应支持同时对不同用能种类的计量装置进行数据采集，包括电能表（含单相电能表、三相电能表、多功能电能表）、水表、燃气表、热（冷）量表等。

（4）数据采集器应支持对计量装置能耗数据的解析。

（5）数据采集器应支持对计量装置能耗数据的处理，具体包括：

① 利用加法原则，从多个支路汇总某项能耗数据；

② 利用减法原则，从总能耗中除去不相关支路数据得到某项能耗数据；

③ 利用乘法原则，通过典型支路计算某项能耗数据。

（6）根据远传数据包格式，在数据包中添加能耗类型、时间、楼栋编码等附加信息，进行数据打包。

（7）数据采集器应配置不小于 16MB 的专用存储空间，支持对能耗数据 7~10 天的存储。

（8）数据采集器应将采集到的能耗数据进行定时远传，一般规定分项能耗数据每 15min 上传 1 次，不分项的能耗数据每 1h 上传 1 次。

（9）在远传前数据采集器应对数据包进行加密处理。

（10）如因传输网络故障等原因未能将数据定时远传，则待传输网络恢复正常后数据采集器应利用存储的数据进行断点续传。

（11）数据采集器应支持向多个数据中心（服务器）并发发送数据。

6.3 能耗数据传输系统

能耗数据传输系统是建筑能效监管系统中的重要组成部分，负责将采集到的数据传输到能耗数据中心管理平台，实现数据的实时传输和存储。能耗数据传输系统主要包括数据传输设备和数据传输协议两部分。

数据传输设备包括数据采集器、通信设备和数据存储设备。数据采集器负责从传感器和仪表设备中采集数据，并将数据传输到通信设备中。通信设备负责将采集到的数据传输到数据存储设备中。数据存储设备负责存储传输过来的数据，方便后续的数据分析和处理。

能耗数据传输协议是指数据传输时采用的通信协议。常见的数据传输协议包括 Modbus、OPC、BACnet 等。其中，Modbus 是一种常用的串行通信协议，适用于在工业控制系统中进行数据传输；OPC 是一种基于 Windows 平台的通信协议，适用于在工业自动化系统中进行数据传输；BACnet 是一种用于建筑自动化和控制网络的通信协议，适用于在建筑能效监管系统中进行数据传输。

能耗数据传输系统包括计量装置与数据采集器间的数据传输和数据采集器与数据中心间的数据传输。

1. 计量装置和数据采集器之间的传输

计量装置和数据采集器之间采用主—从结构的半双工通信方式。从机在主机的请求命令下应答，数据采集器是通信主机，计量装置是通信从机。数据采集器应支持根据数据中心命令和主动定时向计量装置发送请求命令两种模式。计量装置和数据采集器之间应采用符合各相关行业标准的通信协议。

2. 数据采集器和数据中心之间的传输

数据远传应使用基于IP协议的数据网络，在传输层使用TCP协议。数据远传时，监测中心建立TCP监听，数据采集器不启动TCP监听。数据采集器发起对数据中心的连接，TCP建立后保持常连接状态不主动断开。TCP连接建立后，数据中心就立刻对数据采集器进行身份认证。身份验证完成后，监测中心立刻对数据采集器进行授时，并校验数据采集模式，在主动定时采集模式时校验采集周期。当监测中心和数据采集器中的模式或周期配置不匹配时，监测中心对数据采集器的配置进行更改。数据采集器定时向数据中心发送心跳数据包并监测连接的状态，一旦连接断开则重新建立连接。在主动定时发送模式下，网络发生故障时，数据采集器必须存储未能正常实时上报的数据，网络连接恢复正常后可以进行断点续传。数据采集器和监测中心之间传输的数据和命令需进行加密处理，当计量装置或数据采集器发生故障未能正确采集能耗数据时，数据采集器必须向监测中心发送故障信息，从而保证数据的稳定性和可靠性。

数据采集器与数据中心之间传输的流程如图6-5所示。

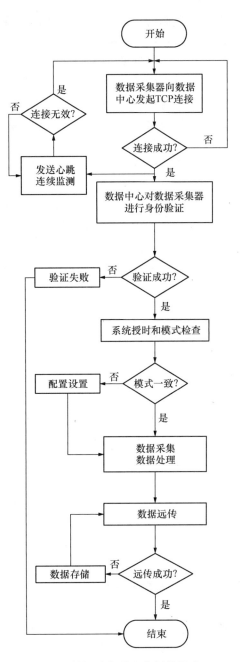

图6-5 数据采集器和能耗数据中心之间的流程

6.4 能耗数据中心管理平台

能耗数据中心管理平台由一整套设施组成具备采集、存储建筑能耗数据，并对能耗数据进行处理、分析、显示和发布等功能。能耗数据中心的硬件配置包括服务器、交换机、防火墙、存储设备、备份设备、不间断电源设备和机柜等。软件配置包括应用软件和基础软件，基础软件包括操作系统、数据库软件、杀毒软件和备份软件；应用软件主要包括能耗监测和能效管理两部分，实施能效监管的功能。

能效管理应用软件通过对耗能系统分项计量及监测数据统计分析，以客观综合能源数据为依据，对系统负荷平衡进行更优化核算及运行趋势进行预测，建立科学有效节能运行模式与优化策略方案，实现对建筑设备系统运行优化管理，提升建筑节能功效，为实现绿色建筑提供辅助保障。

6.4.1 数据处理与分析系统

1. 数据有效性验证

（1）计量装置采集数据一般性验证方法：根据计量装置量程的最大和最小值进行验证，凡小于最小值或者大于最大值的采集读数属于无效数据。

（2）电表有功电能验证方法：除了需要进行一般性验证外还要进行二次验证，其方法是：根据两次连续数据采读数据增量和时间差计算出功率，判断功率不能大于本支路耗能设备最大功率的2倍。

2. 数据处理与存储

能耗数据处理系统由数据库服务器、Web服务器、监控主机、打印机等组成，可实现对所采集能耗数据的汇总、统计、分析、显示、存储和发送，对采集和传输系统运行状态进行实时监控。

数据存储系统一般由两台服务器以及一个磁盘阵列柜组成。服务器选用性能稳定的企业级服务器，两台服务器软硬件配置完全相同，并采用主从模式。在服务器（主机）正常运行时，备份服务器（从机）处于准备状态；当主机出现任何软、硬件故障导致应用进程停止服务时，从机自动接管主机的工作。磁盘阵列柜分别与两台主机连接，负责后端的存储系统，这种相对独立的数据存储方式，有利于备份服务器（从机）接管工作后对数据进行正常访问。

数据处理与存储系统是建筑能耗监测系统的重要组成部分，用以实现对数据采集器上传的数据包进行校验和解析，根据支路安装仪表情况构造用能模型，并利用模型对原始采集数据进行拆分计算得到分类分项与分户能耗数据，同时将原始能耗数据和分类分项与分户能耗数据保存到数据库中。由于监测建筑用能情况的复杂性和基于能耗监测项目预算成本的控制，很多用能支路需要采用间接计量方式。通过理清用能支路和分项能耗的关系，采用加法、减法、拆分、百分比预估等方法，结合建筑物能耗分类分项与分户计量设计方案，就可以得到合理的分类分项能耗数据。

3. 数据分析与展示

数据展示子系统主要由Web服务器和工作站组成。其中，Web服务器主要提供客户端的浏览服务；工作站则可供监测中心工作人员配置建筑信息及查询各个被监测建筑的能源消耗情况和能耗对比情况。

4. 数据展示应包括

（1）建筑的基本信息、能耗监测情况、能耗分类分项情况；

（2）各监测支路的逐时原始读数列表；

（3）各监测支路的逐时、逐日、逐月、逐年能耗值（列表和图）；

(4) 各类相关能耗指标图、表;

(5) 单个建筑相关能耗指标与同类参考建筑（如标杆值、平均值等）的比较（列表和图）。

数据展示内容可采用各种图表展示方式。图表展示方式应直观反映各项采集数据的数值和趋势同时对比统计数据的分布情况。图表展示方式包括：饼图、柱状图（普通柱状图以及堆栈柱状图）、线图、区域图、分布图、混合图、甘特图、仪表盘或动画等。

图 6-6 为某典型的能耗监测数据展示页面结构。建筑能耗查询功能可以实现对单个建筑的所有仪表数据以及分类分项统计查询和对数据库内所有建筑的能耗对比查询。主要内容包括各类日常工作的数据报表，以及对应不同度量值、不同展示维度的数据图表。数据报表主要包括建筑物、区域用能情况的日报表、月报表、年报表等，数据图表主要包括数据曲线图、饼图、柱状图等，图表展示方式应能直观反映和对比各项采集数据和统计数据的数值、趋势和分布情况。

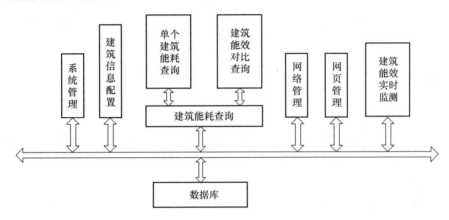

图 6-6 某典型的能耗监测数据展示页面结构

实时监测功能包含网络管理页面以及建筑能源实时监测页面，主要监测该系统区域内重点建筑的重点仪表的能耗情况以及部分（或全部）监测设备的故障情况。

6.4.2 建筑能耗计量、控制与管理系统

建筑能耗计量、控制与管理系统是能耗数据中心管理平台的重要功能，通过对能耗数据的分析和处理，实现对建筑内部能耗的计量、控制和管理。建筑能耗计量、控制与管理系统主要包括以下内容：

(1) 能耗计量：通过对能耗数据进行计量，实现对建筑内部能耗的精准计量。

(2) 能耗控制：通过对能耗数据的分析和处理，实现对建筑内部能耗设备的控制，实现节能减排的目的。

(3) 能耗管理：通过对能耗数据的分析和处理，实现对建筑内部能耗的全面管理，提高能耗管理的效率。

能耗计量是建筑能效管理工作中的重要环节。我国能源法规定："用能单位应当加强能源计量管理，健全能源消费统计和能源利用状况分析制度。"能耗计量的重要性体现在：

(1) 通过计量能及时定量地把握建筑物能源消耗的变化。通过对楼宇设备系统分项计量以及对计量数据的分析，可以发现节能潜力和找到用能不合理的薄弱环节。因此，能耗

计量是能源审计工作的基础。

（2）通过计量可以检验节能措施的效果，是执行合同制能源管理（ContractingEnergy Management，CEM）的依据。

（3）通过计量可以将能量消耗与用户利益挂钩。计量是收取能源费用的唯一依据。按照我国节能法，单位职工和其他城乡居民使用企业生产的电、煤气、天然气、煤等能源应当按照国家规定计量和交费，不得无偿使用或者实行包费制。通过经济手段优化资源配置，是社会主义市场经济的一条重要原则。"大锅饭"的机制不利于建筑节能的开展。

（4）通过计量收费，也可以促进建筑能源管理水平的提高。由于向用户收费，用户就有权要求能源管理者提供优质价廉的能源。在大楼里，用户会对室内环境品质（热环境、光环境和空气品质）提出更高的要求，希望以较小的代价，得到舒适、健康和高效的工作和生活环境能源管理实际是能源服务。管理者只有不断改进工作、提高效率、降低成本，才能满足用户需求。

（5）计量收费是需求侧管理的重要措施。在市场经济条件下，可以通过价格杠杆调整供求关系，促进节能，鼓励采取节能措施，推动能源结构调整。

6.5 典型能源管理系统建设方案

6.5.1 项目概况

本工程为陕西榆林某研究院的能源管理系统建设项目。根据甲方需求，实现对建筑的能源消耗状况实现实时采集、动态分析、能耗指标查询和可视化展示等，为绿色运维管理提供数据依据和决策参考。

6.5.2 设计依据

（1）总体依据

根据国家政策和规范标准、土建工程施工图、专项设计任务书等进行专项设计。

（2）规范标准

《国家机关办公建筑和大型公共建筑能耗监测系统分项能耗数据传输技术导则》。

《国家机关办公建筑和大型公共建筑能耗监测系统分项能耗数据采集技术导则》。

《国家机关办公建筑和大型公共建筑能耗监测系统建设、验收与运行管理规范》。

《国家机关办公建筑和大型公共建筑能耗监测系统楼宇分项计量设计安装技术导则》。

《国家机关办公建筑和大型公共建筑能耗监测系统数据中心建设与维护技术导则》。

《公共建筑节能设计标准》GB 50189—2015。

《民用建筑能耗数据采集标准》JGJ/T 154—2007。

《智能建筑设计标准》GB 50314—2015。

《绿色建筑评价标准（2024年版）》GB/T 50378—2019。

《多功能电能表通信协议》DL/T 645—2007。

《户用计量仪表数据传输技术条件》CJ/T 188—2018。

《基于 Modbus 协议的工业自动化网络规范 第 1 部分：Modbus 应用协议》GB/T 19582.1—2008。

《基于 Modbus 协议的工业自动化网络规范 第 2 部分：Modbus 协议在串行链路上的

实现指南》GB/T 19582.2—2008。

《基于 Modbus 协议的工业自动化网络规范 第 3 部分：Modbus 协议在 TCP/IP 上的实现指南》GB/T 19582.3—2008。

《公共建筑能耗远程监测系统技术规程》JGJ/T 285—2014。

《民用建筑能耗标准》GB/T 51161—2016。

《民用建筑电气设计标准》GB 51348—2019。

《综合布线系统工程设计规范》GB 50311—2016。

《公共建筑能耗与碳排放监测系统技术规程》DB 61/T 5073—2023。

6.5.3 系统方案

1. 系统方案总体概述

本系统方案设计选用陕西斯科德智能科技有限公司 skd EMS2500 能源管理系统，对建筑内电、热、水等能耗进行综合管理、实时监测。能源管理系统监控中心位于能源监管中心，系统方案将分布在建筑内的电表、水表、热表等数据通过数据采集器，收集到系统后台集中处理，对用户耗能行为方式实施有效监管，为能效改善和节能技术改造提供决策依据。

能源管理系统功能模块包括：建筑与设备档案管理模块；能耗采集功能模块；能耗统计分析展示功能模块；配电监测、节能运维优化分析模块；能效分析评价等功能模块。

采用的计量原则为分类、分项、分区计量。

针对本项目特点，能源管理系统主要针对建筑内电、水、热三类能耗进行实时监测与分析。按能源类别划分，所用数据采集分别为电力仪表 1010 台、远传水表 185 台、热量表 5 台、数据采集器 40 台，合计点位数量 1200 个。

2. 系统技术架构

系统采用"现场设备层—网络通信层—应用管理层"的分层分布式设计结构。系统整体架构如图 6-7 所示。

(1) 现场设备层

现场设备层是系统的基础，绝大部分能耗数据来自该层。该层设备除具有传统的计量功能外，还需要具备 RS-485 接口并支持常用通信协议，将现场能耗数据发送至应用管理层。

现场设备层设备主要包括：能源管理专用电能仪表、智能水表等。

为保证计量装置通信传输的稳定性与可靠性，计量装置之间的通信线缆应采用屏蔽双绞线，通过手拉手方式连接，通信线截面不宜小于 $1.0mm^2$，通信线屏蔽层应具有良好的接地；每条线缆连接设备数量不得超过 32 台，长度不超过 200m。

(2) 网络通信层

网络通信层是连接应用管理层与现场设备层的中间连接部分，负责把分散的能耗数据上传到应用管理层。同时，网络应用层也是能源管理系统与其他智能化系统对接的中间接口，实现系统之间的数据共享。

网络通信层采用基于有线或者无线网络承载的 IP 协议接入，传输距离不大于 100m 时可直接采用超五类及以上网线传输，距离较远时需采用光纤传输，针对部分布线困难的场

建筑设备管理系统

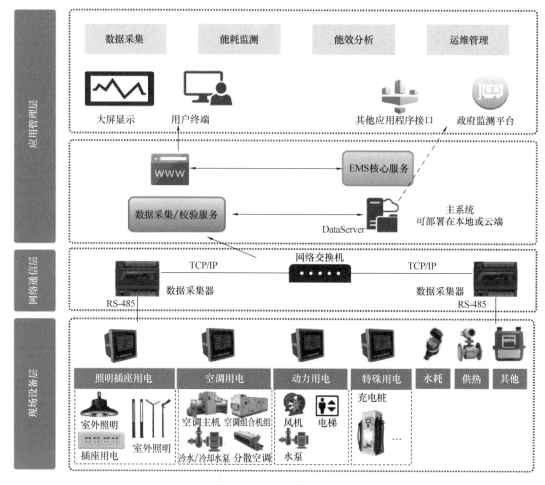

图 6-7 系统整体架构

合,可以采用无线传输方式(433MHz、2.4G、GPRS)。所有网络通信设备均符合国家和行业的相关电磁兼容性标准要求,平均无故障时间(MTBF)不小于 3 万 h。

网络通信层设备包括:数据采集器、网络交换机。

数据采集器通过信道对其管辖的各类计量装置的信息进行采集、处理、存储和转发,与数据中心交换数据,具有实时采集、自动存储、即时显示、及时反馈、自动处理以及自动传输等功能的设备。

网络交换机实现数据采集器及其他子系统与服务器之间的数据互联。

(3)应用管理层

应用管理层是系统的核心组成部分,所有能耗数据、设备运行状态等信息都在该层进行集中处理、分析、评估,向用户发布当前能源使用状况。

应用管理层设备和软件包括:服务器、工作站计算机、UPS 不间断电源、打印机、EMS 2500 能源管理系统软件、数据库软件。

能源管理系统监控主机和网络交换机应安装于能源监管中心,数据采集器根据现场情况安装于建筑各区域的数据采集箱内。

3. 系统功能简介

skd EMS2500 能源管理系统由服务器、交换机、数据采集器、能源计量装置组成，以一种或多种通信结合的最优组网方式，对建筑电、水、热及其他能源等实现能耗数据采集、统计分析、远程管理和集中监控等功能。

系统遵循国家机关办公建筑和大型公共建筑能耗监测系统相关技术标准，是一套适用于新建、扩建、改建和节能改造的民用建筑的能源监测以及绿色建筑评价要求的标准化能源管理系统。

(1) 数据采集

1) 自动采集电、水、热数据；当无法采用自动方式采集时，可采用人工录入方式。

2) 可配置各计量装置的通信协议。

3) 可配置采集频率。

4) 可配置采集参量。

(2) 数据处理

1) 对实时采集的数据进行差错和完整性校验。

2) 将各分类能耗折算成标准煤量，得出建筑总能耗。

3) 对采集的各分类分项能耗进行逐日、逐月、逐年汇总并计算单位面积人均等能耗指标；并以坐标曲线、柱状图、报表等形式显示、查询和打印。

4) 对各分类分项能耗（标准煤量）和单位面积能耗（标准煤量）进行按月、按年同比或环比分析。

5) 可预置、显示、查询、打印常用建筑能耗统计报表。

6) 年底自动进行全年数据审核。

7) 运维管理，包括实时异常告警、多途径信息推送与异常分析统计，能耗及能耗费用报表报告生成，节能潜力分析和节能效果验证。

(3) 数据上报

1) 将建筑基本信息向上级数据中心申报，当建筑基本信息发生变化时可向市级数据中心申请变更。

2) 将逐时、逐日、逐月和逐年统计的各分类分项能耗数据发送至市级数据中心。

3) 向市级数据中心或相关管理部门以每小时一次发送能耗数据（发送频率可灵活设置）。

4) 数据发送时间为当整点过后发送上一小时的小时数据，日数据、月数据和年数据分别在当日、当月、当年结束后发送。因故漏发，可在下一发送时段补发。

5) 通过 NTP/SNTP 协议与市级数据中心时间同步。

6) 采用身份认证和数据加密方式与市级数据中心通信和传输数据。

(4) 信息维护

1) 建筑物基本信息、行政区域、建筑物类型、分类分项能耗数据字典及其他数据字典等基础信息维护。

2) 本系统保持与市数据中心系统时间与标准时间的一致性，包括数据中心服务器时间、各能耗计量装置和数据采集器的时间。

3) 用户组维护、用户维护、授权管理、权限验证等。

(5) 系统安全

1) 身份认证：对网络上的用户进行验证，以确认对方的真实身份。

2) 授权：通过控制用户是否能够访问应用系统的信息，并约束用户具体操作权限（例如，可以修改信息还是只能读取）来实现这一目标。

3) 数据安全确保数据在传输过程中的安全，上传数据包采用加密方式压缩，加密口令由上下级数据中心约定。

4) 系统具备数据定期备份和恢复机制。

4. 系统技术参数

(1) 能源管理系统具有长期连续稳定运行的能力，具有与其他系统连接的接口。

(2) 建筑物能源管理系统的数据保存时间不少于三年。

(3) 采集计量公共建筑消耗的主要能源种类包括电、水、集中供热量、集中供冷量，可扩展天然气、煤、液化石油气、人工煤气、汽油、煤油、柴油、可再生能源等其他类型的能源数据采集。

(4) 采集计量公共建筑消耗电力的主要用途划分的能耗数据包括照明插座用电、空调用电、动力用电、特殊用电四项。

(5) 能源管理系统每 12 个月进行数据审核，发现较大误差或错误及时采取更正措施。

(6) 分项能耗数据的采集频率为每 15min 1 次到每 1h 1 次之间，数据采集频率可根据具体需要灵活设置。

(7) 建筑逐时分类能耗数据和分项能耗数据是对各监测建筑原始能耗数据按照 1h 的时间间隔进行汇总和处理后的数据。

(8) 数据展示包括：

1) 建筑的基本信息，能源消耗情况，能耗分类分项情况；

2) 各监测支路的逐时原始读数列表；

3) 各监测支路的逐时、逐日、逐月、逐年能耗值（列表和图）；

4) 各类相关能耗指标图、表；

5) 单个建筑相关能耗指标与同类参考建筑（如标杆值、平均值等）的比较（列表和图）。

(9) 电能表精度等级不低于 1 级，水表精度等级不低于 2 级，热（冷）量表精度等级不低于 2 级。

(10) 水表、热（冷）量表应符合现行国家标准《户用计量仪表数据传输技术条件》CJ/T 188—2018 或《基于 Modbus 协议的工业自动化网络规范 第 1 部分：Modbus 应用协议》GB/T 19582.1—2008、《基于 Modbus 协议的工业自动化网络规范 第 2 部分：Modbus 协议在串行链路上的实现指南》GB/T 19582.2—2008、《基于 Modbus 协议的工业自动化网络规范 第 3 部分：Modbus 协议在 TCP/IP 上的实现指南》GB/T 19582.3—2008 的有关规定。

(11) 能耗数据采集器应支持根据能耗数据中心命令采集和定时采集两种数据采集模式，定时采集频率不宜大于 1 次/h。

(12) 能耗数据采集器上传数据出现故障时，应有报警和信息记录；与能耗数据中心重新建立连接后，应能进行历史数据的断点续传。

（13）建筑中的电、水、燃气、集中供热（冷）及建筑直接使用的可再生能源等能耗应采用自动实时采集方式；当无法采用自动方式采集时，可采用人工采集方式。

（14）可通过NTP/SNTP协议与市级能耗监测数据中心时间同步。

6.5.4 软件功能与界面效果

支持B/S架构，可扩展，模块可灵活组态，可与第三方或上层智能平台系统通信和数据上传对接。具体功能模块如下：

1. 首页功能效果展示

该研究院能源管理系统（EMS）界面首页如图6-8所示。该系统可展示研究院每日、每月、每年的能耗情况。该页面展示的是研究院2024年7月份的能耗情况。可以看出，截至7月30日，与6月份相比，7月份天气炎热，能耗环比上升了38.71%；在电的分项能耗中，照明插座用电量最大，占比达到67%。

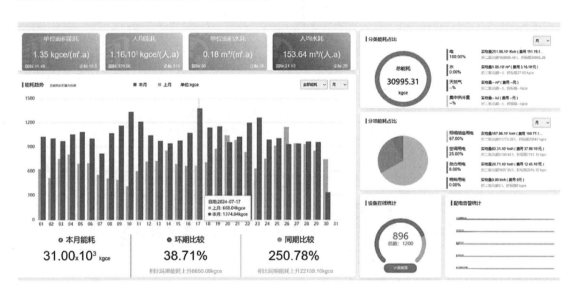

图6-8 能源管理系统（EMS）界面首页

2. 系统物理架构图

图6-9所示为系统物理架构图（局部），展示了系统计量装置、采集器的数量和所在位置，以及其逻辑拓扑关系。图6-9中同时显示计量采集装置的工作状态和采集参数。

3. 能耗统计

图6-10为2024年7月27日该研究院用电能耗逐时统计柱状图，时间段可按需选调，能耗包括实测量、标煤和碳排量，可选择柱状图、折线图、饼状图等可视化呈现方式进行显示。图6-11为当日电能耗中各分项能耗统计饼状图。

4. 能耗对比

表6-12为7月28日、29日两日的电能耗对比图。

图6-13为某分区（支路或房间）7月27日、29日两日照明插座分项能耗对比图，由于7月27日为周六休息时间，29日为周一上班时间，故29日能耗显著增加。

建筑设备管理系统

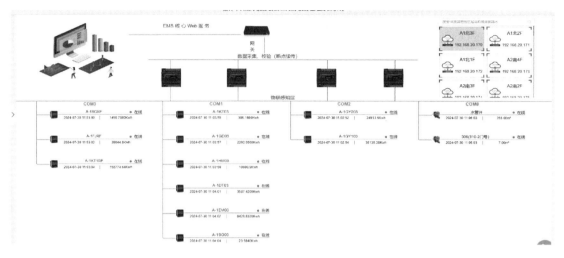

图 6-9　系统物理架构图（局部）

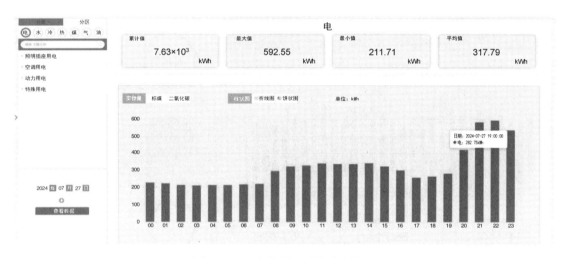

图 6-10　用电能耗逐时统计柱状图

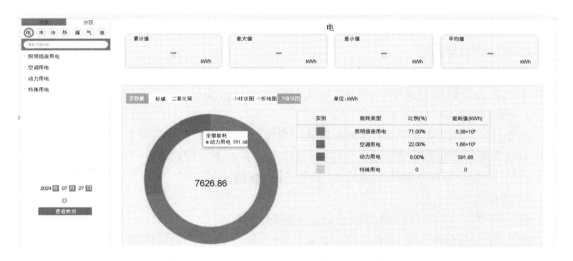

图 6-11　当时电能耗中各分项能耗统计饼状图

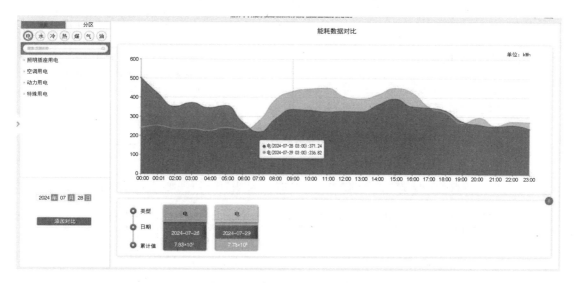

图 6-12　两日的电能耗对比图

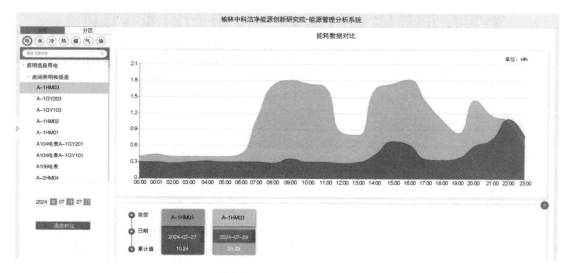

图 6-13　某分区两日照明插座分项能耗对比图

5. 能耗分析报告

图 6-14 为周能耗分析报告，该周能耗降低第一名为照明插座用电，能耗降低率 32%。

6.5.5　硬件选型要求

为了满足、实现能源运维管理分析系统平台数据采集以及平台二次开发技术要求（①数据响应速度；②数据的科学、稳定、精确；③系统平台配套；④数据协议对接；⑤后期统一维护管理），所需计量表计包括能源管理系统专用仪表、远传水表、远传冷热量表，需满足以下功能要求：

1. 低压配电柜以及配电箱所需能源管理系统专用仪表；

（1）须采用能源管理系统专用仪表，具备 32 位单片机、浮点型真有效值计算，汉字点阵显示；

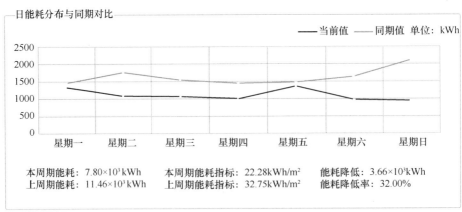

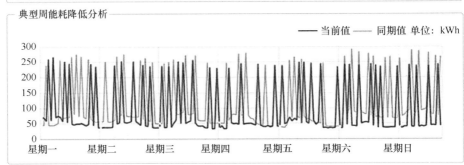

图 6-14　周能耗分析报告

(2) 所有仪表均要求具有远传功能；

(3) 能同时采集三相电压，三相电流，三相有功功率，三相无功功率，总有功功率/总无功功率、频率、三相功率因数、总功率因数、正向有功电能，反向有功电能，四象限电能等全电参数；

(4) 电流电压采集精度不低于 0.2 级，电度不低于 0.5 级；

(5) 具备本地事件记录、现场可编程输入、调整参数；

(6) 具有省级以上计量科学研究院能源计量专用仪表检测文件；

(7) 不采用传统经济型多功能电表。

2. 远传水表

(1) 采用高性能、高可靠性、功能强、低功耗微处理器进行数据采集、处理；

(2) 标准的 RS-485 接口，满足 Modbus 协议、M-BUS 协议等；

(3) 测量精度高、测量稳定性好。

3. 冷热量表

(1) 支持多种通信接口方式。标准 RS-485 接口，支持《户用计量仪表数据传输技术条件》CJ/T 188—2018 通信协议、支持标准 Modbus、M-BUS 等通信协议；

(2) 具有双路 PT1000 温度测量功能,实现热量计量;
(3) 精度高、耗电小、测量量程比宽、稳定可靠。

复 习 思 考 题

6-1 《智能建筑设计标准》GB 50314—2015 中对建筑能效监管系统有哪些规定?

6-2 国家机关办公建筑和大型公共建筑共分为哪几类?

6-3 分类能耗如何划分?

6-4 电分项能耗如何划分?

6-5 建筑能效监管系统采用分层分布式计算机网络结构,一般分为哪三层,请详细说明。

6-6 能耗数据采集系统常用仪器仪表有哪些?

第 7 章 建筑可再生能源监管系统

能源短缺已经成为我国社会面临的共同问题，可再生能源的开发、使用及监管成为我国应对能源危机的重要措施。在我国《智能建筑设计标准》GB/T 50314—2015 中，明确了智能建筑应"以建筑物为平台，基于对各类智能化信息的综合应用，集架构、系统、应用、管理及优化组合为一体，具有感知、传输、记忆、推理、判断和决策的综合智慧能力，形成以人、建筑、环境互为协调的整合体，为人们提供安全、高效、便利及可持续发展功能环境的建筑。"并对建筑设备管理系统提出支撑绿色建筑综合功效的要求，即综合应用智能化技术，对可再生能源有效利用进行管理，为实现低碳经济下的绿色环保建筑提供有效支撑，因而本章在需纳入建筑设备管理系统管理的其他建筑设施（设备）系统中，重点介绍绿色建筑可再生能源监管系统。

7.1 绿色建筑可再生能源监管系统概述

我国具有丰富的可再生能源资源，随着技术的进步和生产规模的扩大以及政策机制的不断完善，在今后 15 年左右的时间内，太阳能热水器、风力发电、太阳能光伏发电、地热供暖和地热发电、生物质能等可再生能源的利用技术可以逐步具备与常规能源竞争的能力，有望成为替代能源。《建筑节能与可再生能源利用通用规范》GB 55015—2021 中规定：新建建筑应安装太阳能系统；在既有建筑上增设或改造太阳能系统，必须经建筑结构安全复核，满足建筑结构的安全性要求；太阳能系统应做到全年综合利用，根据使用地的气候特征、实际需求和适用条件，为建筑物供电、供生活热水、供暖或供冷。

7.1.1 绿色建筑可再生能源监管系统

绿色建筑可再生能源监管系统是建筑设备管理系统的要素之一，按照能源系统结构将可再生能源监管系统分为上下两层，上层为可再生能源管理系统，对可再生能源利用、度量等进行管理和记录；下层为可再生能源监控系统，以保证各可再生能源利用系统安全、可靠、高效、节能地运行。

所谓可再生能源，是指那些随着人类的大规模开发和长期利用，总的数量不会逐渐减少和趋于枯竭，甚至可以不断得以补充，即不断"再生"的能源资源，如太阳能、地热能、风能、水能、海洋能、潮汐能等。而非可再生能源，是指那些随着人类的大规模开发和长期利用，总的数量会逐渐减少而趋于枯竭的一次能源，如煤、石油、天然气等。

非可再生能源贮存量有限，终会枯竭；同时，矿物燃料是温室气体的主要来源，是导致环境污染和自然灾害的祸首之一。因此，开发利用可再生能源，寻找替代能源势在必行。在各种可再生能源中，太阳能是最重要的基本能源。从广义上来说，生物质能、风能、波浪能、水能等都来自太阳能，太阳能不仅是"取之不尽、用之不竭"的，而且不产生温室气体、无污染，是有利于保护环境的洁净能源。

第7章 建筑可再生能源监管系统

绿色建筑应用较多的可再生能源主要是太阳能和地热能。其中，太阳能应用系统主要包括太阳能热水系统、太阳能供热供暖系统、太阳能供热制冷系统、太阳能光伏发电系统；地热能应用系统主要包括地热供暖系统和地源热泵系统等，这些系统也是绿色建筑可再生能源监管系统监管的主要内容，如图7-1所示。

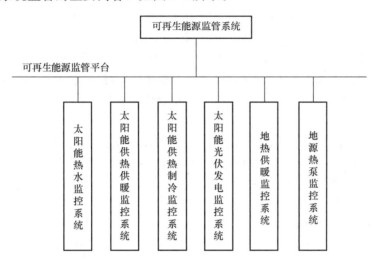

图7-1 绿色建筑可再生能源监管系统监管的内容

按照我国《智能建筑设计标准》GB/T 50314—2015对建筑设备管理系统在提升建筑绿色环境综合功效方面提出的要求：

（1）系统应综合应用智能化技术，对太阳能、地热能等可再生能源有效利用的管理，为实现低碳经济下的绿色环保建筑提供有效支撑；

（2）系统具有在建筑全生命周期内对设备系统运行具有良好生态行为支撑辅助功能，建立绿色建筑高效、便利和安全的功能条件。

由此可见，可再生能源监管系统集可再生能源过程监控、能源调度、能源管理为一体，在确保能源调度的科学性、及时性和合理性的前提下，实现对太阳能、地热能等各种可再生能源利用系统进行监控与管理、统一调度，提高能源利用水平，实现提高整体能源利用效率的目的。

7.1.2 太阳能利用技术

太阳能来源于太阳内部的核聚变，太阳内部的核聚变除了产生热能外，还向外辐射电磁波，其中少量的电磁波到达地球表面，成为太阳能中易于被人类利用的部分。根据太阳能转化形式，太阳能利用技术主要划分为以下3类，如图7-2所示。

（1）太阳能光热转换：基本原理为将吸收获得的太阳能转换为热能直接利用或者将获得的热能进一步转换为其他形式的能量。

（2）太阳能光电转换：基于光电效应使用半导体发电器件将光能直接转换成电能。主要装置为太阳能电池，现在已有的太阳能电池种类包括：单晶硅电池、多晶硅电池、砷化钾单

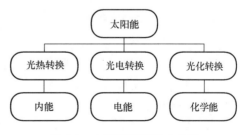

图7-2 太阳能利用技术分类

晶体化合物电池、薄膜电池、有机化合物电池以及染料敏化电池等。

（3）太阳能光化转换：也就是光合作用，通过植物等将太阳能收集起来，转变为生物质能的过程。

目前，世界上对太阳能光热和光电应用的研究非常广泛。在我国的可再生能源利用中，太阳能热水系统现已发展成最为成熟的项目。目前，我国现有的太阳能热水器安装量约占全球总安装量的70%左右，产品的生产和销售每年以20%～30%的速度增长。

太阳能光电利用技术有光伏发电和光热发电两种。太阳能光伏发电指利用光伏效应，通过光伏面板将太阳能转化为电能储存起来，需要用电时即可使用。太阳能光热发电指通过反射阳光将太阳能聚集在一个很小的范围内并由传递介质转化为热能，经朗肯循环进行发电。

太阳能光热利用技术指利用太阳能集热器收集太阳辐射，将其转化为集热工质的热能并加以利用。太阳能热利用技术相对成熟，使用范围最为广泛，现已应用到许多方面，如利用太阳能热水器进行供水浴、建设太阳能供暖房进行供暖、利用太阳能干燥装置干燥各种物料、利用太阳能蒸发器淡化海水等。

7.1.3 地热能利用技术

地热能是一种存在于地球内部岩土体、流体和岩浆体中，并且可以被人类开发利用的热能，其根本来源是地球的熔融岩浆和放射性元素衰变时发出的热量。地球内部离地心越近温度越高，地心温度超过5000℃，如图7-3所示。热能从温度高的地核传导到地面，因此离地心越近的地方能量密度越大，并且地球内部的热量会将地壳中的地下水加热，使得热水和蒸汽渗透出地面，从而形成了从美国黄石公园到我国西藏羊八井等地壮观的地热喷涌奇观。

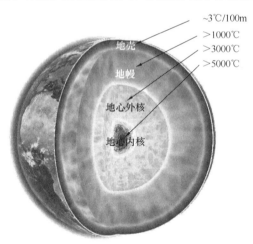

图7-3 地球内部温度分布

地热能是一种优异的可再生能源，储量巨大，不会导致大气污染，具有储量大、分布广、绿色低碳、稳定可靠等特点，主要分为三类：

（1）浅层地热能：指地表以下200m深度范围内在当前技术经济条件下具备开发利用价值的蕴藏在地壳浅部岩土体和地下水中温度低于25℃的低温地热资源。浅层地热能包括浅层岩土体、地下水所包含的热能，也包括地表水所包含的热能。浅层地热能属于低位热能，适合采用热泵技术加以利用，利用时不产生CO_2、SO_2等污染气体，目前主要用于城市冬季供暖和夏季制冷。

（2）水热型地热：指较深的地下水或蒸汽中所蕴含的地热资源，是目前地热勘探开发的主体。地热能主要蕴含在天然出露的温泉和通过人工钻井直接开采利用的地热流体中。其中，水热型地热资源按温度分级，可分为高温地热资源（温度>150℃）、中温地热资源（90℃≤温度<150℃）和低温地热资源（温度≤90℃）。其中，150℃以上的高温地热主要用于发电，发电后排出的热水可进行梯级利用；90～150℃的中温和25～90℃的低温地热

以直接利用为主,多用于工业、种植、养殖、供暖制冷、旅游疗养等方面。

(3)干热岩(增强型地热系统):一般指温度大于200℃,埋深数千米,内部不存在流体或仅有少量地下流体的高温岩体。干热岩的热能赋存于各种变质岩或结晶岩类岩体中,较常见的干热岩有黑云母片麻岩、花岗石、花岗闪长岩等。随着技术的发展进步,中高温部分经过换热能直接进行供热利用,干热岩发电同样有很大的发展空间,但是资源量具有明显地域性。

地热能利用技术是一种利用地球内部储存的热能来进行供暖、发电或其他热能利用的技术。通过地热能利用技术,将其转化为可供人类使用的能源形式。根据世界地热大会的统计数据显示,截至2020年底,我国地热直接利用装机容量达40.6GW,占全球38%,连续多年位居世界首位。其中,地热热泵装机容量26.5GW;地热供暖装机容量7.0GW,相比2015年增长138%,是所有直接利用方式中增长最快的。到2021年底,我国地热供暖(制冷)能力已达13.3亿 m^2。

7.2 太阳能热水系统及其监控

7.2.1 太阳能热水系统组成

太阳能热水系统是指利用温室原理,将太阳辐射能转变为热能,并向冷水传递热量,从而获得热水的一种系统。它由集热器、蓄热水箱、循环管道、支架、控制系统及相关附件组成,必要时需要增加辅助热源。其中,太阳能集热器是太阳能热水系统中,把太阳辐射能转换为热能的主要部件。

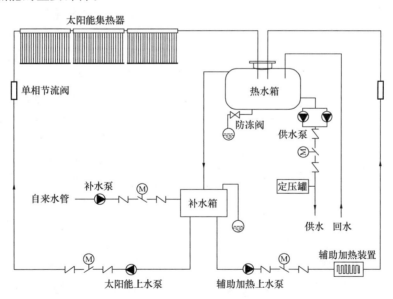

图 7-4 太阳能热水系统组成

图 7-4 所示为一典型的太阳能热水系统组成,该系统主要由太阳能集热器、热水箱、补水箱、水泵、辅助加热装置等组成。系统工作原理是:系统通过太阳能上水泵将补水箱内的冷水输送到太阳能集热器内,吸收太阳能后温度升高变成热水,热水被送入到热水箱

内，通过供水泵给用户供水，同时具有一定温度的用户回水通过回水管道输送回热水箱内。热水箱内有溢流口，当热水箱内的热水太满时，一部分热水通过溢流口流入补水箱内。补水箱内的水通过外接的自来水管道将自来水送入补水箱。为了防止水质过硬而造成补水箱内产生水垢，在自来水入口处加设水质软化器。系统还设有辅助加热装置，当阴天或雨天等太阳辐射强度低的时候，单单靠太阳能集热器无法满足热水供应要求时，开启辅助加热装置，并将热水送入热水箱内。系统中水箱底部有防冻阀，如果冬天系统需要停止运行时，将该阀门打开，即可将系统内的水排掉，防止供回水管道以及水箱冻坏。单相节流阀的作用是当太阳能上水泵及辅助能源上水泵停止时，管道内的水排空到补水箱，防止水管冻裂。

1. 太阳能集热器

太阳能集热器是系统中的集热元件，其功能相当于电热水器中的电加热管。和电热水器、燃气热水器不同的是，太阳能集热器利用的是太阳的辐射热量，故而加热时间只能在有太阳照射的白昼，所以有时需要辅助加热，如锅炉、电加热等。

经过多年的开发研究，太阳能集热器已经进入较为成熟的阶段，主要有三大类：平板式太阳能集热器、真空管式太阳能集热器、聚光式太阳能集热器。目前，使用最广泛的为平板式太阳能集热器和真空管式太阳能集热器。

(1) 平板式太阳能集热器

平板式太阳能集热器一般包括盖层、吸热板、外壳以及保温层这四个部分，它的基本结构如图 7-5 所示。

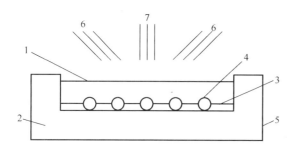

图 7-5 平板式集热器的结构原理
1—透明盖层；2—隔热材料；3—吸热板；
4—排管；5—外壳；6—散射太阳辐射；
7—直射太阳辐射

平板式集热器的运行原理为：首先太阳光会照在透明盖层上面，之后阳光将透过盖层照射在吸热板上，而吸热板的表面是经过处理的，即添加了高效太阳能吸收涂层。吸热板通过不断接收阳光辐射来提高自身的温度，并将得到的热量传输至水管里面的预加热冷水，使冷水的温度不断增加，这部分热量将作为有用能量（热水）输出，但是吸热板还有一部分热量将作为无用能量向四周扩散流失。透明盖层的主要功能是可以让可见光线透射进入，却避免了红外热射线向外发射，这就是常说的温室效应，这样的结构设计可以让冷水吸收更多的阳光辐射热量，进而增加热水机组的制热效率。

平板式太阳能集热器在低温的环境下热损失比较高，它可以承压运行，安全性能较好，能够集成在建筑表面达到很好的视觉效果。它是欧洲使用最普遍的集热器类型，但是现阶段在国内的市场应用率比较低，只有 12% 左右。

(2) 真空管太阳能集热器

基于平板集热器存在的不足，人们发明了一种新型的集热装置，真空管集热器。真空管集热器就是将吸热体与透明盖层之间的空间抽成真空的太阳能集热器。用真空管集热器部件组成的热水器即为真空管热水器。

真空管按吸热体材料种类,可分为两类:一类是玻璃吸热体真空管(或称为全玻璃真空管),一类是金属吸热体真空管(或称为玻璃-金属真空管)。

图7-6为全玻璃真空管基本结构示意图,其外形看上去像一个家用热水壶内胆。当阳光照射在真空管集热器上时,它首先会射过表层的那一块受光玻璃,之后再照射在里面第二层玻璃的外表面上,而内玻璃外表面上涂有吸收阳光的特质材料,称之为吸热板。吸热板把吸收到的阳光能量变成可以利用的热量,进而间接加热玻璃管里面的冷水,水加热后因为热胀冷缩原理密度将会慢慢变小,所以会顺着内玻璃管照射面向上流动进入太阳能储水箱。相应地,太阳能水箱里面密度相对高的冷水将顺着玻璃管的背光方向流动进入管里面作为预加热水,这样一直反复下去,直到把太阳能水箱里面的自来水加热至设定温度。该构件之所以被叫作全玻璃真空集热器,一方面是因为材料由两层玻璃组成,另一方面是因为内外玻璃之间是处于抽真空状态的。这种抽真空技术完美削弱了吸收到的太阳热量往周围扩散流失,大大增强了集热效率。我国使用的太阳能热水器中真空管型市场份额占比为86%,美国、欧洲等国家或地区则以平板式为主,市场份额占90%以上。

2. 辅助加热装置(辅助热源)

众所周知,太阳光照即使在晴天也极其不稳定,在夜晚和雨、雪天则甚至没有阳光。因此,太阳能热水机组有必要与另外的加热装置组合工作,来确保供水装置安全可靠地运行。人们通常把这种组合加热装置叫作"辅助热源",它的主要功能就是

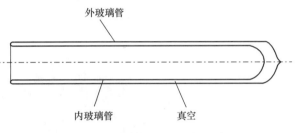

图7-6 全玻璃真空管的结构示意图

在依靠单独的太阳能无法满足系统供水时,作为一种替补加热装置支持太阳能热水机组使用,辅助加热装置的主要设备为热泵。

自从20世纪70年代开始,热泵以优越的节能性、安全性以及高效性等慢慢占据热水器市场的一部分。热泵的热源有很多,包括土壤、水源、空气、工业废热等,其中空气作为储量丰富、绿色环保的可再生能源,最受到广大消费者和制造商的青睐。空气源热泵的具体元件组成如图7-7所示,普遍包括四个关键子元件,分别为:风机蒸发器4、压缩机1、冷凝器2以及膨胀阀3。

其工作流程是这样的:外界提供少量电能驱动压缩机做功,循环流动的低压常温气态冷凝剂经过它之后被压缩处于高温高压状态;高压气态的工质经过冷凝器时,会变成中温液态的工质并释放一定的能量,这些扩散的热量正好可以间接加热储水箱内的冷水;工质降温之后会流过膨胀阀,然后转化为低温低压状态的冷凝剂,再流入下一个部件风机蒸发器;经过蒸发器时,低温液态的工质会从周围获取空气的能量,然后蒸发转化为常温低压的气态工质,同时四周环境将快速变冷;获取外界空气热量的工质再次流经压缩机,如此不断往复实现储水箱内的冷水慢慢加热。

太阳能/空气源热泵热水系统示意图如图7-8所示。

3. 其他部分

(1) 保温水箱

保温水箱和电热水器的保温水箱一样,是储存热水的容器。因为太阳能热水器只能白

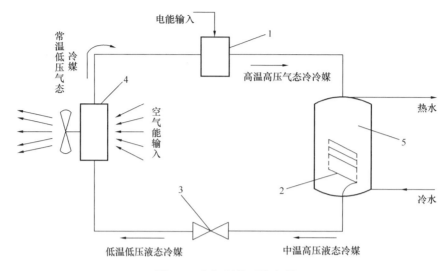

图 7-7 空气源热泵热水器
1—压缩机；2—冷凝器；3—膨胀阀；4—风机蒸发器；5—储热水箱

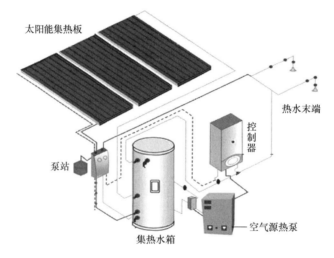

图 7-8 太阳能/空气源热泵热水系统示意图

天工作，而人们一般在晚上才使用热水，所以必须通过保温水箱把集热器在白天产出的热水储存起来。容积是每天晚上用热水量的总和。采用搪瓷内胆承压保温水箱，保温效果好，耐腐蚀，水质清洁，使用寿命可长达 20 年以上。

（2）连接管路

将热水从集热器输送到保温水箱、将冷水从保温水箱输送到集热器的通道，使整套系统形成一个闭合的环路。设计合理、连接正确的循环管道对太阳能系统是否能达到最佳工作状态至关重要。热水管道必须做保温防冻处理。管道必须有很高的质量，保证有 20 年以上的使用寿命。

（3）控制中心

太阳能热水系统与普通太阳能热水器的区别就是控制中心。太阳能热水系统控制中心主要由计算机软件及变电箱、循环泵组成，控制中心负责整个系统的监控、运行、调节等功能。随着网络技术发展，已经可以通过互联网远程控制系统的正常运行。

7.2.2 太阳能热水系统运行方式的选择

太阳能热水装置就其换热方式不同分为三类，分别为自然循环式、定温放水式和强制循环式，下面分别阐述它们的具体工作原理和特点。

（1）自然循环系统

自然循环式热水装置的特点是保温水箱一定要被安置在太阳能集热器最上方的水平面之上，自然循环系统如图7-9所示。太阳光照射集热器，管内的冷水被间接加热后温度升高，根据热胀冷缩原理可知，温水变热后其密度会慢慢变小，此时管里面的热水将会与保温水箱里面的冷水形成一定范围的密度差值，加热的水将在热虹吸的作用下缓慢上升。温水经过上循环管进入保温水箱，受到挤压作用的箱内低温度、高密度冷水会渐渐慢慢下沉，然后利用水管流到集热器的管里面作为预加热水填充。这样的循环加热方式可以将保温水箱里的冷水不断加热，只有太阳辐射消失了，系统加热循环才会慢慢停下。

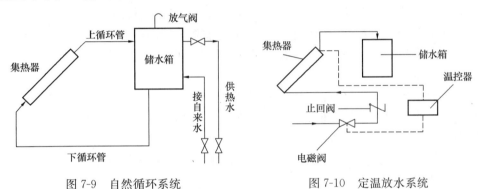

图7-9　自然循环系统　　　　图7-10　定温放水系统

（2）定温放水系统

定温放水系统又叫作直流式系统，装置中包括温控器、止回阀、电磁阀等，如图7-10所示。

如果温度传感头监测发现集热器出来的热水水温满足设定数值，将会命令系统开启供水电磁阀，通过水源压力将加热的温水输送至储水箱内。这种换热方式存在它的局限性，比如集热器内的水只能被加热一次，进入到储水箱后将不会再循环加温，经过一定时间冷却后，水箱内的水将不再满足供水温度。

（3）强制循环系统

强制循环系统最大的优点就是保温水箱的安装位置不再受到集热器的限制，能够随意放置，而且储水箱内的水可以实现循环加热，如图7-11所示。系统中需要两个温度探测头，分别安置到保温水箱的最下方和集热器的上部出水口，预先设定好温差值，当两个温度数值的差超过设定值，循环水泵将会开启工作。集热器管内的热水将在水泵压力作用之下流到保温水箱上部，相应的保温水箱下方的未

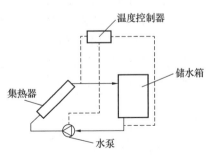

图7-11　强制循环系统

加热自来水将反复流到集热器内依次加热,这种换热方式可以实现恒温供水。

7.2.3 太阳能热水系统监控

在智能建筑中太阳能应用系统的监控与管理一般采用DDC进行控制,纳入建筑设备管理系统中,最终融入智能建筑管理平台中,实现太阳能系统综合管理的目的。

1. 太阳能热水系统监控需求分析

太阳能热水系统利用太阳能集热器最大限度地吸收太阳光辐射热能,通过热交换将热能传递给冷水,加热后的水被收集在储热水箱内,统一供用户使用。太阳能热水监控系统应实现通过监测系统中水位、温度、压力等参数自动控制上水泵、补水泵、热水供应泵、辅助加热装置等设备的启停,保证正常及阴雨天气的情况下用户热水的需求。太阳能热水系统监控需求分析如下:

(1) 监测需求分析

1) 温度监测

① 监测太阳能集热器出口处水温,需在太阳能集热器出口管道中安装温度传感器;

② 监测热水箱内热水的温度,需在热水箱内安装温度传感器;

③ 监测辅助加热装置出口处水温,需在辅助加热装置出口管道中安装温度传感器;

④ 监测用户热水供/回水温度,需在用户热水供/回水管道内安装温度传感器。

2) 液位监测

① 监测热水箱内液位的高低,需在热水箱内安装两个液位开关,液位超出时报警;

② 监测补水箱内液位的高低,需在补水箱内安装两个液位开关,液位超出时报警。

3) 压力监测

监测用户供水定压罐内压力的大小,需在定压罐内安装压力变送器。

4) 水流监测

① 监测太阳能上水管道中的水流状态,需在太阳能上水管道内安装水流开关;

② 监测辅助能源上水管道中的水流状态,需在辅助能源上水管道内安装水流开关;

③ 监测用户供水管道中的水流状态,需在用户供水管道内安装水流开关。

5) 设备运行状态监视

① 水泵运行状态监视:监视太阳能上水泵、辅助能源上水泵、补水水泵和用户供水泵的运行状态,实现方法上可通过监测强电控制柜中水泵电源接触器的常开辅助触头的通断或者管道内的有无水流作为水泵运行状态的信息;

② 辅助加热装置运行状态监视:需要监视辅助加热装置的运行状态,可通过监测强电控制柜中辅助加热装置电源接触器的常开辅助触头的通断来实现。

6) 设备故障状态监视

水泵故障状态监视:监视太阳能上水泵、辅助能源上水泵、补水水泵和用户供水泵的故障状态,可通过监视强电控制柜中水泵过载热继电器的开或关作为水泵故障状态的信息,水泵发生故障时进行报警。

(2) 控制需求分析

1) 设备启停控制

① 太阳能上水泵启停控制:根据太阳能集热器出口处热水的温度值控制启停,水温升高到要求值时启动,降低到某一值时停止。实现方法上可通过控制强电控制柜中的中间

继电器的通断来接通或断开水泵电源接触器，从而控制泵的启停；

② 辅助能源上水泵启停控制：根据辅助能源装置出口处热水的温度值控制启停，水温升高到要求值时启动，降低到某一值时停止；

③ 补水泵启停控制：根据补水箱内液位的高低控制启停，液位降低到低位时启动，升高到高位时停止；

④ 热水供应泵启停控制：根据定压罐内水压的大小控制启停，压力小于下限时启动一台供水泵，压力小于下下限时启动两台供水泵，压力大于上限时停止一台供水泵，压力大于上上限时停止两台供水泵；

⑤ 辅助加热装置启停控制：根据热水箱内热水温度的高低控制启停，热水水温降低到某一值时启动，升高到要求值时停止。

2）阀门通断控制

太阳能上水阀门、辅助能源上水阀门、补水阀门、热水供应阀门需要在相应的水泵启动后再打开，相应的水泵停止后再关断。

2. 太阳能热水监控系统设计

（1）太阳能热水系统监控点表统计

太阳能热水系统监控点表如表 7-1 所示。

太阳能热水系统监控点表　　　　　　　表 7-1

受控对象		AI		AO	DI				DO		控制点合计				
设备名称	数量	温度	压力	模拟输出	运行状态	故障报警	液位报警	水流状态	启停控制	阀门控制	AI	AO	DI	DO	合计
太阳能集热器	1	1							1		1				1
蓄热水箱	1	1					2		1		1		2		3
补水箱	1						2						2		2
定压罐	1		1						1		1				1
太阳能上水泵	1				1	1			1				2	1	3
补水泵	1				1	1			1				2	1	3
辅助能源上水泵	1				1	1			1				2	1	3
热水供应泵	2				2	2			2				4	2	6
辅助加热装置		1		1					1		1	1	1	1	3
电动阀门	4									4				4	4
太阳能上水管道								1					1		1
辅助能源上水管道								1					1		1
用户热水供回水管道		2						1			2		1		3
合计		6		0		18			10		6	0	18	10	34

（2）太阳能热水系统监控原理图设计

图 7-12 为太阳能热水系统监控原理图。太阳能集热器吸收太阳能辐射，将集热器内的水加热，DDC 采集太阳能集热器出口处温度 TE1，达到预先设定的温度之后，DDC 启动太阳能上水泵，将补水箱内温度低的水输送到太阳能集热器，同时集热器内的热水由于

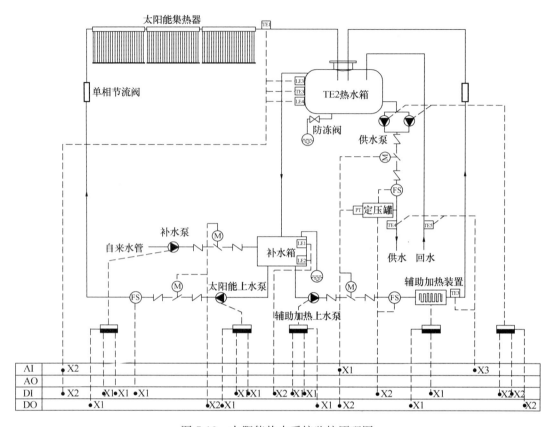

图 7-12 太阳能热水系统监控原理图

冷水的送入而被排放到热水箱;当太阳能集热器出口处温度 TE1 达到预先设定的下限时,DDC 停止太阳能上水泵,被送入集热器的冷水继续被太阳能集热器加热,达到温度值后再次被上水泵送上来的冷水顶入热水箱,如此反复将冷水加热并储存在热水箱中。太阳能上水泵停止时,上水管道内的水通过单相节流阀排放回补水箱,以排空防冻。

热水箱具有保温能力,将太阳能集热器加热后的热水储存起来,用户使用时,DDC 启动热水供应水泵抽取热水箱内的热水,通过定压罐将热水以一定的压力供给用户;供水泵一用一备,正常时使用一台,当 DDC 采集到定压罐内压力 PT 达不到压力要求值时,DDC 启动另一台供水泵;由用户返回来的回水仍具有一定的温度,通过回水管道输送回热水箱。

DDC 实时监测热水箱内的温度 TE2,当温度达不到用户供水温度时,需启动辅助加热装置。当 DDC 采集到的辅助加热装置出口处温度 TE3 达到预先设定的温度值时,启动辅助加热上水泵,将辅助加热装置内的热水顶到热水箱中,热水箱中的温度 TE2 上升,达到 DDC 设定的温度值后,DDC 关闭辅助加热装置,并停止辅助能源上水泵;同样,当辅助能源上水泵停止时,上水管道内的水通过双向单流阀排放回补水箱,以排空防冻。

DDC 实时监测热水箱和补水箱的水位。当热水箱达到下限 LE2 时,启动辅助加热装置及上水泵;达到上限 LE1 时辅助加热装置及上水泵停止;如果水位仍上升,超过蓄热水箱容积时,多余的热水通过溢流口流入到补水箱内。当补水箱达到下限 LE4 时,启动补水泵,达到上限 LE3 时补水泵停止;如果水位仍上升,超过补水箱容积时,多余的水通过溢流口流出。

7.3 太阳能供热供暖系统及其监控

7.3.1 太阳能供暖系统

太阳能供热供暖系统与太阳能热水系统一样，利用太阳能集热器最大限度地吸收太阳光辐射热能，通过热交换将热能传递给冷水，将加热后的水输送到发热末端提供温度。太阳能供热供暖系统由太阳能集热器、热水箱、补水箱、水泵、辅助加热装置及管道等组成，如图 7-13 所示。主要区别在于发热末端不同。这里的发热末端主要为室内供暖末端，也可用于生活热水末端，室内供暖末端可采用散热器或低温地板辐射供暖形式，生活热水末端主要为生活用水点，供热散热器示意图如图 7-14 所示。

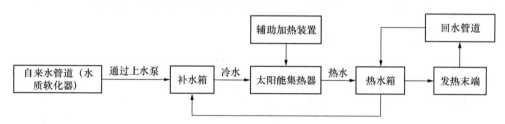

图 7-13 太阳能供热供暖系统的组成结构

常见低温地板辐射散热器如图 7-15 所示，低温地板辐射供暖所需的供水相对较低，与平板型太阳能集热器相匹配，可以增加太阳能集热器的集热效率。而且相比于散热器供暖，地板辐射供暖可营造更加均匀稳定的房间温度，对于北方农村住宅围护结构性能相对较差的条件下，还可以减少地面流失室内热量造成的能耗损失，增强了房间的保温性能。

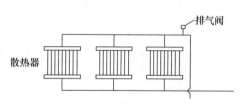

图 7-14 供暖散热器示意图

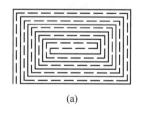 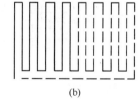 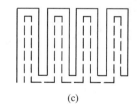 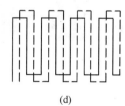

(a) (b) (c) (d)

图 7-15 低温地板辐射散热器
(a) 回折型；(b) 平行型；(c) 双平型；(d) 交叉双平型

7.3.2 太阳能辅助空气源热泵系统运行原理

太阳能辅助空气源热泵供暖系统是指由太阳能集热器与空气源热泵共同提供热量，系统一般采用温差进行控制运行。供热系统中的循环水在集热循环泵和供暖循环泵等动力下，通过管道流入室内散热装置（如散热器、低温热水地板辐射供暖盘管）以及各个生活热水点。太阳能辅助空气源热泵地板辐射供暖原理如图 7-16 所示。

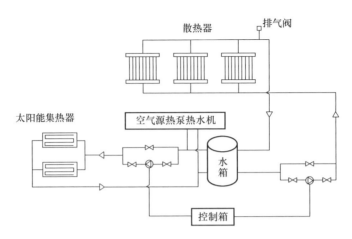

图 7-16　太阳能辅助空气源热泵地板辐射供暖系统原理图

7.3.3　太阳能供暖系统监控

太阳能供热供暖监控系统应通过监测系统中温度、水位、压力等参数实现自动控制水泵、补水泵、热水供应泵、辅助加热装置等设备的启停，保证正常及阴雨天气的情况下用户热源的需求，如图 7-17 所示，具体监控内容如下：

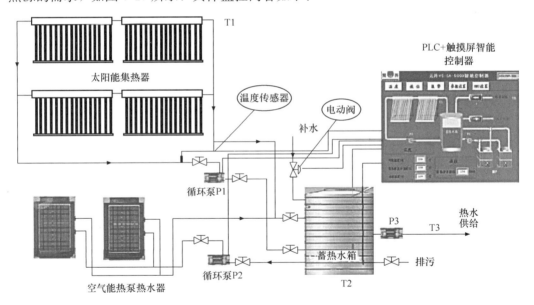

图 7-17　太阳能供热供暖监测系统示意图

（1）温度监测：通过温度传感器监测室内环境温度、太阳能集热器出口处水的温度、热水箱内热水的温度、辅助加热装置出水口出水的温度、用户热水供/回水温度等。

（2）液位监测：通过液位开关，检测热水箱/补水箱内高、低水位的监测，液位超出时报警。

（3）压力监测：通过压力变送器监测发热末端供回水管道中水的压力大小。

（4）水流监测：通过水流开关监测太阳能上水管道中的水流状态、辅助能源上水管道中的水流状态、加热末端供水管道中的水流状态、补水管道中的水流状态等。

(5) 流量监测：通过流量计监测进水口、出水口的进出水流量。

(6) 辅助能源能耗监测：通过电表监测辅助能源加热水所用电量。

(7) 水泵运行状态监视：监测太阳能上水泵、辅助热源供水泵、补水水泵和供暖循环泵的运行状态。

(8) 水泵故障状态监视：监视太阳能上水泵、辅助能源上水泵、补水水泵和用户供水水泵的故障状态，水泵发生故障时进行报警。

(9) 水泵启停控制：根据太阳能集热器出口处热水的温度值控制太阳能上水泵启停，水温升高到要求值时启动，降低到某一设定值时停止；根据热水箱内热水的温度值控制辅助热源供水泵启停，水温降低到某一设定值时启动，升高到要求值时停止；根据补水箱内液位的高低控制补水泵启停，液位降低到低位时，升高到高位时停止；根据加热末端出入口处水温温差的大小控制供暖循环泵启停，温差小时说明供暖负荷较小，启动一台供水泵，供暖负荷较大时温差也较大，此时启动两台供水泵。

(10) 阀门通断控制：太阳能上水阀门、补水阀门、热水供应阀门需要在相应的水泵启动后再打开，相应的水泵停止后再关断。

(11) 阀门调节控制：根据辅助热源供回水的温差确定辅助能源供水阀门的开启幅度，温差大说明负荷较大，阀门开启幅度加大，温差小时说明负荷较小，阀门开启幅度减小；根据加热末端供回水管道的压力差来确定压差旁通阀门开启幅度，通过压力差旁通阀门平衡供回水管道的压力。

7.4 太阳能供热制冷系统及其监控

太阳能制冷系统是一种利用太阳能来驱动制冷过程的技术。这种系统的主要优点是其季节匹配性好，也就是说，天气越热、越需要制冷的时候，系统制冷量越大。这一特点使得太阳能制冷技术备受关注和发展。实现太阳能制冷有多种途径，包括"光-热-冷""光-电-冷"和"光-热-电-冷"等方法。目前，利用太阳能制冷主要有两种方法：一是先实现光电转换，再以电力推动常规的压缩式制冷机制冷；二是进行光热转换，以热能制冷。

7.4.1 太阳能制冷系统

制冷是人类社会长久以来一直存在的需求，现代社会对制冷的需求也越来越大。制冷技术被广泛应用于物品冷冻冷藏、室内空气调节、化工制造等传统领域，并逐渐被应用于生物工程、量子计算等诸多新兴领域。相应的，制冷领域对能源的消耗量也越来越大。近年来，随着世界各国对能源问题的愈发重视以及太阳能利用技术的快速发展，利用太阳能进行制冷的相关技术受到了广泛关注。

从能源供给的角度看，太阳能是可再生的清洁能源。利用太阳能进行制冷，除了减少不可再生能源的使用外，还可以减少碳排放，为各国的碳中和目标作出贡献。

从需求的角度看，在一些偏远地区以及移动场景下，虽然存在着制冷需求，但由于无法使用电网进行供电，因而存在着离网制冷的需求。离网制冷需求的场景包括但不限于：偏远地区的医药冷藏、农场附近的果蔬保鲜、海上航行等移动情形下的制冷。太阳能具有分布广泛、易于利用的特点，即使在偏远地区和移动场景下，也可以很方便地对其加以利用。因此，太阳能很适合作为离网制冷设备的能量来源。且制冷需求与太阳辐照强度之间存在较强的正相关关系：一方面，在日间太阳能充足的时段，制冷需求也较强，在无法利用太阳能的夜间，制冷需求也较弱；另一方面，太阳能资源充足的地区，其制冷需求也往往较大。这更使得太阳能与离网制冷之间具有较好的匹配性。

太阳能制冷可分为太阳能光热制冷和太阳能光电制冷，如图 7-18 所示。下面分别对两类太阳能制冷方式进行讨论。

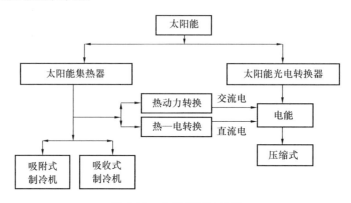

图 7-18 太阳能制冷分类

1. 太阳能光热制冷

太阳能光热制冷，即利用太阳能转化成的热能来驱动制冷机组进行制冷。太阳能光热制冷可根据工作原理的不同，分为太阳能吸收式制冷、太阳能吸附式制冷、太阳能喷射式制冷等。

（1）太阳能吸收式制冷

太阳能吸收式制冷所使用的制冷机组，可根据制冷循环模式的不同，分为单效吸收式制冷机、双效吸收式制冷机、两级吸收式制冷机等。其中，双效制冷机要求从太阳能集热器出来的工质具有较高的温度，因此适合太阳能中高温利用；单效和两级制冷机则适合太阳能低温利用。下面以太阳能单效吸收式制冷系统为例，对系统的工作原理进行说明。太阳能单效吸收式制冷系统如图 7-19 所示。工作中，从太阳能集热器出来的热水加热发生器中的溶液；溶液中的冷却工质蒸发并进入冷凝器，进行冷凝放热；冷凝后的工质流经膨胀阀，并在蒸发器中蒸发吸热，进行制冷；蒸发后的工质进入吸收器，并被吸收器中的溶

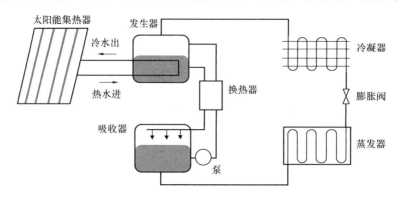

图 7-19 太阳能单效吸收式制冷系统示意图

液吸收；吸收器与发生器中的溶液混合，制冷循环完成。

(2) 太阳能吸附式制冷

太阳能吸附式制冷系统的结构示意图如图 7-20 所示。当太阳光照在太阳能吸附床上时，吸附床内的制冷剂温度升高，并以气态形式进入冷凝器进行冷凝放热；冷凝后的制冷剂流经膨胀阀，并在蒸发器中蒸发吸热，进行制冷；蒸发后的制冷剂进入吸附床，并被吸附床中的吸附剂吸收，至此一个制冷循环完成。

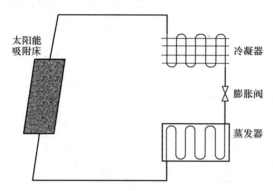

图 7-20 太阳能吸附式制冷系统的结构示意图

(3) 太阳能喷射式制冷

太阳能喷射式制冷系统的结构示意图如图 7-21 所示。工作时，从太阳能集热器出来的热水加热发生器中的工质，使之汽化，发生器内压力升高；从发生器出来的工质与从蒸发器出来的工质混合后，流经喷射器，并在出口处形成高速气流；高速气流进入冷凝器，进行冷凝放热；从冷凝器出来的工质一部分流经膨胀阀后，进入蒸发器，另一部分则被泵抽入发生器；在高速气流抽吸的作用下，蒸发器内的压强降低，使得蒸发器内的工质蒸发吸热，进行制冷。

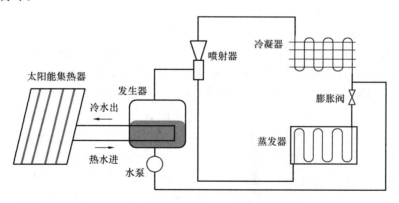

图 7-21 太阳能喷射式制冷系统的结构示意图

2. 太阳能光电制冷

太阳能光电制冷，即利用太阳能转化成的电能来驱动制冷机组进行制冷。太阳能光电制冷可根据工作原理的不同，分为光伏蒸汽压缩式制冷、光伏半导体制冷、光伏热声制冷等。下面分别对主要的太阳能光电制冷方式进行详细介绍。

(1) 光伏蒸汽压缩式制冷

光伏蒸汽压缩式制冷系统的结构示意图如图 7-22 所示。工作时，光伏电池将太阳能转化成电能，并给蓄电池充电；蓄电池给压缩机内的电机供电，电机旋转，并通过传动机构对制冷剂进行压缩；压缩后的高温高压制冷剂气体进入冷凝器，进行冷凝放热；从冷凝器出来的制冷剂经过膨胀阀后，压力降低；低压制冷剂在蒸发器内蒸发吸热，进行制冷。

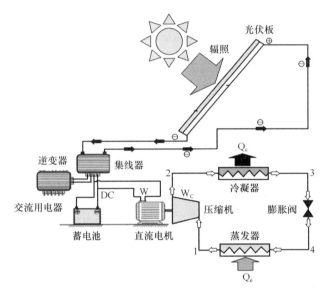

图 7-22　光伏蒸汽压缩式制冷系统结构示意图

蒸汽压缩式制冷系统以其较高的效率和较低的成本，被广泛应用。随着光伏发电技术的成熟，光伏蒸汽压缩式制冷系统开始受到关注。在 1981—1986 年间，超过 800 个光伏蒸汽压缩式冰箱示范系统被搭建起来，并被用于药品和疫苗的储存。这些项目大多数受到世界卫生组织（WHO）、美国国际开发署（USAID）等组织资助，旨在为世界卫生组织的扩大免疫计划（EPI）研发冷链系统。

（2）光伏半导体制冷

光伏半导体制冷系统的结构示意图如图 7-23 所示。系统主要由光伏电池和半导体制冷器组成。其中，半导体制冷器可分为 3 部分：P 型和 N 型半导体、半导体两端的导体、外侧绝缘体。工作时，光伏电池将太阳能转化成电能，并使电流通过半导体；当有直流电通过时，在 PN 连接处的金属会放出热量，在 N-P 连接处的金属会吸收热量进行制冷。

3. 太阳能制冷方式的比较

将多种太阳能制冷方式进行比较，为不同情景下制冷方式的选择提供参考，是一项有价值的研究内容。相关研究中，主要是从性能和经济性两个方面对太阳能制冷方式进行比较。值得注意的是，随着科技的不断进步，使得相关研究具有时效性，不同时间所得出的比较结果之间存在着差异。

在经济性方面，相关研究主要是对设备

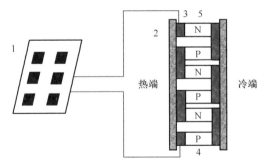

图 7-23　光伏半导体制冷系统结构示意图
1—光伏电池；2—绝缘层；3—导体；
4—P 型半导体；5—N 型半导体

成本和运行维护成本进行综合分析,进而得出光伏蒸汽压缩式制冷具有最佳的经济性。在性能方面,主要是分析太阳能制冷系统的太阳能制冷效率、系统可靠性以及结构复杂性。太阳能制冷效率即太阳能最终被转化成制冷量的效率,该效率会影响太阳能转换装置的占地面积;系统可靠性影响着系统出故障的频率;结构复杂性会影响系统维护的难易程度。表7-2对太阳能制冷系统的性能特点进行汇总。其中,太阳能吸收式制冷和光伏蒸汽压缩式制冷的太阳能制冷效率较高。然而,太阳能吸收式制冷系统要求制冷工质始终处于真空环境,否则空气的漏入会严重损害系统性能,该特性降低了系统的可靠性;而且,该类系统的结构相对复杂,维护起来相对麻烦。因此,光伏蒸汽压缩式制冷系统在性能方面更具有优势。

太阳能制冷系统的性能特点　　　　表7-2

制冷方式	太阳能制冷效率	系统可靠性	结构复杂性
太阳能吸收式制冷	高	低	复杂
太阳能吸附式制冷	低	高	简单
太阳能喷射式制冷	低	高	简单
光伏蒸汽压缩式制冷	高	高	简单
光伏半导体制冷	低	高	简单

7.4.2 太阳能制冷系统构成

太阳能供热制冷系统就是将太阳能光热转换制冷,即首先将太阳能转换成热能,再利用热能作为外界补偿来实现制冷。光热转换实现制冷主要有以下几种方式,即太阳能吸收式制冷、太阳能吸附式制冷、太阳能除湿制冷、太阳能蒸汽压缩式制冷和太阳能蒸汽喷射式制冷。其中太阳能吸收式制冷已经进入了应用阶段,在此主要介绍太阳能吸收式制冷,如图7-24所示。

太阳能吸收式制冷系统包括以下几个分系统:太阳能集热系统、冷冻站系统、冷水循环系统、冷却水循环系统以及辅助系统(膨胀水箱、补水箱等系统)。由于系统中冷水循环系统、冷却水循环系统以及辅助系统的监控同传统制冷系统相同,在此着重介绍太阳能集热系统监控部分。太阳能集热系统主要由太阳能热水循环系统、热交换循环系统、热媒水循环系统等组成,其组成结构如图7-25所示。系统运作过程中,太阳能热水循环系统通过太阳能集热器和热水箱为整个系统提供热水;热交换循环系统通过热交换器将太阳能热水循环系统的热量传递给热媒水循环系统;热媒水循环系统

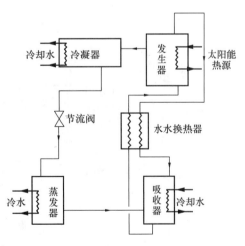

图7-24 太阳能吸收式制冷系统示意图

通过热媒水的循环为太阳能吸收式制冷机内的发生器提供热量,维持制冷剂蒸发气化所需的能量,保证太阳能吸收式制冷机的制冷运行工况。

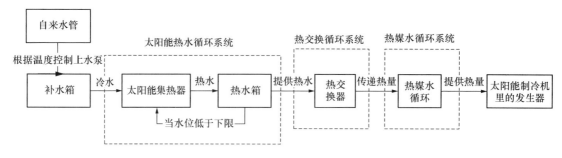

图 7-25 太阳能供热制冷系统结构

7.4.3 太阳能制冷系统监控

太阳能供热制冷监测系统通过监测系统中温度、水位、水流等参数自动控制上水泵、热水循环泵、热媒水循环泵等设备的启停，保证需要供冷情况下用户热源的需求，如图 7-26 所示，具体监控内容如下：

(1) 温度监测：通过温度传感器监测太阳能集热器出口处水温、热水箱内热水的温度、热水循环供回水温度、热媒水循环供回水温度等。

(2) 液位监测：通过液位开关监测热水箱内液位的高低，液位超出时报警。

(3) 水流监测：通过水流开关监测太阳能上水管道中的水流状态、热水循环管道中的水流状态、热媒水循环管道中的水流状态。

(4) 流量监测：通过流量计监测进水口、出水口的进出水流量。

(5) 辅助能源能耗监测：通过电表监测辅助能源加热水所用电量。

(6) 设备运行状态监测：监测水泵运行状态即监视太阳能上水泵、热水循环泵和热媒水循环泵的运行状态；监测辅助电加热器运行状态即监测电加热器的运行状态。

(7) 水泵故障状态监测：监测太阳能上水泵、热水循环泵和热媒水循环泵的故障状

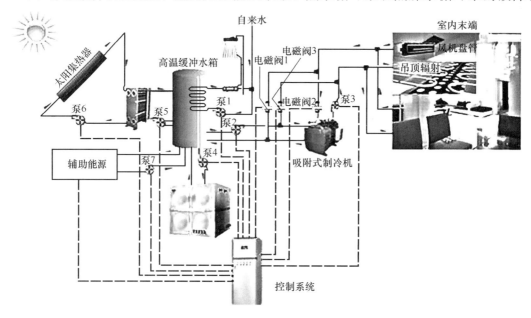

图 7-26 太阳能功能制冷系统监控原理图

态，水泵发生故障时报警。

（8）设备启停控制：根据太阳能集热器出口处热水的温度值控制太阳能上水泵启停，水温升高到要求值时启动，降低到某一值时停止；根据系统运行状态控制热水循环泵启停，系统启动时热水循环泵需要一直运行，通过热水循环泵将热水箱内的热水输送至热交换器；根据热媒供回水管道中的温差值控制循环泵启停，温差较小时说明系统冷负荷较小，这时只需启动一台热媒水循环泵；温差较大时说明系统冷负荷较大，这时需要启动两台热媒水循环泵。根据热水箱内热水温度的高低控制电加热器启停，热水水温降低到某一值时启动，升高到要求值时停止，保证供给热交换器热水温度的需求。

（9）阀门通断控制：根据太阳能上水泵控制太阳能上水阀门，太阳能上水阀门需要在太阳能上水泵启动后再打开，水泵停止后再关断；根据热水循环供回水管道中热水的温差值控制热水循环管道阀门，连续调节阀门开度，温差较小时说明热交换器热负荷较小，这时阀门开度减小；温差较大时说明热交换器热负荷较大，这时需要增大阀门开度；根据太阳能吸收式制冷机的开启台数控制热媒水循环管道阀门的开启或关断。

7.5 太阳能光伏系统及其监控

在经济高速发展带来物质与文明高速发展的同时，环境破坏和不可再生能源的枯竭现象越来越显著。因此低碳、环保、绿色成为人们提倡的生活主题。光伏发电技术是一种减少煤炭、天然气等传统非可再生能源的消耗，利用太阳能产生绿色电力的低碳环保新方式。通常说的太阳能发电系统指的是太阳能光伏发电，简称"光电"。它是指利用半导体界面的光电效应将太阳辐射能转变为电能的一种技术。太阳能发电系统的核心部件是太阳能电池组件。太阳能光伏系统是一种清洁能源，不会产生任何污染物，被广泛应用于家庭和工业领域。随着技术的不断创新和成本的降低，太阳能光伏系统未来有望得到更广泛的应用和推广。太阳能光伏监控系统能通过对光伏发电系统实时监测、管理和优化，以使系统安全可靠运行。

7.5.1 太阳能光伏系统

太阳能光伏系统是一种基于光辐射将太阳能转化为电能的可再生能源技术，其核心原理是光电效应。当太阳光（光子）击中半导体材料时，它激发了材料中的电子，将其推升到更高的能级，从而产生电流。这个过程涉及半导体材料中电子和空穴的形成，其中电子从价带跃迁到导带，留下一个空穴。这些电子和空穴的流动形成电流，通过电路传输到负载上，最终产生可用的电能，光伏发电原理如图7-27所示。常见的光伏电池类型是硅基

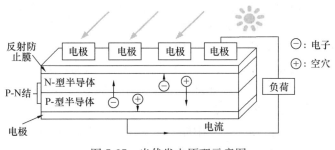

图7-27 光伏发电原理示意图

太阳能电池，包括单晶硅、多晶硅和非晶硅电池板，如图 7-28 所示，它们之间的对比见表 7-3。

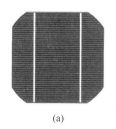 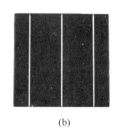 

(a)   (b)   (c)

图 7-28 光伏电池板种类

(a) 单晶硅电池板；(b) 多晶硅电池板；(c) 非晶硅电池板

光伏电池板类型对比   表 7-3

项目	单晶硅电池板	多晶硅电池板	非晶硅电池板
材料	使用高纯度的单晶硅片制成	使用多晶硅材料，它的晶体结构比单晶硅复杂	使用非晶硅薄膜作为光伏材料，可以在各种基底上制备
特点	具有高效率和长期稳定性，因为单晶硅的结构非常有序。它们的效率通常在 15%～22% 之间	相对较低的制造成本，适用于大规模生产。效率通常在 13%～18% 之间	具有轻便、灵活、制造成本低等特点。效率通常较低，一般在 5%～12% 之间，但可以用于特殊应用
应用范围	主要用于商业和工业系统以及高性能应用	广泛用于住宅系统、商业系统以及分布式发电项目	常见于小型便携式电源、计算器、户外设备和柔性太阳能电池板

光伏发电系统作为一种清洁能源技术，可以显著减少对环境的负面影响。这些系统通过将太阳能转化为电能来运行，不排放 CO_2 或其他污染物，对环境几乎没有任何不利影响。太阳能光伏系统的运行不会导致空气和水污染，也不会制造噪声，因此对周围环境和生态系统的影响相对较低。这使得光伏系统成为可持续能源解决方案的一部分，有助于减轻气候变化和环境问题。

在建筑领域和全球能源领域，光伏发电系统扮演着重要的角色，它们提供可再生能源供应，减少了对有限的化石燃料的依赖，提高了能源供应的稳定性，有助于减少建筑内部的能源消耗，满足照明、空调、电器设备等方面的电能需求，从而节省电费成本。此外，光伏系统的使用还有助于降低 CO_2 排放，减少温室气体的释放，为全球环境保护和气候可持续性提供了重要支撑。虽然安装和维护光伏系统需要一定的投资，但随着时间的推移，可以实现利润回报，为建筑提供廉价的电力，降低建筑运营成本并提高其价值。因此，光伏发电系统在多个方面都带来了显著的经济和环境益处。

太阳能光伏系统主要由太阳能电池方阵、充放电控制器、蓄电池组、直流防雷汇流柜、逆变器、直流配电柜、变压器、并网控制器、环境监测仪、数据采集器、监控系统等多个组件和设备组成，如图 7-29 所示。

(1) 逆变器（Inverter）：将来自太阳能系统的 DC 电流转化为与公共电网或电器设备兼容的 AC 电流，以便在家庭和工业用途中供电。

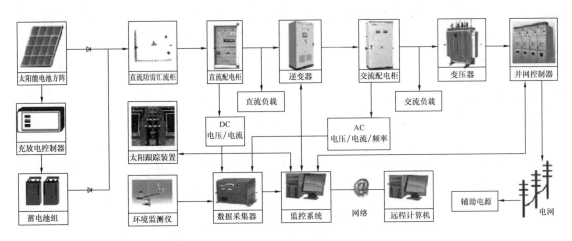

图 7-29 太阳能光伏系统组成

（2）控制器（Charge Controller）：它连接在太阳能电池组件和蓄电池之间，确保电池充电时始终处于适当的电压和电流状态。用于监测和管理电池的充电状态，以防止过充和过放，延长蓄电池寿命。

（3）蓄电池（Battery）：它可以将电能以化学形式存储，并在需要时释放电能，提供备用电源或平衡电力需求。蓄电池用于储存过剩的电能，以便在夜晚、阴天或需要额外电力时供应电能。

（4）监控系统（Monitoring System）：监控系统通常由传感器、数据采集设备和数据处理软件组成。它们帮助系统管理员了解光伏系统的运行情况，及时采取措施以确保系统的高性能和可靠性。该系统是用于监测光伏电池阵列性能的关键组件，可以实时追踪光伏系统的电能产量、电压、电流和温度等参数。还可以检测系统的故障或异常情况，提供警报和数据记录。

（5）电气和安全设备（Electrical and Safety Equipment）：电气设备负责将电能从光伏电池阵列传输到逆变器和电网。安全设备用于确保系统的安全性和可靠性，以防止损坏或危险事件。

虽然现在看来太阳能发电系统初期投入通常比较高，但在其生命周期内，系统的总体优势与后期收益非常明显，并且随着光伏发电系统的成本逐渐降低以及未来传统电价的上涨，光伏发电的优势将会越来越明显。

光伏发电系统可以用于任何需要电源的场合，在全世界为各个应用领域提供清洁能源。从经济发达的用电高峰地区到偏远、孤岛等无电缺电地区，光伏发电系统都可为人类生活的方方面面提供绿色电力。

7.5.2 太阳能光伏系统的分类

太阳能光伏系统可以按照输入源、输出相位、操作模式、应用规模等进行分类。

1. 按输入源分类

逆变器根据输入源的不同可以分为电压源逆变器（VSI）和电流源逆变器（CSI）。

（1）电压源逆变器（VSI）

电压源逆变器是一种以输出电压作为控制量的逆变器。具体来说，VSI通过控制开关器件（如 MOSFET 或 IGBT）的开关状态，将直流电源转换成可变频率、可变幅值的交流电源，如图 7-30 所示。VSI 广泛应用于需要精确控制输出电压和频率的应用中，例如电力传输、工业驱动、交流调速等。此外，VSI 具有快速动态响应和较低的输出畸变等优点。

（2）电流源逆变器（CSI）

电流源逆变器是一种输出电流作为控制量的逆变器。与 VSI 不同的是，CSI 通过控制开关器件的电流来控制输出电流，并采用特定的控制策略，如无零序电流控制、电流负载平衡等，如图 7-31 所示。CSI 常用于对非线性或容性负载有较高要求的应用，例如感应加热、电力电子调节等。CSI 还具有较高的输出阻抗，可提供强大的短路能力和过载保护。

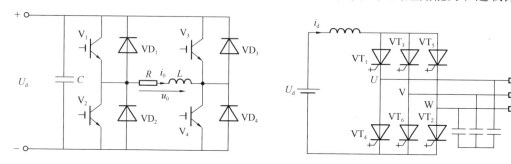

图 7-30　电压型单相桥式逆变电路　　　图 7-31　电流型三相桥式逆变电路

2. 按输出相位分类

逆变器根据输出相位的不同可分为单相逆变器和三相逆变器。

（1）单相逆变器

单相逆变器是一种将单相直流电转换为单相交流电的逆变器。其工作原理类似于 VSI，通常采用 PWM 技术，在开关器件上进行脉宽调制控制，以产生所需的输出波形。单相逆变器广泛应用于家庭电器、办公设备、数码产品等领域中，如太阳能逆变器、UPS 逆变器、频率变换器等。

（2）三相逆变器

三相逆变器是一种将直流电转换为三相交流电的逆变器。其工作原理也类似于 VSI，但与单相逆变器不同的是，三相逆变器需要采用三相桥控制电路来实现。三相逆变器通常采用空间矢量脉宽调制（SVPWM）技术，通过动态调整开关器件的状态和控制信号的幅值、相位等参数，产生高品质的三相交流输出。三相逆变器适用于工业电机驱动、大型电力电子变频器、太阳能逆变器等高负载。

3. 按操作模式分类

根据操作模式，逆变器主要分为 3 个类别，分别是独立逆变器、并网逆变器、双峰逆变器。

（1）独立逆变器

独立逆变器（Stand-alone Inverter）是一种能够将直流电源转换为交流电源的逆变器，通常被用于独立光伏发电系统中，如图 7-32 所示。独立光伏发电系统是指与主电网没有物理连接的独立发电系统，常见于偏远地区、野外活动和灾后重建等场景。独立逆变器对实现独立以及紧急情况（如自然灾害导致电网中断）供电非常重要，减少了对传统电网的依赖，提高了能源的可持续性和稳定性。

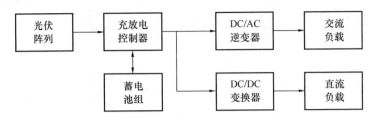

图 7-32　独立光伏发电系统

独立逆变器的优点在于具有更大的灵活性和可靠性，可以在没有电网供电的情况下独立运行，适用于偏远地区或没有稳定电网供电的场所。例如，在一些农村地区或岛屿上，独立逆变器可以将太阳能或风能等可再生能源转换为交流电，为当地的家庭或工业设备供电。

（2）并网逆变器

并网逆变器（Grid-Tied Inverter，GTI）与独立光伏发电系统不同，并网光伏发电系统要接入电网运行，向电网输送电能，可对电网起调峰作用。依据功能作用的不同可分为调度式和不可调度式两种，二者的结构框图分别如图 7-33 所示。

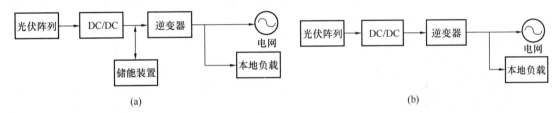

图 7-33　并网逆变器应用场景
（a）可调度式；（b）不可调度式

并网逆变器也被称为电网互连逆变器或电网反馈逆变器。它的工作原理是将直流电源的电能通过逆变器转换为与公共电网相匹配的交流电，并将其注入电网中，如图 7-34 所示。通过逆变器输出的交流电流与电网的频率和相位保持同步，可实现将电能从直流电源传输到公共电网中。

并网逆变器的使用在太阳能能源发电系统中非常常见，特别是太阳能光伏系统，有助于最大限度地利用太阳能源，并为用户提供可靠的经济效益和环保需求。同时，通过向电网注入额外的电力，可以促进太阳能源的普及，并减少对传统化石燃料发电的依赖。

（3）双峰逆变器

双峰逆变器具备两种工作模式，既可以作为并网逆变器工作，也可以作为独立逆变器工作。这种逆变器具有将太阳能发电和储能设备有额外电力时注入电网，在太阳能发电量不足或储能设备不能提供电力时从电网中获取电力的能力。

双峰逆变器的灵活性使其成为一种多功能设备，可以根据实际需求在独立逆变器和并网逆变器之间切换。这种功能可以根据电网状态和太阳能源的可用性之间进行智能调整，以实现能源的高效利用。通过双峰逆变器的使用，可以更有效地弥补太阳能源不足，最大程度降低对传统电力的依赖，促进太阳能光伏系统的可持续发展。

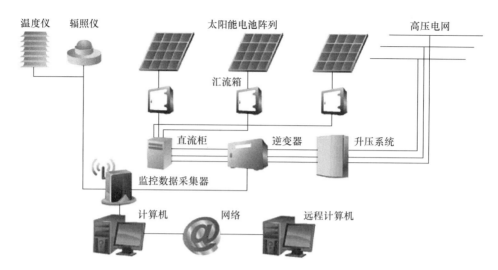

图 7-34 并网逆变器的应用

4. 根据其应用规模分类

（1）小型住宅光伏系统通常安装在个人住宅的屋顶或地面上，一般容量在数千瓦（千瓦级别）以下，如图 7-35 所示。主要用于满足家庭的电力需求，可以减少家庭的电费支出并提供清洁的可再生能源。

（2）商业和工业光伏系统的规模通常比小型住宅系统大，容量可以从几千瓦到数兆瓦不等。主要用于商业建筑、工业设施、学校、医院等大型建筑或设施的电力供应。这些系统可以降低能源成本，提高可持续性，并满足大规模用电需求。

（3）大型太阳能电站容量通常在几兆瓦到几百兆瓦之间，有时甚至更大。这些电站通常位于大片土地上或沙漠中，旨在集中产生大量电能，如图 7-36 所示，以供应电网，满足城市或国家的电力需求。它们是大规模可再生能源项目的一部分，有助于减少化

图 7-35 小型住宅光伏系统示意

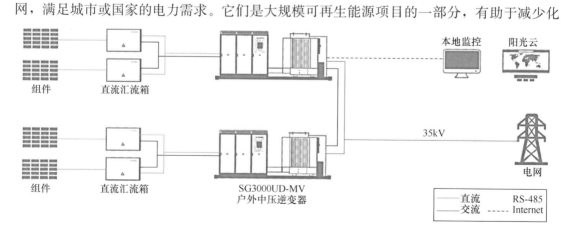

图 7-36 大型太阳能电站示意

石燃料的使用和温室气体排放。

（4）分布式发电系统是一种分散安装在许多小型或中型建筑中的光伏系统，通常在数十千瓦到数百千瓦之间。这些系统可以将可再生能源产生的电能分布到多个点，例如住宅、商业建筑或工业区域。分布式发电有助于减轻电网的负荷和提高电能的可靠性。

（5）光伏微电网可以与主电网分离，为社区提供电力，提高可靠性和可持续性。通常用于偏远地区、岛屿或需要独立电力供应的地方。

7.5.3 太阳能光伏系统监控

太阳能光伏发电系统同以往的建筑供配电系统一样，只需要对系统中的一些重要参数如电压、电流、功率因数等进行采集，对设备、开关等不作控制，即"只监不控"，监测内容如下：

（1）温度监测：通过温度传感器监测太阳能光伏阵列表面温度和蓄电池组的温度。

（2）照度监测：通过光强传感器监测室外太阳光的光照强度。

（3）电压、电流、功率因数监测：通过电压/电流传感器监测太阳能光伏阵列的输出电压/电流、蓄电池端电压以及蓄电池输入输出电流、逆变器逆变后交流电的电压/电流及功率因数、市电网的电压/电流及功率因数等。

（4）电量监测：通过电量变送器监测由市电网送来的电量和给市电网输出的电量。

进入新世纪，随着我国太阳能资源利用产业的不断发展和壮大，国内许多研究人员对太阳能发电站的监测进行了研究，并提出了一些监控系统的建设方案。这些监测系统方案主要分为两种，一种是利用 DSP 和 CAN 总线技术所建立的监测系统，另一种是利用单片机、RS-485 总线和组态软件等技术构成的监测系统。

现代信息技术的发展使监测系统有了更加丰富多样的设计方案和功能。无线远程数据传输、物联网、云平台等技术的使用将进一步促进监测系统的自动化和智能化。图 7-37 为一基于云平台技术和物联网技术搭建的监测系统整体设计方案示意图。

图 7-37 监测系统的整体设计方案示意图

其中，数据采集终端负责装置现场的数据采集，并将采集数据远程传输到监测平台；监测平台接收数据，并利用数据库进行数据的存储和管理；最后经过检测平台的逻辑处理，采集数据就可以通过浏览器页面与用户实现交互。

光伏电站的核心指标是发电量和发电效率。如果发电量不足，用户的收益也会相应减少。通常情况下，光伏电站发电量低主要有以下几个方面的原因：

（1）太阳能电池板被遮挡：当物体或灰尘遮挡太阳能电池板时，会降低电池板接收太阳辐射的能力，从而导致发电量减少。

（2）电站的接线方式：不同的接线方式对发电量会有影响。合理的电站接线方式可以最大化整个系统的发电效率。

（3）太阳能光伏板的朝向和倾斜角度会影响光伏板对太阳辐射的接收程度。选择合适的朝向和倾斜角度可以提高光伏电站的发电效率。

（4）设备故障：逆变器故障和其他设备故障可能会导致光伏电站无法正常运行或部分发电单元失效，从而降低整个系统的发电量。因此，实时监测光伏电站的发电量和设备运行状态非常重要。及时发现异常的发电量数据和设备故障可以采取相应的措施来调整和修复，以确保光伏电站的正常运行和最大化发电效率。

综上所述，太阳能光伏系统监控通过监测功率产出、电压、电流和温度等关键参数，并使用合适的工具和方法进行分析，具有提前发现故障、优化性能、数据分析决策、远程管理和安全保障等重要作用，通过提高能源产出，延长系统寿命，降低运营成本，从而实现可持续的光伏发电，在长期内带来显著的经济和环境收益。

7.6 地热供暖系统及其监控

地热能作为一种新型清洁能源，由于其具有可再生性，分布范围广且不受空间展布限制等优势，已经成为继水力、生物质能之后的世界最具潜力开发的可再生能源。中国幅员广袤、地域辽阔，蕴藏丰富的地热资源，根据地温条件不同，地热资源可分为高品地热资源（150℃以上）、中品地热资源（介于90～150℃之间）和低品地热资源（低于90℃且大于25℃）；根据地热形成地质构造背景，地热系统可分为隆起山地型地热系统和沉积盆地型地热系统；而根据地热能利用方式，可分为浅层地热能、水热型地热资源和干热岩地热资源。

7.6.1 地热供暖系统组成

我国目前应用地热资源供暖主要利用的是浅层地热能和低品的水热型地热资源。浅层地热能资源主要来自太阳的辐射能，储量巨大，通常赋存于地表埋深200m以内土壤、砂石或地下水中，品位较低，因其分布范围广、施工难度较低，利用地源热泵技术消耗少量高品能源将低品能源提取转化用于供暖，目前应用最为广泛。

地热供暖系统是一种利用地下热能进行室内供暖的系统。通过地下埋设的管道将地热能传导到室内，然后将其转化为热能，为房间提供暖气。主要由热能采集系统、管网系统、换热站系统、用热设备等构成，如图7-38所示。

（1）热源设备：地热供暖系统的热源设备是地热能的来源，一般包括地热井、地热换热器等。地热井是通过钻探地下深处的井口，利用地下的热能进行供暖。地热换热器用于将地热能转移到供暖系统中的工质（一般是水）。

地热井是地热能的采集装置，一般由钻井设备进行钻探。地热井的深度一般在100～300m之间，以保证地下温度的稳定性。地热井通常由井筒、套管、井口装置和井底装置组成。井筒是井的主体结构，由钢管或塑料管构成，用于保持井的稳定和防止地下水的渗

第 7 章 建筑可再生能源监管系统

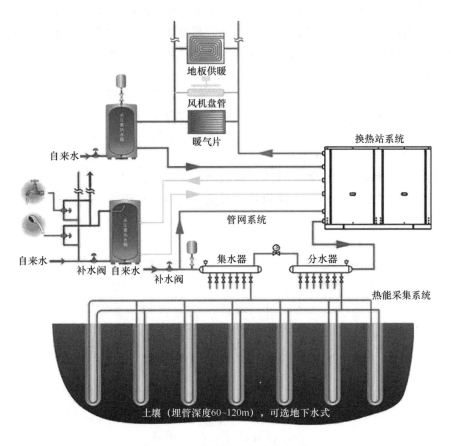

图 7-38 地热供暖系统示意图

入。套管是井筒内的一种管道，用于保护井筒和增加井的强度。井口装置包括井口防喷器、井口防冻装置等，用于保护井口设备和人员安全。井底装置包括井底阀门、井底泵等，用于控制地热能的采集和输送。

地热换热器是地热能转移到供暖系统的关键设备，一般包括换热管、换热器壳体和换热介质等。换热管是地热能传递的通道，一般由耐高温、耐腐蚀的材料制成，如不锈钢管。换热器壳体是换热管的外部包围结构，一般由金属材料制成，具有良好的散热和保温性能。换热介质一般是水，通过换热管和换热器壳体之间的热传导，将地热能转移到供暖系统中。

（2）配管系统：地热供暖系统的配管系统用于输送热能，一般包括供水管道和回水管道。供水管道将热水从热源设备输送到供暖区域，回水管道将冷却的水返回到热源设备进行再次加热。供水管道和回水管道一般由耐高温、耐压的材料制成，如不锈钢管或塑料管。为了减少能量损失，供水管道和回水管道一般会进行保温处理。

（3）辅助设备：地热供暖系统的辅助设备包括水泵、控制器和调节阀等。水泵用于推动热水在配管系统中循环，保证热能的传递和供暖效果。控制器用于监测和控制系统的运行状态，如温度、压力等参数的监测和调节。调节阀用于调节热水的流量和温度，以满足不同区域的供暖需求。

(4) 供暖设备：地热供暖系统的供暖设备一般是辐射供暖器或者地暖系统。辐射供暖器通过辐射热能将热量传递给室内空气，实现供暖效果。地暖系统则是通过地面散热片或地暖管道将热量传递给室内空气，实现供暖效果。供暖设备的选择根据具体的供暖需求和空间布局进行。

地热供暖系统主要由热源设备、配管系统、辅助设备和供暖设备组成，通过利用地下的热能进行供暖，实现室内的舒适温度。这些组成部分相互配合，共同工作，实现地热能的采集、转移和利用，为用户提供高效、环保的供暖解决方案。

7.6.2 地热供暖系统的形式

地热供暖系统供热形式主要可分为直接式和间接式两种：

(1) 地热直接式供暖：地热直接供热方式是指地热水直接进入热用户散热后，然后排放掉或回灌。这种供热方式设计结构简单，如图7-39(a)所示。

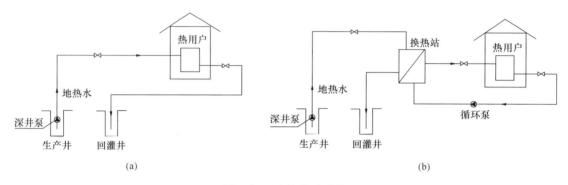

图 7-39 地热供暖系统
(a) 直接式；(b) 间接式

采用地热直接供热方式受到以下条件限制。其一，地热水的腐蚀性较强，即含有较高的诱导化学腐蚀的一些成分，如氯离子、硫酸根离子等。而地热水的化学腐蚀性强弱还与使用条件有关，即地热水对散热器和管网系统的腐蚀与供热系统的运行管理状况有很大关系。其二，地热管网系统的结垢控制，尽管低温地热水不如高温热流体的结垢趋势那么强，但是如果有结垢出现将影响系统的散热性能，降低地热水的有效热利用率。其三，由于直接式地热供热系统的水力调节性较差，在系统的压力平衡上应加以考虑。此外地热直接供热方式也不宜用于高层建筑的供热，因为此时地热水泵的承载扬程过高，且水头也难以稳定。

虽然直接式地热供热也有其优点，如初投资少。但是，由于直接式供热是开口系统，完全保证系统的密闭性是不可能的。这使地热水中含氧量不能很好地得到控制，导致对管道系统腐蚀的可能性要远比间接传热大得多。因此，地热直接式供热系统应用范围受到很多限制，不能大范围推广。

(2) 地热间接式供暖：地热水不直接通过热用户散热器，而是通过换热站，将热量传递给供热管网循环水，温度降低后的地热水回灌或排放掉。由于地热水不经过供热管网，热用户中只是循环水，散热器的腐蚀性保护比较容易做到。同时，供热管网的循环泵主要是为了克服循环系统的沿程阻力，系统压力也比较稳定，在大规模集中地热供热中主要采用间接式供热系统，如图7-39(b)所示。

7.6.3 地热供暖系统的监控

地热供暖系统的监控可以通过以下几种方式实现：

传统监控方式：通过人工巡检、观察和记录的方式进行监控。这种方式需要专业人员进行定期巡检和观察，对系统的运行状态和参数进行记录和分析。这种方式的优点是简单、直观，缺点是工作量大、效率低，无法实时监测和控制。

自动化监控系统：通过安装监测设备和控制设备，实现对系统运行状态和参数的实时监测和控制。监测设备可以实时采集系统的温度、压力、流量和能耗等数据，控制设备可以根据监测数据进行自动调节和控制。监测设备和控制设备可以通过有线或无线方式与监控系统进行数据传输和通信。

远程监控系统：通过互联网和远程通信技术，实现对地热供暖系统的远程监控和控制。远程监控系统可以通过云平台或移动应用程序，实时获取系统的运行状态和参数，进行远程控制和调节。远程监控系统可以实现对多个地热供暖系统的集中管理和监控，提高监控效率和管理水平，如图 7-40 所示。

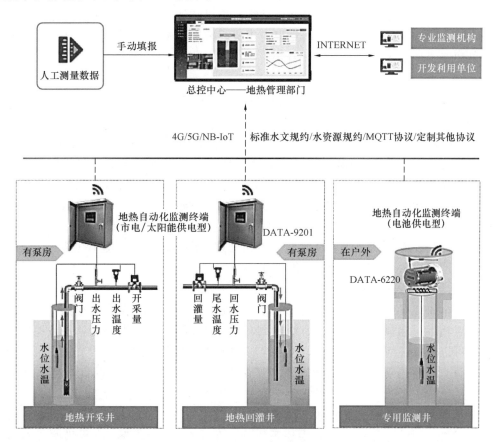

图 7-40 地热供暖系统监控示意图

对地热供暖系统的监控主要由开采、输送、分配方面等进行，通过对地热管道中热水的温度、流量、压力等数据的实时采集，系统进行分析控制，来调整中心泵站或各个子系统中变频水泵的启停和运转频率，从而调节整个供暖系统的供热温度和管网压力。具体的监控内容如下：

（1）温度监测：通过温度传感器监测地热井出水口温度、换热器二次侧出水口温度、调峰站锅炉出入口水温、用户终端设备水温等。

（2）压力监测：通过压力传感器监测地热井出水口压力、换热器二次侧出水口压力、调峰站锅炉出入口压力、中心泵站出水口压力、换热器二次水回水口压力。

（3）流量监测：通过流量传感器监测地热井出水口水流量、换热器二次侧出口水流量。

（4）水泵启停状态监视：监视控制柜中水泵接触器常开触点的通断。

（5）液位监测：通过液位传感器监测地热水井的液位。

（6）换热器结垢状况监测：利用出入口管道压力差进行监测判断，压差超出时报警，提醒管理人员疏通或更换。

（7）变频水泵启停和运转频率控制：通过地热井出口管道的流量监测参数与换热器中地热水出入口管道的压力参数控制变频水泵的启停或运转频率。

地热供暖系统的监控是保证系统安全、稳定和高效运行的重要手段。通过实时监测和控制系统的运行状态和参数，可以及时发现和处理系统故障和异常情况，提高系统的可靠性和经济性。同时，监控数据和分析结果可以为系统的调整和优化提供参考，提高系统的供暖效果和能源利用效率。

7.7 地源热泵系统及其监控

地源热泵系统（Ground Source Heat Pump systems，GSHPs）是一种利用地下土壤或地下水体的热能来进行供暖、制冷和热水供应的系统。它通过地源热泵机组将地下的低温热能提升并传递到建筑物内部，实现室内温度调节。这种系统具有高效节能、环保、稳定可靠等优点，被广泛应用于住宅、商业建筑和工业设施等领域。地源热泵监控系统是指对地源热泵系统进行监测、分析和控制的系统。它能够实时监测地源热泵系统的运行状态、能耗情况和环境参数等，通过数据分析和处理，提供优化运行建议和故障排除方案，从而实现对地源热泵系统的管理和节能优化。

7.7.1 地源热泵系统

通过大量研究发现，地下土壤在5m以下温度不随室外温度变化而变化，并且和当地年平均气温相近。地源热泵以土壤为冷热源，不会消耗能源和污染环境，并且地埋管换热器的位置可以布置任何需要的东西，也不会影响占地，假设在添加别的节能方式其节能效果更加显著。地源热泵是通过吸收地下土壤的低品能从而转化为高品能，夏天向土壤释放，冬天从土壤中吸收，从而可以实现土壤的内部平衡。

地源热泵系统是一种典型的浅层地热能应用技术，其主要原理是利用土壤（地表水、地下水）作为热源或冷源，在夏季为建筑供冷，冬季为建筑供热，按照热源或冷源的不同，可分为土壤源热泵系统、地下水源热泵系统和地表水源热泵系统，详见图7-41。本书主要集中于土壤源热泵系统，为方便起见，统称为地源热泵或地源热泵系统。

地源热泵空调系统一般由三个环路组成：室外循环、制冷剂循环、室内循环，如图7-42所示。

（1）室外环路：一种方式是用高强度的塑料管组成地下循环的封闭环路，循环介质为

第7章 建筑可再生能源监管系统

图 7-41 地源热泵系统类型示意图

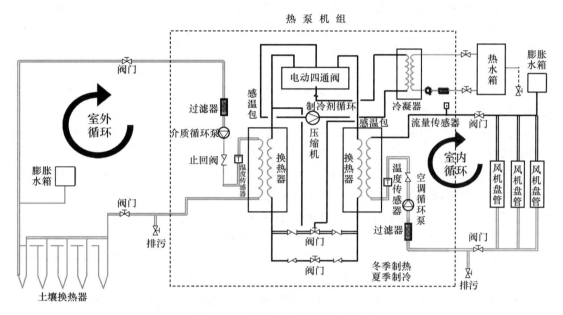

图 7-42 地源热泵系统结构示意图

水或防冻液；另一种方式是抽取地下水，换热后再回灌的水井系统。

（2）制冷剂环路：是热泵机组内部的制冷剂循环，一般由压缩机、蒸发器、冷凝器和膨胀阀等组成。

制热时：压缩机不断地从蒸发器中抽出制冷剂蒸气，经过压缩机压缩，制冷剂由低温低压蒸气转变成高温高压蒸气。高温高压制冷剂蒸气在冷凝器内冷凝，放出大量热被热媒水吸收，从而达到制热的目的。被冷凝器冷凝的高压液体制冷剂经热力膨胀阀节流、降压，转变为低压制冷剂液体，低压制冷剂在蒸发器内蒸发，从地下水中吸收大量热量，从而降低了地下水的温度。低压制冷剂蒸气被压缩机抽取，从而形成一个制热循环。

制冷时：压缩机不断地从蒸发器中抽出制冷剂蒸气，经过压缩机压缩，制冷剂由低温低压蒸气转变成高温高压蒸气。高温高压制冷剂蒸气在冷凝器内冷凝，放出大量热被地下水吸收，被冷凝器冷凝的高压液体制冷剂经热力膨胀阀节流、降压，转变为低压制冷剂液体。低压制冷剂在蒸发器内蒸发，从冷媒水中吸收大量热量，从而降低了冷媒水的温度，达到制冷的目的。制冷剂通过以上过程完成了制冷循环。

（3）室内环路：在建筑物内与热泵机组之间传递热量或冷量。热泵机组通过室外环路进行热量交换，在冬季制热运行时从地下土壤（地层）、地下水吸收热量，夏季制冷运行时向地下土壤（地层）、地下水释放热量。同时，热泵机组本身的制冷剂环路运行来把室外环路侧的热量或冷量交换到室内环路侧，室内环路进而把热量或冷量传递到建筑物内空调末端系统。

此外，地源热泵系统还包括：

（1）地热换热器：地热换热器是地源热泵系统的核心组件，它负责从地下获取热能。地热换热器一般分为水源地热换热器和地埋式地热换热器两种类型。

水源地热换热器是将水泵抽取地下水通过地热换热器，利用地下水的恒定温度进行热交换。地下水在地热换热器中与热泵机组中的制冷剂进行热交换，从而实现热能的传递。

地埋式地热换热器是将地下埋设的地埋管与热泵机组中的制冷剂进行热交换。地埋管一般采用高密度聚乙烯管材，通过埋设在地下的方式，将地下的热能传递给热泵机组。

（2）供暖设备：供暖设备是地源热泵系统的输出设备，它负责将热泵机组产生的热能传递给室内空间。供暖设备一般包括供暖水箱、供暖管道和散热器等。供暖水箱是存储热泵机组产生热水的设备，它通过供暖管道将热水传递到室内各个供暖区域。供暖管道是将热水从供暖水箱输送到各个供暖区域的管道系统。散热器是供暖设备的主要散热装置，它通过与室内空气进行热交换，将热水的热能传递给室内空间。

（3）控制系统：控制系统是地源热泵系统的智能化管理设备，它负责对系统的运行状态和参数进行监控和控制。控制系统一般包括控制器、传感器和执行器等。控制器是控制系统的核心设备，通过对传感器采集的数据进行处理和分析，控制执行器的运行。传感器是控制系统的感知设备，它负责采集系统的运行状态和参数，如温度、压力、流量等。执行器是控制系统的执行设备，它负责根据控制器的指令进行操作，调节系统的运行状态和参数。

地源热泵系统通过地热换热器从地下获取热能，热泵机组将地下获取的热能转化为供暖和制冷所需的热能，供暖设备将热能传递给室内空间，控制系统对系统的运行状态和参数进行监控和控制。这些组成部分相互配合，共同实现地源热泵系统的高效运行和节能环保。

7.7.2 地源热泵系统监控

地源热泵系统通过对冷却水循环系统、冷水循环系统和热泵机组进行监控，从而控制系统正常运行，如图7-43所示。

（1）流量监测：通过流量传感器监测用户侧水流量、地源侧水流量和生活热水水流量。

（2）温度监测：通过温度传感器监测用户侧供回水温度、地源侧供回水温度，计算处理所用的供回水温度差。

（3）输入功率和耗电量监测：通过功率传感器和电表对设备的输入功率和耗电量等用电参数进行测试。

（4）空气温度和相对湿度监测：包括室内空调房间的温湿度、室外环境温湿度以及室内送回风空气温湿度。

（5）水泵运行状态监控：通过电流传感器监测各个循环泵的运行状态，由水泵配电线

第7章 建筑可再生能源监管系统

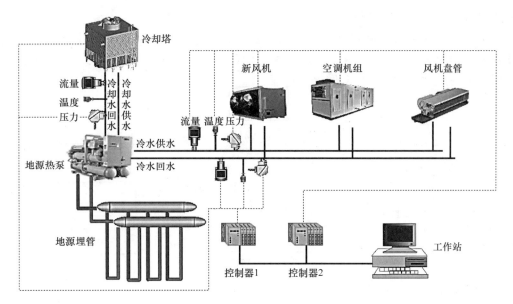

图 7-43 地源热泵监控系统原理图

路上有无电流来检测水泵运行状态。

（6）地源热泵机组的监控：监视地源热泵机组的运行状态，并对其进行控制。

（7）故障监控：对所有的水泵和热泵机组的故障状态监测，出现故障时报警。

地源热泵系统监控功能如下：

（1）实时监测与报警：通过实时监测系统的各个参数和指标，及时发现温度、压力、流量等异常情况，并进行报警和提示。

（2）数据分析与优化：通过对监测到的数据进行分析和优化，评估系统的运行效果和能耗情况，提出相应的改进和优化措施。

（3）远程监控与控制：通过远程监控系统对地源热泵系统进行远程监控和控制，方便运维人员对系统进行远程管理和维护。

（4）故障诊断与维修：通过对系统的故障进行诊断和排除，及时修复和维护系统，确保系统的正常运行。

（5）定期检查与维护：定期对地源热泵系统进行检查和维护，包括清洗换热器、检查管道和阀门等，以确保系统的正常运行，并延长使用寿命。

（6）地源热泵系统的监控是系统运行和管理的关键环节，通过对系统的温度、压力、流量等参数进行监测和控制，可以及时发现和处理系统的异常情况，提高系统的运行效率和节能效果。通过安装传感器、控制器和远程监控系统等设备，可以实现对地源热泵系统的实时监控和远程管理。同时，通过对监测到的数据进行分析和优化，可以评估系统的运行效果和能耗情况，提出相应的改进和优化措施，以进一步提高系统的性能和节能效果。

地源热泵也可以与太阳能耦合，已达到更好节能效果，图 7-44 为太阳能耦合地源热泵温室供暖系统原理图。在太阳能耦合地源热泵温室供暖系统采用纯地源热泵供暖时，系统只启动地源热泵机组以及地源侧和负载侧水泵对农业温室进行供暖。图 7-44 中箭头方向代表热量传递方向，在供暖季节，地源热泵机组以消耗电能的方式通过地埋管从土壤中提取热量实现对农业温室的供暖。

系统在纯地源热泵供暖时，通过检测温室内温度决定热泵机组的启停。图 7-45 为地源热泵供暖的控制策略，当室内温度 T_0 低于 15℃时，启动地源热泵机组对农业温室供暖，当温室内温度 T_0 高于 15℃后停止供暖。

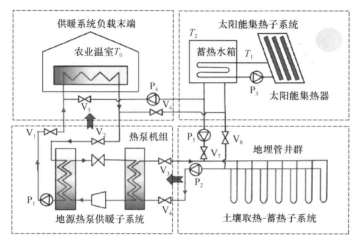

图 7-44　太阳能耦合地源热泵温室供暖系统原理图

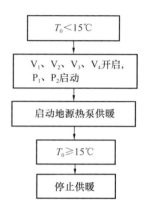

图 7-45　地源热泵供暖控制策略

复习思考题

7-1　绿色建筑可再生能源监管系统有哪些？

7-2　太阳能利用技术主要有哪些类型？

7-3　简述全玻璃太阳能集热真空管的结构及其原理。

7-4　简述太阳能热水系统的监控内容。

7-5　太阳能供热供暖系统包含哪些组件？

7-6　太阳能供暖系统监测指标有哪些？

7-7　太阳能供热制冷常见的方法有哪些？区别是什么？

7-8　太阳能吸收式制冷和太阳能吸附式制冷的工作原理有什么不同？

7-9　简述光伏发电的工作原理。

7-10　简述光伏发电系统的监测内容。

7-11　简述太阳能供热制冷系统的监控内容。

7-12　蓄电池放电深度与循环寿命有着什么样的关系？

7-13　简述独立逆变器、并网逆变器、双峰逆变器的区别及其应用场景。

7-14　地热供暖系统的形式有哪些？简要说明其优缺点。

7-15　简述地热供暖系统监控内容及注意事项。

7-16　什么是地源热泵系统？

7-17　地源热泵系统主要监控内容有哪些？

第 8 章　建筑设备管理系统的集成技术

随着现代通信、计算机和网络等高新技术在智能建筑应用中的飞速发展，智能建筑系统日趋大型化、复杂化，其组成的分系统或子系统数量增加，同时各分、子系统间的关联程度日益复杂，对这类复杂的系统已经不能用传统的机电设备工程或控制系统的方法来分析，而应该用系统工程的方法和策略加以解决，即必须站在系统高度综合应用的角度，用集成的方法对复杂的系统进行分析、组织、设计和实施。

8.1　系统集成基础知识

智能建筑是一项复杂的系统工程，按照系统论的观点，系统是由相互联系、相互作用的若干要素（或子系统）构成的、有特定功能的统一整体。系统要素之间的关系不是简单的组合或叠加，而是相互作用和联系，通过"集成"构成系统，如图 8-1 所示。

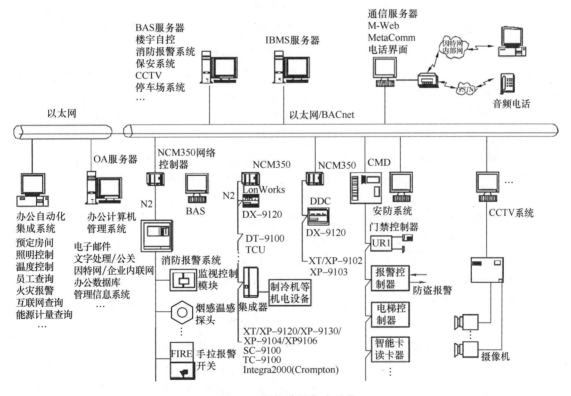

图 8-1　智能建筑集成系统

智能建筑的"智能性"体现在多种学科相互渗透、多种技术彼此交叉的综合运用，而系统集成的水平在一定程度上制约着智能建筑的智能化程度，具体地表现在智能子系统间的智能耦合程度上。智能建筑中的各个系统可以按照各自的规律自行开发出来，它们自成体系，但是这些各自分离的系统并不能构成真正的智能建筑，只有各个系统互通信息、相互协调地工作，才能形成统一的整体，达到最优组合，满足用户对功能的要求。

8.1.1　系统、集成和系统集成的内涵

系统是指由相互作用和相互依赖的若干组成部分按一定的关系组成的具有特定功能的有机整体。其本质在于描述事物的组织架构和事物间的相互关系，系统特别强调"有机的整体"。

（1）集成与系统集成。

1）集成（Integration）可理解为一个整体的各部分之间能彼此有机地协调工作，以发挥整体效益，达到整体优化的目的。集成绝非各种设备的简单拼接，而是要通过系统集成达到"1+1>2"的效果。

2）系统集成主要是通过建筑中结构化的综合布线系统和计算机网络技术，使构成建筑的各个主要子系统具有开放式结构，协议和接口都标准化和规范化，具体而言就是软硬件的连接方式、交换信息的内容和格式、子系统之间的互控和联动功能、各子系统的扩展方法等方面，都必须标准化和规范化，从而能将各自分离的设备、功能和信息等集成到相互关联的、统一和协调的系统之中，实现各子系统的信息融合，达到资源的充分共享和方便管理，进而实现整个系统的协调运行。

（2）系统集成的目的。系统集成强调在网络技术、数据库技术、中间件技术基础上实现各个异构系统之间的信息共享，为包括各个异构系统在内的视为一个整体的、系统的附加功能服务，使信息进一步增值，并为管理控制一体化发挥不可或缺的作用。

（3）系统集成的实质。系统集成是从系统工程的角度出发，研究解决工程中各个不同系统、不同组件、不同厂家产品进行技术和工程两方面的协调，保证相互的匹配，实现互联互通，达到整个系统的综合与高效。如果没有系统集成过程，再先进新颖的技术产品也构不成统一的整体系统。系统集成可理解为根据客户的需求，优选各种技术和产品，将各个分离子系统（或部分）连接成一个完整、可靠、经济和有效的系统的过程。

当今的系统集成特别要求网络化的集成，而不再是以处理器或服务器为中心。集成系统的开发也不再是面向过程，而是面向对象，密切结合应用需求，强调综合集成。从信息交互上看，也已经从简单的状态信息组合和基于监控的处理，发展到基于内容的处理和融合以及基于虚拟和多媒体技术的人机接口。

（4）系统集成的功能。系统集成可以从两个层面上体现其功能：一个层面是自动化，主要体现在系统本身、系统与系统之间的关联；另一个层面是管理，主要体现在信息收集、处理和表现。系统集成实现的关键在于解决各系统之间的互联性和互操作性，这就需要解决各系统之间的接口、协议、系统平台、应用软件等问题。

集成系统是建筑物中的一个信息管理系统。目前工程实践中通常是控制网络与信息管理系统的融合。集成系统的作用反映在两个方面：从日后维护管理的角度，确实可实现建筑物业管理上人力、物力的节省，为实现高效的、现代化管理提供技术基础；从功能的角度，应根据不同建筑的实际需求来决定是否采用集成系统。

8.1.2　系统集成的基本功能

（1）智能系统的集中监视管理。集成系统将建筑物内各分散、独立运行的子系统，通

过网络互联，使用统一的集成软件界面进行集中监视。可以监控楼内空调、水泵、风机、电梯等机电设备的运行状态，建筑设备自动化各子系统的温度、湿度、通风、照明等环境情况，停车场管理系统的车位使用情况，消防报警系统的感烟、感温传感器的工作状态或报警情况，安防和巡更的现状等。

（2）弱电系统的整体联动实现大厦的智能控制系统。集成的实施能够使原本各自独立的控制系统在集成平台的统一监控和协调下形成一个有机整体，分布在不同子系统的信息点和受控点可按管理目的建立起联动关系，这种跨系统的流程，扩展了各子系统的功能。

1）相关系统的联动运行。当火灾报警系统检测到火灾报警时，建筑自动化系统将自动联动关闭相关区域的照明、非消防电源及火灾发生时需要关闭的机电设备，相应的疏散通道的门禁系统将自行开启以方便疏散，闭路电视监控系统将把火灾画面切换到相关部门。

2）相关系统的节能运行。可根据日常工作流程安排，在上班时间之前的适宜时间开启空调系统，在上班时自动开启照明系统，门禁系统也自动开启以方便人员进入，而在下班时，又可根据需要提前关闭空调和下班后关闭照明系统。

8.2 系统集成体系结构

智能化建筑的系统集成包括：网络集成、信息集成和功能集成三个层面，将建筑智能化系统从功能到应用进行开发及整合，从而实现对建筑进行全面及完善的综合管理。

目前，系统集成技术主要有两种模式：基于 BA 系统的建筑设备管理系统（BMS）模式和基于 Internet/ Intranet 的建筑集成管理系统（Integrated Building Management System，IBMS）模式。从集成的形式上可分为下面两种功能不同的集成结构。

1. 子系统纵向集成

集成的目的在于各子系统具体功能的实现。例如对于 BA 系统，需将电梯系统、供水系统、照明系统等智能化系统，以子系统为单位进行功能集成，系统包括：子系统中央工作站、网络控制器、现场控制器、信息传输系统等。

1）子系统中央工作站负责系统的运行管理工作，通常采用 PC 作为硬件平台、Windows 作为软件平台。

2）网络控制器作为子系统集成的主控制器，采用串行通信方式与现场控制器连接。

3）现场控制器具有独立完成现场控制与调节的功能，现场控制器的数量以及控制器的输入输出点数和类型等可以根据现场控制需求配置。

建筑设备自动化各子系统集成模式，可分为网络控制器、中央控制器的纵向集成和带有中央管理工作站的集成模式。

（1）建立在现场控制器基础上的网络控制器管理模式。早期建筑设备自动化子系统是在现场控制器基础上，以网络控制器为中心的集成模式，其系统的管理功能受网络控制器的功能限制，但网络控制器作为现场集成控制设备具有可靠性高、网络结构简单的优势，随着具有通用的图形化编译工具、可进行现场集成功能强大的网络控制器出现，在网络控制器层面进行系统集成的系统具备一定优势。图 8-2(a) 为建立在现场控制器基础上的网络控制器管理模式和工作站子系统纵向集成管理模式。

（2）子系统工作站纵向集成管理模式。从应用和管理角度出发，建筑设备自动化各子系统的集成不但要有高质量的现场控制系统，更希望具有友好人机界面控制工作站。这些功能子系统控制工作站采用通用微处理机平台的可视化管理为基本界面。图 8-2(b) 为工作站子系统纵向集成的管理模式。

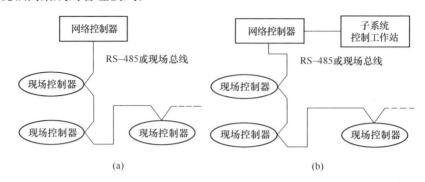

图 8-2 网络控制器管理模式和工作站子系统纵向集成管理模式

2. 横向集成

横向集成主要体现于各子系统间的优化组合。在确立各子系统重要性的基础上，实现几个关键子系统的协调优化运行，报警联动控制等再生成功能。按其结构方案的分类分为松散型集成、紧凑型集成和综合型集成三个方案。

（1）松散型集成方案

该方案是基于各功能子系统业已存在的自控工作站，利用网络和特定的编程方法，完成系统与被集成系统之间的数据存取，以达到信息互联的目的。典型的松散型系统集成方案如图 8-3 所示。

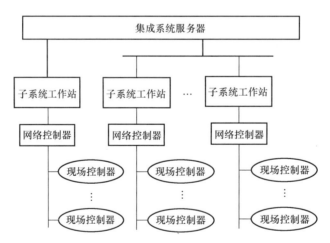

图 8-3 典型的松散型系统集成方案

（2）紧凑型集成方案

如果功能子系统能够提供开放的数据传输协议和物理连接方法，那么紧凑型集成方案将直接从各子系统的链路通信协议进行集成。目前市场上出现了一些产品，控制器可以直接挂接 IP 网。这种情况，虽然也是通过类似松散型集成方案中的信息存取方法，但仍然可把它归为紧凑型集成方案,因为其应用层面已经发生变化。典型的紧凑型系统集成方案如图 8-4 所示。

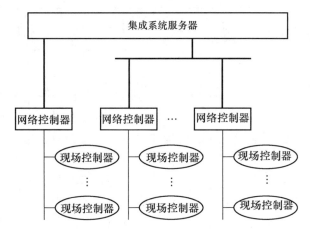

图 8-4　典型的紧凑型系统集成方案

(3) 综合型集成方案

综合型集成方案就是在同一个系统里既有松散型的集成架构,又有紧凑型的集成架构。在大多数实际的工程项目中,将会采取这一种方案。综合性系统集成方案如图 8-5 所示。

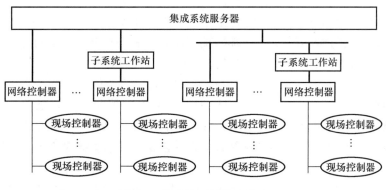

图 8-5　综合性系统集成方案

8.3　系统集成的模式

BA 系统即楼宇自控系统 (Building Automation System,BAS),又称为建筑设备自动化系统,它是在综合运用自动控制、计算机、通信、传感器等技术的基础上,实现建筑物设备的有效控制与管理,保证建筑设施的节能、高效、可靠、安全运行,满足广大使用者的需求。

8.3.1　BA 系统的集成结构

BA 系统属于一种集散控制系统。其基本结构包括分散的过程控制装置、集中的操作管理装置以及通信网络三部分。图 8-6 为典型集散系统组成的 BA 系统结构。

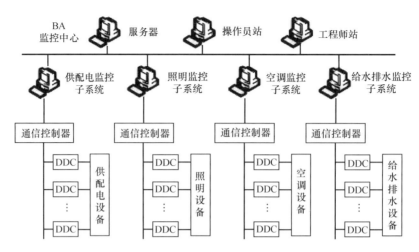

图 8-6 典型集散系统组成的 BA 系统结构

所谓分散的过程控制装置就是各种 DDC 或 PLC。控制器安装在控制现场，就地实现各种设备监控功能。数据通信方面，DDC 和 PLC 之间通过通信网络进行连接，使得不同控制器之间实现互联互通、互操作。

集中操作和管理设备即各种服务器、工作站等。通过这些设备，操作管理人员可以通过友好的人机界面实现设备状态查看及控制、数据信息收集和管理、报警管理、报表生成等。

BA 系统有两大接口界面：一个是集中操作和管理设备与工作人员之间的人机界面（目前行业中对人机界面友好性的要求越来越高）；另一个是 BA 系统与控制对象之间的过程界面，包括各种传感器、执行器、阀门、变频器以及表具等。

BA 系统已从最初的单一设备控制发展到今天的集综合优化控制、在线故障诊断、全局信息管理和总体运行协调等高层次应用为一体的集散控制方式，已将信息、控制、管理、决策有机地融合在一起。但是随着工业以太网、基于 Web 控制方式等新技术的涌现以及人们对节能管理、数据分析挖掘等高端需求的深化，BA 系统仍然处在一个不断自我完善和发展的过程中。

随着 BA 系统通信的开放化（LonWorks、BACnet、OPC）、网络扁平化（以太网进入现场层）、设备集成化（现场层设备功能越来越强大），BA 系统除了不断完善自身的控制功能外，以 BA 为中心的建筑管理系统也不断发展和完善。

8.3.2 BMS 集成模式

BMS 集成模式是对 BAS（楼宇自控系统）实现综合管理的系统。BMS 以开放的建筑设备自动化系统为基础和平台，增加有关信息通信、协议转换和控制管理等模块，将独立的火灾自动报警与消防联动控制系统、安全防范系统、出入口控制系统、IC 卡系统以及停车库管理子系统等有机的集成起来，运行于 BA 系统中央监控管理级计算机上，实现对各类子系统和设备的信息管理和监控，实现系统联动控制和整个建筑的全局响应功能。

BMS 通过对大厦内所有建筑设备进行全面的监控和管理，确保大厦内所有设备处于高效、节能、最佳的运行状态，提供一个安全、舒适、便捷的工作和生活环境。

1. BMS 系统集成的关键问题

BMS 系统集成的本质是实现各个子系统之间的信息交换，并对各子系统实行统一的管理和监控。系统集成的关键有以下几点。

（1）各子系统之间的互联和互操作 BMS 是在各系统纵向集成的基础上，对不同厂商的设备、多种通信协议、面向各种应用实现横向集成的体系结构，需要解决各类设备、各子系统之间的接口、通信规约、系统平台、应用软件、建筑环境、运行管理等各类面向集成的问题。如何实现系统的互联互通，是系统硬件配置和软件设计实现集成的关键。

（2）各子系统之间的联动。实现系统联动的主要目的是提高处理突发事件的能力。

2. BMS 系统集成的主要模式

（1）以接点方式进行系统集成

通过增加一个设备子系统的输出接点或传感器，接入另一个设备子系统的输入接点，实现系统的集成和联动功能。BMS 包括：建筑设备自动化的 BA 系统及建筑公共安全系统等。其中，BA 各系统（供暖通风与空调监控系统、给水排水监控系统、变配电与自备电源监控系统、电力供应与照明控制、电梯控制等系统）在纵向集成的基础上实现横向网络化集成，公共安全各独立系统（火灾自动报警与消防控制系统、人员出入监视系统、保安巡更系统、防盗报警系统等）以输出接点的形式参与 BA 系统的集成。图 8-7 是公共安全系统以硬节点方式参与系统集成的结构。这种集成主要完成联动功能，联动大致分为硬件联动和软件联动两种。所谓的硬件联动就是通过硬接点进行连接，消防报警或安防所有产生的动作或告警，通过硬接点传给监控主机，在主机上进行图像显示、上传信息并完成联动；软件联动即通过软件的集成，在平台上进行图像联动显示。

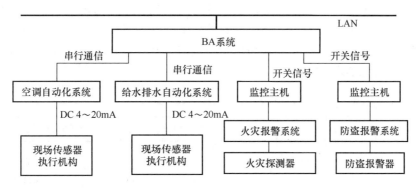

图 8-7　公共安全系统以硬节点方式参与系统集成结构

规范要求火灾自动报警系统应为一个独立的系统，目前，许多设计中允许火灾自动报警系统向建筑物自动化系统发送信号，即平时 BA 系统可以从火灾自动报警主机上获取其运行状态的各类信号，火灾时火灾自动报警系统可向 BA 系统发出信号，但消防的专用设备仍然归到消防联动中，设计消防专用总线，成为独立系统。

这种以接点方式进行系统集成的方式是系统集成早期采用的技术手段，简单、可靠、容易实现，目前，作为电控箱的切换和消防联动的开关条件等还具有实际应用价值。

（2）以串行通信方式进行系统集成

随着串行通信和现场总线技术的发展，建筑设备控制系统具有了串行通信功能和信息交换功能，使之具备集成的能力。常见的方式是将现场控制器增加串行通信接口，能够与其他子系统进行通信。不同子系统和不同厂商的设备之间的信息交换通过通信协议的转换实现信息交换。图 8-8 是以串行通信方式进行系统集成的结构。

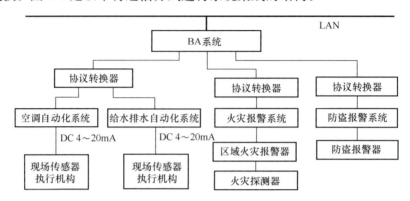

图 8-8　以串行通信方式进行系统集成的结构

各系统在接入 BA 系统之前，通过协议转换器将采用不同通信方式和通信规约的系统统一转换为固定的通信协议和通信方式后（如统一转换为 RS-232 协议）接入物业管理系统。

（3）基于楼宇自控系统 BA 平台的系统集成

随着计算机技术的发展，建筑设备控制系统制造商将产品和计算机技术紧密结合起来，使建筑设备自动化系统可以通过计算机网络连接其他子系统，建筑设备自动化系统可以监测、控制和管理其他子系统，由此产生了以 BA 系统为平台的系统集成方式。系统把若干个相互独立、相互关联的系统如建筑设备监控系统、安全防范系统、火灾自动报警及联动系统等集成到一个统一的、协调运行的系统中。这种集成方式相对于前两种集成方式来说是一个较大进步，系统集成程度和功能明显得到提高。图 8-9 是基于建筑设备自动化系统 BA 平台的系统集成的结构。

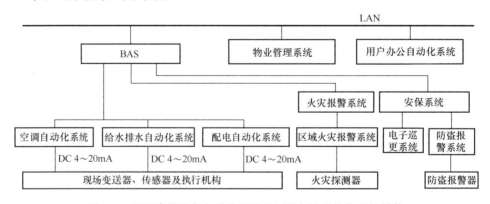

图 8-9　基于建筑设备自动化系统 BA 平台的系统集成的结构

以 BA 系统为中心的系统结构大多采用二级网络的形式，即上层为局域网 LAN（通常是以太网或 BACnet），下层采用 RS-485、LonWorks 等速率较低的标准工控总线方式，具备集成的有利条件。此外，以 BA 为中心的集成模式还可通过开发与第三方系统的网络接口（网关或网络控制器），将各种系统数据集成到网络主干上，这样 BA 网关就能将 SAS、FAS 等第三方系统的协议转化为 BA 级通信主干协议，从而实现了以 BA 为中心的集成目的。这种集成模式的优点是 BA 软件本身提供的开发平台就比较强大，通过网关转换，不难将智能化建筑内全部各子系统连通。然而，这种系统集成方式仍然存在以下明显的缺点：

1) BA 系统还是一个相对封闭的体系，缺少向上的开放能力。

2) BA 系统与其他子系统的接口设备和接口软件局限于特定产品、特定型号，因此系统集成能力有限，且维护、升级成本高。

3) 基于 BA 系统为平台的 BMS 集成模式，一旦 BA 系统发生故障出现停机，BMS 集成系统也就失去正常工作能力，不能管理和监控其他仍正常工作的子系统。因此，以 BA 系统为平台的系统集成方式不是真正意义上的智能建筑系统集成。

8.3.3 IBMS 集成模式

IBMS 集成属于一体化的网络集成模式，它基于 Internet/Intranet 技术，将 BAS（建筑设备监控管理系统）、PAS（广播系统）、CPS（停车场管理系统）、SCS（综合智能卡系统）、OAS（办公自动化系统）以及 CNS（通信与网络系统）等各子系统视为下层现场控制层，并以平等方式集成为一个有机的统一系统。

基于子系统平等方式进行系统集成是一种更为先进的系统。这种系统集成方式的核心思想是建立系统集成管理网络，将各子系统视为下层现场控制网，并以平等方式集成。系统集成管理网络运行集成系统（实时）数据库，各子系统的实时数据通过开放的工业标准接口（如 OPC 接口）转换成统一格式存储在系统集成数据库中。它既要求实现对控制层信息的系统集成，又要求控制层与管理层能充分融合，IBMS 系统主要集中在监视、管理和优化资源的配置上，对于实时的控制信息不直接参与控制，而是交由各子系统独立完成。

IBMS 是一个建立在各子系统的基础上采用集散控制方式的完整独立的系统，各子系统在 IBMS 工作站进行集中管理，由分布在各子系统现场的控制设备完成具体监控功能，并确保每个子系统的相对独立性；在建筑设备监控管理系统（BAS）内任意一个节点出现故障情况下都不会影响系统的数据传送及子系统的正常运行，子系统彼此间可保证在网络内实现互联及联动操作的功能。图 8-10 是 IBMS 系统集成的结构。

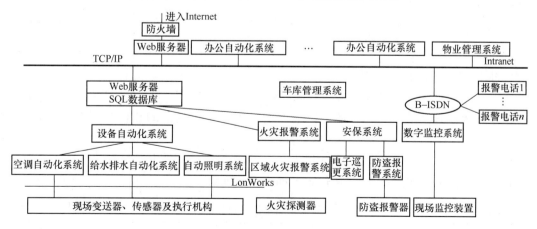

图 8-10 IBMS 系统集成的结构

IBMS 通过 TCP/IP、BACnet、OPC、LonWorks 等通信协议与楼宇自控系统、安防系统、消防系统、办公自动化系统或现场设备之间相互通信，实现所有子系统的集成。系统的设计，完全基于企业内部网（Intranet）之上，通过 Web 服务器和浏览器技术来实现楼宇管理系统的实时信息交互、综合和共享，实现统一的人机交互界面和跨平台的数据库访问。

8.4 系统集成工程案例分析

由于建筑物结构和功能的多样性，业主的需求和投资强度也不同，因此，系统集成的范围、基本功能目标和实现技术千差万别。因此，本节主要介绍几种典型系统集成的工程应用。

8.4.1 基于 APOGEE 系统的第三方设备网络集成

1. Apogee 系统标准网关

Apogee 系统是西门子开发的基于 BACnet 协议的 BAS 软件，采用了 Ethernet 802.3 物理层作网络兼容，采用特定的网络兼容器，已与 150 多个厂家系统进行系统兼容，包括了冷水机、工业控制器、锅炉、供/配电系统、消防报警、停车库系统、保安系统等。标准网关类型如表 8-1 所示。

Apogee 系统标准网关类型 表 8-1

网关类型	系统兼容的厂家系统和标准协议
标准协议网关	Modbus（RTU），LonWorks，BACnet
HVAC 系统网关	Carrier，York，Mcquay，Trane，Daikin，Atlas，AirFlow，……
消防系统网关	Cerberus，Edwards，Simplex，……
安保系统网关	Siemens，Maxial，……
电力系统网关	Siemens，Merlin Gerin，Square D，Crompton，……
照明系统网关	GE，Square D，Douglas，MicroLite，Thomas，Triatek，……
直接对映类型	Edward System，Technology（EST）IRC3
应用对映类型	Carrier，McQuay
特殊对映类型	Cerberus，Simplex，Square D 5200 Power Meter，Allen Bradley PLC-5，Honeywell/Cleaver-Brooks Boiler，Armstrong Trapscan System Edward（EST）/Siemens ALS3

2. 非标准网关的自行开发

Apogee 系统提供了多种网关，一部分网关是基于 RS-485/RS-232 开发的，还有一部分是基于以太网开发的。另外，还可以根据实际需要开发其他的非标准网关。Apogee 系统基于 RS-232/RS-485 的网关，可以分为以下四种。

（1）采用 Modbus（RTU）通信协议

RTU（远程终端设备）模式通信定义如表 8-2 所示。

RTU 模式通信信息定义表 表 8-2

地址节	功能代码	数据数量	数据 1	…	数据 n	CRC 高字节字	CRC 低字节字

当控制器在 Modbus 网络上以 RTU（远程终端单元）模式通信，在消息中的每个 8 Bit 字节包含两个 4 Bit 的十六进制字符。这类网关相对标准，用户可以自己修改参数来使用在不同厂家采用该协议的设备和系统上。

（2）采用 Modbus（ASCI）通信协议

ASCI（美国信息交换码）是 Modbus 协议的一种数据模式，采用这种模式的设备相对比较少，通常是发电机、直燃机及相关的设备。

（3）单向通信类

通常的消防报警或者其他要求实时性比较好的系统，都会采用这种方式，像西门子或其他类型的 PLC 通常也采用通信模块，这种系统的特点是：通信设备根据设定自动发送数据，有时候是周期性的，有时候是有报警就发送。

（4）其他网关

只要是采用 RS-485/RS-232 协议，而不采用上述三种协议的都属于其他网关，其包含的内容比较多。通常情况下，这类设备需要网关程序先与之建立通信，然后传送数据、用户须提供的接口资料。目前已经有 CATERPILLAR CCM Ⅱ、OMRON PLC、MITSUBISHI PLC 等采用这种网关。

3. 与第三方系统正常通信或连接要获取的资料

与第三方系统正常通信或连接要获取的资料包括以下方面。

（1）系统通信工作原理或工作流程介绍，原设备厂商名称设备类型及型号。

（2）通信硬件接口 Ethernet、RS-485、RS-422、RS-232 等，通信接口规格、接口管脚定义及与 PC 机的接线图。

（3）标准通信协议是否 Modbus、OPC 等；对于自定义通信协议第三方应提供详细的通信控制步骤、传送控制顺序、控制符号、格式、相应代码所代表的含义等编程所必需的资料；数据库方式应提供数据结构，包括数据类型、格式定义及说明，并说明哪些数据是实时的，数据库接口应支持 ODBC 方式。

（4）罗列系统所能提供的数据（点数表）及数据的详细描述，系统通信设备在现场安装的准确位置，以及何时何地如何提供测试环境或条件。

4. 节能控制应用

（1）需求分析

成都某大厦建设后经过了几次改造，安装了先进的网络及楼层网络交换设备，是一座较为现代化的大厦。大厦共 26+2 层楼，每层楼过道、大厅、卫生间有照明灯具 80 盏。大厦电梯 8 部，其中客用电梯 6 部，货运电梯 2 部。大厦的照明没有设立控制模式，灯光主要是靠人工触动电源开关来实施灯的启停，没有设置灯光控制模式，也没有亮度自动调节。大厦的电梯系统控制分为三组控制，客用电梯三部为一组，货运电梯为一组，三组之间没有逻辑关联，控制模式较为简单。目前统计，电梯和照明能耗之和占到大楼能耗的 40%。通过智能手段优化大厦的电梯和照明的控制系统，实现数据快速采集，建立优化数学模型，实现对物体的智能辨识，使控制更加有效。

（2）基于 Apogee 三层构架的大厦智能控制系统

大厦原有网络分为物业管理网络、OA 办公网络、电视视频会议系统、安防监视系统，网络是按照 IEEE 802.3 协议即以太网模式设计。大厦设置中心交换机、各楼层设置楼层交换机、电梯和照明自成体系，单独控制。为此，在大厦现有网络架构基础上，利用 Apogee 的向后兼容的特征，将照明和电梯的控制系统接入大厦的网络，构成三层的大厦楼宇网络，如图 8-11 所示。

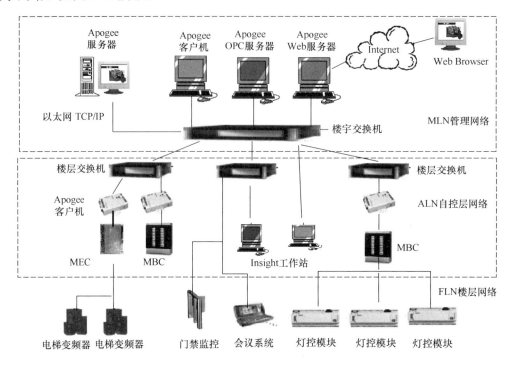

图 8-11 大厦的三级网络架构

系统主要包括：Apogee 管理平台、DDC 控制器、传感器、执行器以及网络接口设备。Apogee 网络分为三层，即管理级网络 MLN（Management Level Network）、自控层网 ALN（Automation Level Network）以及楼层级网络 FLN（Floor Level Network）。

1）管理级网络 MLN 可以由 Apogee 服务器、Apogee 客户机、Apogee OPC 服务器、Apogee Web 服务器等组成，执行 TCP/IP 协议，所以可利用大厦现有的网络系统，构成 Client/Server 结构。Apogee 系统可支持 25 个 Clients。

2）自控层网络 ALN 由 Insight 数据库服务器、Insight 工作站、楼层网络控制器 FLNC、模块化楼宇控制器 MBC、模块化设备控制器 MEC 等构成。通过 Insight 工作站管理 ALN 网络，通过 AEM200 以太网总线转换器的以太网接口实现与楼层 FLN 网络之间的链接。AEM200 有独立的 IP 地址。

3）楼层级网络 FLN 提供了末端设备的连接架构，通过 RS-485 接口实现与控制单元和智能模块之间的连接。

（3）解决方案

1）大厦的照明系统智能控制

Apogee 的 Insight 工作站和楼层控制器构成一个完善的可编程楼宇控制系统，对于实现各项智能化功能奠定了基础。大厦各通道、卫生间、停车场等公共区域安装有大量的照明灯，监控系统通过自动识别"有人/无人"以及"有车/无车"状态，通过 FLN 网络将采集的图像信号传送到 Insight 工作站，经工作站处理后，将控制信号传送到灯光控制模块，实现照明的有效控制。在自动识别昼夜、有人无人状态基础上，设置不同的照明模式，如景观、迎宾、会议周末、假日、凌晨、傍晚、清扫、夜间巡视、紧急疏散等。每种模式设计不同的亮度值，Apogee 的 PXC 控制器可带 500 个点和 3 条 FLN 网络。Apogee 的灯光控制模块（LCM）、电源单元以及继电器控制模块（RCM）、数字输入模块（DIM）、可编程开关模块（PSM）等灯光网络（LLN）设备，可以将各灯具接入楼层网络 FLN，实现灯光照明集中管理、分散编程控制。由于各楼层服务员清扫时间不同，需设置不同的清扫时间段，利用各网段上的控制器实现差异化智能控制。大厦整个照明系统可以通过 Insight 工作站的管理软件进行实时管理，对控制点的故障情况可以通过诊断软件及时发现，并给予及时处理。

2）大厦电梯的智能控制

大厦电梯采取的控制策略为：分时控制、分级别控制。所谓分时控制，就是将电梯的运行时段根据上下班、午间用餐时间、周末休息时间等实施分时控制，使电梯最大限度发挥作用，同时也减少休闲时间电梯对呼叫信号的响应；分级控制，是按照事先约定的重要人物及代表团的级别和时间计划，设立 VIP 和会议响应模式，在相应的时间段留出 VIP 电梯，让客人直接到达所要达到的楼层，谢绝中间停层，让重要客人享受快捷和安全的服务。8 部电梯采用电梯群控方式，通过集中统一调度，实现不同时段电梯的停放位置，便于电梯快捷到达呼叫楼层。在高峰和 VIP 专供时段，其余时段部分电梯以轮换方式，休眠状态减少电梯无效运动，分时实施不同的控制策略。Apogee 系统提供的模块化 MEC 设备控制器，MEC 有 AI、AO、DI、DO 接入点，方便控制设备的接入。

利用 Apogee 网络技术，升级改造了大厦内照明及电梯的电气系统，实现了大厦电梯和照明系统的智能化控制，达到了显著地提高用电设备效能和节约能源的目的。

8.4.2 安防一体化的系统集成

1. 安防一体化集成的概念与内容

（1）基本概念

根据《智能建筑设计标准》GB 50314—2015，定位在甲级的智能建筑要求建立集成式的安全防范系统。在《安全防范工程技术标准》GB 50348—2018 中，高风险等级工程都要求集成式的安全防范系统。

安防一体化集成是把安全防范系统中不同功能的子系统（入侵报警系统、视频安防监控系统、出入口控制系统等）在物理上、逻辑上和功能上连接在一起，实现子系统集成、网络集成、功能集成和软件界面集成。

（2）基本内容

1）子系统的集成

入侵报警系统、视频安防监控系统、出入口控制系统等独立子系统的集成，是指它们各自主系统对其分系统的集成，如大型多级报警网络系统的集成中，一级网络对二级网络的集成和管理，二级网络对三级网络的集成与管理，如大型视频安防监控系统则考虑监控中心（主控）对各分中心（分控）的集成与管理等。

2）总系统的集成

总系统的集成是指对入侵报警系统、视频安防监控系统、出入口控制等子系统进行集成,实现对各子系统的有效联动、管理和监控。

3) 与上一级管理系统的集成

它是指总系统与上一级管理系统(如 BMS 系统)的集成。

2. 某大型办公楼安防一体化集成方案

(1) 系统集成的设计功能要求

1) 系统建立统一的图形化监视与控制界面,以动画等形式实现对被集成各系统的实时监视和控制。同时各系统之间的数据能够进行交互,为管理者提供一种集中、优化的管理手段。

2) 系统能够显示监控系统、门禁系统、报警系统等各点位的分布图,楼宇及周界监控点的分布图等;可实时调用各监控点的监控图像。

3) 通过对各系统的集成,有效地对各类事件进行联动管理,提高对突发事件的快速响应能力。通过软件设置和编制联动响应预案,达到全局事件的联动控制。

4) 系统集成应建立统一的基于设备、事件和资源的综合信息数据库。被集成系统的各类实时和历史信息资料分别存储于以设备和事件为对象的各系统分布式数据库中,各系统的联动信息和相关数据被存储于集成管理系统数据库中。系统数据库应易于管理和维护,并具备数据备份和数据恢复功能。

5) 系统可对各种设备的现状、使用情况、维修情况、故障情况、历史记录等进行统计,形成各种报表,支持自定义报表功能,并可打印输出。

6) 能进行异常情况报警,并支持预警功能。

7) 可很好地支持多用户操作管理界面,允许大楼内存在多个用户操作管理界面,或者是不同的用户根据管理需要制作不同的管理界面,这些不同的用户可以具有不同的管理权限和管理范围。

(2) 安防一体化集成系统结构

安防一体化系统各分系统都具有独立的硬件结构和完整的软件功能,在实现底层物理连接和标准协议之后,由软件功能实现的信息交换和共享是系统集成的关键内容。安防一体化系统服务器是整个安防一体化系统的信息中心,正常情况下流通的主要是综合监视信息、协调运行和优化控制信息、统计管理信息等;发生紧急或报警事件时,及时传输报警和联动信息。安防一体化集成系统结构如图 8-12 所示。

1) 安防一体化系统与视频监控系统的通信

视频监控系统主要分为硬盘录像机及矩阵两个子系统,硬盘录像机采用杭州海康威视数字技术股份有限公司产品,通信协议是由该公司提供的 SDK 开发包,以保证进行实时图像的传输。矩阵系统采用霍尼韦尔公司产品,通信协议为 RS-232,在 IBMS 集成平台和安防一体化集成平台以及授权客户端,均可以实现对安防系统的监控。

2) 安防一体化系统与门禁系统的通信

门禁管理系统采用西屋公司产品,历史数据信息通过 ODBC 数据源上传至安防一体化系统,对实时数据信息通过特殊通信协议进行采集,通信协议由西屋电气公司提供。门禁系统内的数据通过上层网络,按不同用户及用途建立相应的数据库。

3) 安防一体化系统与报警系统的通信

报警管理系统为霍尼韦尔国际公司产品,采用 IP2000 协议进行互联。在逻辑上,安

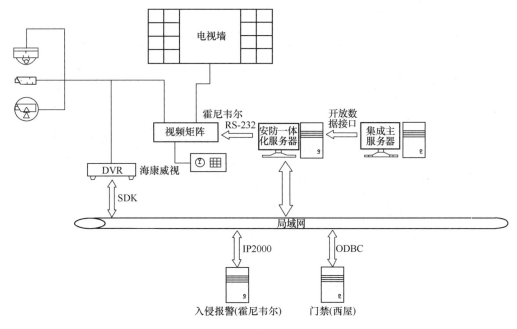

图 8-12　安防一体化集成系统结构

防一体化系统以系统客户形式与报警系统连接。安防一体化系统从报警管理系统获取实时的控制状态及其他状态信息和报警，安防一体化系统同时监视报警管理系统的运行。

4）安防一体化系统与集成平台的通信

安防一体化系统可并入集成管理平台，以便集成管理平台对各个子系统的统一监控及管理。安防一体化系统为集成管理平台开放数据接口，为集成平台提供历史数据记录及实时采集数据，并为集成平台开放实时报警信号以方便联动。

8.4.3　智能小区集成管理系统

1. 智能小区集成管理系统基本内容

根据《全国住宅小区智能化系统示范工程建设要点与技术导则》，智能小区的分类采用星级制，三星级系统要求在安全防范子系统、信息管理子系统、信息网络子系统的基础上，采用宽带光纤主干网，实现交互式数字视频业务；实施现代信息集成系统技术，把物业管理智能化系统建设纳入整个住宅小区建设中。图 8-13 为智能住宅（小区）集成管理系统（Integrated Home Management System，IHMS）的基本内容。与一般智能建筑相比，智能小区增加了住户报警系统、多表远程抄送系统、小区物业管理系统和网络信息增值服务等较为特殊的系统，它们与居民的日常生活息息相关，是实现人性化住宅小区的关键。

2. 智能小区集成管理系统结构

如图 8-14 所示，小区智能化系统在体系结构上，是一种分层控制结构，即建筑环境层、传输媒体层、通信网络层、自动控制层和管理应用层，主要从系统、功能、网络和软件界面等几个方面进行集成。其中，通信网络层要解决不同协议之间的网络互联问题；自动控制层要解决系统和功能集成问题，特别是子系统之间的联动；管理应用层要解决信息和界面的集成问题。由前述的分析可见，智能小区系统集成的关键是网络集成，这是功能

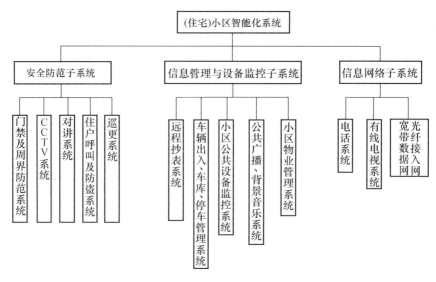

图 8-13　智能小区集成管理系统

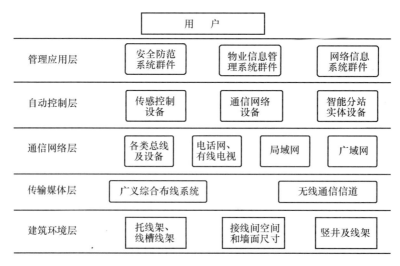

图 8-14　智能小区集成管理系统总体结构

集成、信息集成和界面集成的基础。从通信网络的角度，智能小区集成管理系统总体结构如图 8-14 所示。

3. 智能小区集成系统

传统的智能小区"系统集成"模式，是一种自下而上的结构，先建各个功能子系统，再建集成网络。这种模式存在如下弊端：在一个大系统中产品类型非常复杂，各个子系统功能独立，主要通过网关进行网络集成，导致设计、管线、配合复杂，冗余成本比较高，可靠性不高，维护和扩展难度大。

集成系统即是为解决上述瓶颈问题而提出的概念。所谓集成系统是建立在统一网络平台上、实现多功能融合的简单化系统。它是一种自上而下的结构，先建立控制网络，再延伸出各个功能子系统，其前端设备是多功能的、开放的、可以扩展的设备。其核心问题是网络通信协议的统一化、接口标准化和要具有通用接口的多功能智能终端。智能小区集成系统总体结构详情参见图 8-15。

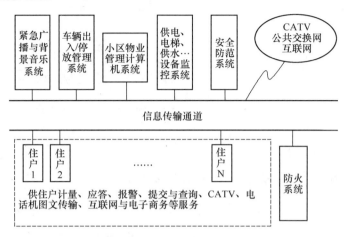

图 8-15　智能小区集成管理系统总体结构

小区智能控制网络是集成系统的基础和关键，住宅小区一般楼幢多、住户多、距离长、室外环境复杂，在控制网中传输的信号种类也多，要求比较复杂，是实施难度最大的系统。系统要求具有安全性、可靠性与实时性。因此，一定要选择被广泛接受并被证明有效可靠的通信协议。

以太网和现场（总线）控制网络是当前应用于智能小区集成系统的主要网络形式。基于 TCP/IP 协议的以太网，是今后多网合一的方向，但其应用还存在一定争议，图 8-16 为小区局域网与家庭主机互联。基于 LonTalk 协议的 LonWorks 控制网络是一种通用的、开放式的互动测控网络，可与多家厂商的现有产品及不同网络通信协议设备组网。在小区内建立 LonWorks 现场总线，可以将现有智能设备组网，同时，面向未来，可以接驳各种接受 LonTalk 协议的智能设备并能与 IP 局域网融合。中国标准化管理局（SAC）已将 LonWorks 技术转化为《建筑及居住区数字化技术应用 第 4 部分：控制网络通信协议应用要求》GB/T 20299.4—2006。图 8-17 为应用 LonWorks 总线的多表远程抄送系统。

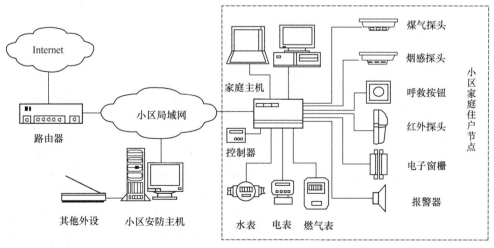

图 8-16　小区局域网与家庭主机互联

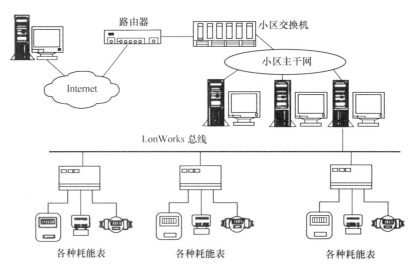

图 8-17 应用 LonWorks 总线的多表远程抄送系统

8.5 建筑设备管理系统集成设计

建筑设备管理系统（BMS）涉及多个相互关联的子系统，集成项目众多，并且随着社会的发展、使用需求的提高、设备产品的更新换代，设备集成的内涵也在不断提高。然而绝大多数 BMS 工程的安防系统、消防系统、变配电系统、空调系统、冷/热源系统、给水排水系统、照明系统、电梯系统与停车场管理系统都是不可缺少的，其相应的弱电监控、管理与集成系统也是必须提供的。

不同 BMS 工程的需求和经济承受能力是不同的，其区别主要表现在上述系统的性能指标不同，例如是否选用名牌产品以及对系统集成要求等方面，而不是子系统的多少。所以系统集成设计时，应当根据系统具体要求，量力而行。除 IT 行业自建、自用的办公楼等特殊情况外，一般工程子系统的性能指标不需要提得很高，应用时必须考虑经济回报率是否合理。

1. 冷/热源系统的集成

设计冷/热源系统除本身的合理设计外，监控与管理子系统及其相关集成系统的正确设计也是非常重要的。一般情况下，冷水机组或供热锅炉设备本身均配套提供弱电监控系统，这对保证设备的可靠运行是有利的，但是多数产品制造厂商并不提供与冷水机（或锅炉）配套的水系统和风系统等部分的控制功能。因此，BMS 及其集成控制系统必须提供整个能源系统的联锁、程序、顺序与协调等控制功能。

为实现上述功能，可以采取多种通信手段，其中最常用的有两种方式：一种是集成控制系统提供与被集成冷水机组或锅炉等设备的直接数字控制器（DDC）来实现直接数字通信的集成器，通过该集成器可迅速、全面获取被集成设备的各种状态参数与过程参数，并可直接指挥设备的启动、停车，以及修改设定值与运行工况等功能；另一种是不另加任何计算机控制的装置，只要求被集成设备提供温度等主要参数，以及运行、故障、停机等基本信号，再通过集成系统的计算机接口直接读取集成所必需的信息，也可由集成系统向被集成系统发送各种控制命令。显然,利用集成器的系统通信变量丰富、集成功能完善、硬件工作量小,但软件工作量相对要大一些,而且价格较高,所以适用于集成要求标准较高的工程。然而,直接利用被集成设备或系统所提供的开关量与模拟量信号,以及集成系统直接向被集成设备或系统发出控制命令,无须数字通信设备即可完成信息的交互,价格较低,但信息量较少,管线施工量大,不宜提出高标准的集成要求。综合考虑目前我国的实际需求与进口产品的价格因素,后者更便宜和更便于实现,但是从科学技术发展角度分析,将来应以集成器方案为首选。

需要注意的是,在冷/热源系统集成设计中,尤其是冷水机组的功率大、耗能多,应充分重视节约能耗,通常在该系统中可通过冷水机台数控制、级数(负荷)控制、冷水机出水温度控制等多种手段来节约用电。

2. 空调系统的集成设计

在智能大厦中,空调系统数量多、地理位置分散,其监控很适合采用集散控制系统。而系统集成设计的基础是被集成的子系统设计的合理性,因此既不应提倡马上采取传感器与执行器均全部数字化的全分布式控制系统,以节约投资,也不宜把两个或多个空调系统合并由一台 DDC 实行半集中控制,因为由此节省下的投资不足以补偿系统可靠性与可维护性的降低。由此可见,采用标准形式的集散控制系统设计是空调系统集成的良好基础。

智能建筑中,不同空调控制子系统服务于不同的楼层、不同的企业(或部门)和不同的空调对象,大多数子系统之间的控制任务不存在关联特性,所以缺乏集成的要求和必要性。大多数情况下,空调控制子系统之间并不需要具备点对点通信功能,但是空调系统在建筑物中的能耗很大,所以应将集成目标主要放在节能上。为此,除空调系统设计本身应避免空气处理过程中冷量与热量抵消,并提供良好的可控性外,自控系统应采取节能工况分区与自动转换、焓值控制、变风量、变设定值与变新回风等多种节能控制手段,努力实现节能优化控制,在满足控制需求的前提下,将最佳节能作为最优化控制的主要目标函数。为实现上述目标,其系统集成设计的特点,首先表现在通过集中监测与管理,向科学管理要效益,也表现在加强协调控制,力争全面节能。

大多数智能建筑均属民用建筑,其环境控制的主要目标是力求保证人的舒适性,即舒适度是控制的主要目标函数。通过对不同职业、不同年龄段、不同性别等不同人群的人流量调研与直接测试,起码有如下因素需要设计控制系统时充分重视:

(1) 大多数人对温度变化并不十分敏感,温度在 18~26℃ 范围内变化,一般人是可以接受的,如果将温度控制指标提高到在 20~24℃ 范围内将更为舒服。当然,不同年龄段与不同人种对舒适度的要求不同,年轻人比年长者要求温度低一些;欧美地区比亚非地区冷,一般白种人要求的环境控制温度也低一些。为适应不同使用者的不同要求,控制系统允许的温度设定值调节范围应大于上述要求的变化范围,并保证在工作时段内达到上述指标。

(2) 人们对室内人工环境中温度的控制目标值要求,还与室外气象条件有关。夏天室外温度很高时,提高室内温度的设定值接近上限;冬季室外温度很低,降低室内温度设定值接近下限,这样不仅节能,而且有利于健康与舒适。但是,当冬季室外温度突降并伴随大风时,反而要求适度提高温度设定值,除用于补偿通过门窗的热量泄漏外,也会使人感到更温馨、舒适。

(3) 大多数人对湿度变化并不十分敏感，在 35%～75%RH 范围内变化是可以接受的，如果将人工环境状态控制在 40%～70%RH 范围内将更舒服。相对湿度太低，使人们感到口干舌燥；相对湿度太高，使人感到很闷，也不舒服，因此高标准的建筑应设置湿度控制系统。还需要说明的是，湿度控制与保证产品及系统安全运行是直接相关的。在智能建筑中的电子产品，无论是品种或数量都多，而且多数联网运行。当室内环境湿度低于 30%RH 时，若工作人员的衣着或办公室内的地毯、座椅等为皮毛或化纤等材料时，相互摩擦将产生高达几百伏以上电压值的静电，身带数百伏电位的工作人员一旦触及或接近产品，均可能发生放电现象，从而对 IC 芯片的安全构成致命威胁。因此，除在计算机房采取防静电地板等措施外，还应控制环境湿度在 35%RH 或 40%RH 以上。当然，相对湿度也不能过高，否则易产生氧化锈蚀等危害。

(4) 上班时间有人工作与下班之后无人工作时的环境温、湿度控制指标不同。上班时，应同时保证人们要求的舒适度与设备安全所要求的温湿度控制指标；下班后，只要求保证设备安全与通信系统能正常运行即可，控制指标下降，从而节省能量。

根据上述特点，空调系统若与办公管理系统实现集成，则可根据办公室的工作状态自动改变相应空调系统的运行工况，以达到节能运行的目的。

(5) 在现代化建筑中，照明用电量很大，是空调系统冷负荷的重要组成部分之一。若通过集成技术，将办公状态及照明负荷状况与空调系统之间实现协调控制则可大大节省能源。

(6) 空调系统必须通过空气的运动来实现人工环境的控制，而在火灾事故情况下的空气的流通无疑是"火上加油"，不利于灭火。系统集成的重要目标之一是确保建筑物的安全性，因而在火灾事故状态下，相应区域的通风与空调系统应能自动停止运行。

3. 变配电系统的集成设计

高科技深入变配电系统后，出现了很多电子类新产品，传统的继电保护装置也迅速电子化，今日商品化的电子式继电保护装置性能优良，完全适用于智能建筑，但因其价格偏高，暂时不宜大量推广。换句话说，短期内智能建筑的变配电系统仍可选用可靠、价廉的继电保护系统。但是，为了便于管理与系统集成，多数工程的变配电系统均需加装计算机监测装置，对关键的变压器及开关等设备的状态与系统的主要运行参数进行实时监测，并以此为依据进行能量管理。

变配电系统为整个建筑物提供正常运行所必需的电力，保证安全可靠供电是系统集成的主要目标。根据具体工程的功能需求，该系统分别设置不同的多路电源输入、后备发电机与UPS，除保证它们相互之间的自动切换外，还应将全部运行状态实时反映至 IBMS 与（或）BMS 集成工作站，以便于全局的能量管理、计费以及在事故等特殊情况下的紧急处理。

4. 照明系统的集成设计

照明系统的耗电量极大，灯具发热又直接影响到智能建筑的其他功能，因此在系统集成设计中，均应在确保工作照度要求的前提下，力争最大限度地节电，例如照明系统应在一般办公区域做到人走灯熄。

照明系统与安防系统的关系也十分密切。用于电视监控系统的 CCTV 摄像头正常工作的前提是必须保证足够的照度，因此照明系统的集成要求之一，是当工作区内出现非法闯入等事件后，应将相应区域，尤其是公共通道的照明自动打开，以便 CCTV 系统自动录像。在智能住宅的边界防卫系统设计中，往往提出在发生非常侵入时，自动打开聚光灯和自动录像等要求。

5. 电梯系统的集成设计

电梯是一种专业性很强的产品，又直接关系到乘梯人的生命安全，所以一般智能建筑的系统集成不直接干预电梯的实时控制。一般情况下，电梯的控制系统，除提供单个电梯的全套控制装置外，多台电梯的群控系统也由设备制造厂商配套提供。目前，国内外多数建筑的电梯系统很少全面参与弱电系统集成，经常在BMS（或IBMS）操作站加装电梯运行状态显示屏，该显示屏可以通过数字通信接口传送集成信息，也可以通过无源的继电器触点，相互传递系统集成所需的信息。

电梯系统与其他系统的集成要求，目前主要表现在建筑物发生火灾事故时，除消防梯外的全部电梯均应迅速驶至底层，并停止继续运行，直到火灾事故报告信号解除为止。

在较重要的电梯轿厢内，通常装有监视用摄像头，并接到CCTV系统，正常情况下，CCTV系统与电梯系统分别独立运行；特殊情况下，如发生安全事件时，安防中心可以手动或自动干预电梯的正常运行程序。但是，上述集成要求应慎重考虑，不宜轻易推广。

6. 停车场的集成设计

出入控制与计费管理是必需的，但在具体功能指标上不要强求一致。

一般停车场多同时为长期（月租、季租）和短期（时租）两种用户服务，所以必须提供两种计费方式：长期用户用感应式ID卡或IC卡，寿命长，使用方便；短期用户用Ⅰ类的磁卡、纸卡，价格低。

目前，我国的停车场有两类管理方式：一种是停车场完全独立核算，独立运营；另一种是独立核算，但作为智能大厦或智能街区的一个组成部分。前者不需要集中收费，只需就地收费即可，也没有集成要求；而后者为了方便不同的用户，既需要对临时停车者直接收取停车费，又应允许长期的客户通过办公自动化系统直接划拨停车相关费用。电子商贸的实现已是大势所趋，为此需要实现停车场管理系统与中央收费管理系统的集成。

7. 出入控制系统的集成设计

随着非接触式智能卡与ID卡技术的高速发展与价格的急剧降低，出入控制的应用已从大型智能建筑迅速普及至智能住宅小区。该系统除直接控制人流的方向外，其集成功能日益增强，通常可包括如下内容：

（1）兼作办公人员上下班考勤用；

（2）智能卡可支持在智能建筑中的消费，即在指定的建筑（或建筑群）中具有"一卡通"的电子钞票功能，该消费范围包括住房、餐饮、娱乐、交通与停车费用等诸多内容；

（3）当发生消防事故时，除自动解除"出"方向的控制外，还将相应区域内人员状况迅速提供给消防系统，以保证事故区人员的生命安全，又能正确有效地实施灭火控制，将火灾损失减到最小；

（4）出入控制系统遭到非法侵犯时，除自动报警功能外，还应及时报告安防工作站与中央集成管理系统，以便采取自动打开灯光照明系统与自动录像等措施；

（5）发生严重安全事件时，通过公众网络自动向所在区域或城市的公安等部门自动报警。

8. 消防报警系统的集成设计

在我国，消防系统属公安部门负责的特殊行业管理范畴，所以任何集成设计都必须首先符合我国消防法及其相关行业管理的规定。但是，参照国外管理模式，为适应未来消防管理的进一步需要，在系统集成设计时应留有足够的发展余地。

当前，消防报警与控制系统必须独立运行，并设置专门的消防监控中心，任何其他系统都不允许直接干预消防系统的控制，但允许消防系统联动控制其他设备或系统，也允许将消防系统的某些工作状态参数提供给机电设备自动控制等系统，并进而实现各种集成功能。间接实现的系统集成功能可以包括：

（1）火灾事故发生时，除消防梯外，将其他电梯自动直接停在底层，并禁止使用；

（2）火灾事故发生时，自动切断事故区域及相关区域内的动力电源与照明电源；

（3）火灾事故发生时，自动关断事故所在楼层及下一层的通风与空调系统，当消防加压风机与排烟风机自动投入运行后，方可关断上一层的通风与空调系统；

（4）火灾事故发生时，自动启动相关区域的CCTV录像系统；

（5）火灾事故发生时，除自动启动紧急广播系统与事故照明系统外，将客房中的电视机屏幕显示强切到消防事故报警状态火区，并指示逃离方法与路线等，此外还可以通过CCTV系统，即在电视机屏幕上警告旅客迅速逃离火区；

（6）火灾事故发生时，通过公众电信网或专门网络迅速向城市消防部门报告，以便及时组织力量灭火；

（7）火灾事故发生时，通过公众电信网或专门网络迅速报告至城市交通管理部门，以便为消防车尽快抵达创造良好的交通环境；

（8）火灾事故发生时，通过公众电信网或专门网络迅速报告至城市公安部门以便及时调查原因，做好现场安全环境和善后处理。

BAS的其他子系统均需根据实际工程的需求，进行各种不同的系统集成设计此处不再一一叙述。

8.6 三维可视化运维管理系统

建设基于BIM的综合运维管理平台，综合应用物联网技术并与建筑各系统相结合，如集成楼宇自控系统、设备设施管理系统、能源管理系统、视频监控系统、停车管理系统和租赁管理系统、室内定位系统等，实现BIM与建筑运维相结合，BIM与维护管理计划相结合，增强建筑的智能化运营水平，提升运营管理水平，提高建筑的可持续运营能力。

BIM：全称建筑信息模型（Building Information Modeling），是以建筑工程项目的各项相关信息数据作为模型的基础，进行建筑模型的建立，通过数字信息仿真模拟建筑物所具有的真实信息。它具有可视化，协调性，模拟性和优化性四大特点。

1. 可视化

建筑中包含给水排水系统、照明系统、消防系统、空调系统等。相关设备设施在BIM模型中以三维模型的形式表现，从中可以直观地查看其分布的位置，方便建筑使用者或业主对于这些设施设备的定位管理。

2. 模拟性

将建筑中各类传感器、探测器、仪表等测量信息与BIM模型构件相关联。可直观展示获取到的能耗数据（水、电、燃气等）及监控信息，依靠BIM模型可按照区域进行统

计分析，更直观地发现能耗数据异常区域

3. 协调性

BIM 模型的非几何信息在施工过程中不断得到补充，竣工后可导入运维系统的数据库中，相关设备的信息如生产日期、生产厂商、可使用年限、维修保养手册等可直接查询到，不需要花额外的时间翻阅查找纸质文件或电子文档，依据 BIM 模型信息可自动生成设备维护方案，遇到故障时可快速定位或更换。

4. 优化性

管理人员有针对性地对异常区域进行检查，发现可能的事故隐患或者调整能源设备的运行参数，以达到排除故障、降低能耗维持建筑的业务正常运行的目的。

8.6.1 运维管理系统基本功能

BIM 运维/三维可视化平台利用 BIM 技术、网络技术、通信技术、自动化控制技术、信息技术和物联网技术，基于 BIM 模型建立管理运维平台，实现对智能建筑的智慧运维管理；实现整个建筑物内部的三维可视化，为建筑物的综合管理、生产和设备的运维管理提供优质可靠服务，提高建筑物的管理的智慧化水平，最终将建筑物建设成"智慧化、数字化、网络化和国际一流"的智慧建筑，BIM 运维管理功能见图 8-18。具体实施中通常将物联网、云计算技术、BIM 模型、运维系统、移动终端等结合起来应用，最终实现设备运行管理、能源管理、安保系统、租户管理等。

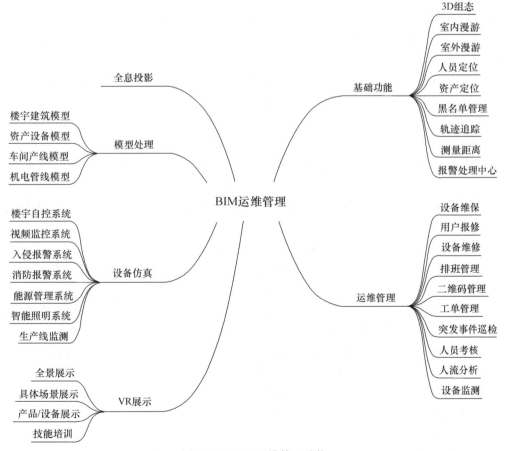

图 8-18 BIM 运维管理功能

BIM综合管理平台特色功能如下：

1. 空间管理

3D可视化/BIM运维平台支持以空间为单位的项目管理模式，可在系统中按楼层、房间、走廊等空间维度进行界面的自由切换。

系统实现其他功能与空间功能的绑定，例如在某一楼层空间状态下，选择智能照明功能，则仅显示所处楼层的智能照明的设备信息与运行状态。

2. 巡检保养

标准配置：根据设备的使用情况，针对不同的设备规定不同的巡检周期与巡检项目；

信息反馈：对设备进行巡检保养结束后进行PC端或APP的工单回填，在巡检保养过程中发现设备故障则通过手工录入形成故障记录，并生成故障维修申请单；

维修接单：工程人员可查询所有产生的维修申请单，可执行接单操作，当维护完成时，可填写维修完成时的效果、图片、所用的配件；

统计分析：对设备巡检保养完成率进行统计分析，以曲线图的形式展示。

3. 故障管理

基本参数配置：根据不同的设备属性给设备配置统一或特殊的参数，包括故障等级、故障超时参数等；

故障采集/展示：通过系统运行状态监测和手工录入两种方式进行故障采集，在系统界面进行图形化展示；

故障处置：结合对设备故障等级判断情况，进行设备的故障处置，生成故障维修申请单；

统计分析：对不同设备的故障率和故障时长等信息进行统计分析，并针对不同局站、厂商进行评比，以表格、图表等图形化形式进行展示。

4. 维修管理

参数配置：不同设备配置不同的维修参数；

计划生成：根据配置好的标准和故障维修申请单，结合参数配置信息自动生成维修计划；

工单派发：按照设备维修计划生成维修工单，下发工单并通知设备维修人员或维保人员进行故障维修；

工单回填：设备恢复正常后对设备实际维修情况进行工单回填；

统计分析：针对设备维修完成情况，以曲线图、柱状图、饼状图等图形化方式展示。

5. 状态监测

状态监测信息配置：对状态监测信息进行统一配置，包括运行状态配置、监测参数配置、故障等级配置、报警配置等信息；

运行状态展示：通过3D模式展示客站设备分布位置以及设备实时运行状态、监测参数、报警情况、故障等级、设备运行参数等状态信息；

统计分析：分析设备的运行状态规律，支持时间段、设备类型、故障次数、设备厂家等多维度下的信息统计分析功能，通过图形化方式展示。

6. 能源管理

实时用电监控：实时显示电力运行模拟监视图，利用图形化和文字的方式展示；实时监测系统用能质量，计算谐波电度、K 系数等，及时发现异常情况并报警处理；

用能分析：通过分析电能中各次谐波的分布查看设备的劣化程度，预测设备的异常时间和寿命周期；

能耗模型：不同能源类型、不同分项、不同区域可设计不同的能耗模型，可以从任意角度、任意时间段观察建筑物能耗情况。

能耗对比：可以对不同区域、不同时间段、不同能耗指标进行查询和对比。

能耗同比环比分析：对能耗的同比环比变化情况进行快捷查询。

能耗分析：可查看每个分户的各类能源使用趋势，分析用电负荷，协助管理人员进行能源管理。

报告生成：可根据报告模板生成对应的报告样式，包括能耗统计报告、能耗诊断报告、报警统计分析报告等；可实现在线的一键生成、预览、保存、下载。

报表生成：可根据报表模板选定对应建筑或分项，生成对应的报表样式，包括分项能耗的逐时/逐日/逐月报表、分时电费电量报表、环境参数报表等；可实现报表一键生成、预览、保存、下载。

7. 环境管理

3D 可视化/BIM 运维平台根据运维管理需求，获取建筑中每个环境测点的相关信息数据，包括温度、湿度、二氧化碳浓度、光照度、空气洁净度等信息。

环境分布与 BIM 空间信息关联，将各区域的环境测点用不同颜色直观展示，通过调整观测的正常值范围，可将环境数据偏高或偏低的测点筛选出来，并进一步查看该测点的历史变化曲线。管理者还可以调整观察温度范围，把温度偏高或偏低的测点找出来。

8. 缴费管理

3D 可视化/BIM 运维平台需能够自动提醒用户进行缴费，同时对欠费用户发送相关信息提醒租户进行缴费。平台支持租户线上缴费操作，也可支持费用余额查询。

9. 租赁管理

3D 可视化/BIM 运维平台能够根据各个空间的租赁情况对房间属性进行标定，同时能够应用于营销人员，满足空间介绍需求，可展示房间面积、房屋朝向、单平方米租金等信息。租户能够通过该平台实现 BIM 模型查看，了解空间布局，建筑内的机电结构及室内外视觉效果及精装。在三维模型上可实时显示，供客户选择、预定。

10. 租户管理

3D 可视化/BIM 运维平台管理人员能够在线录入租户空间的租户名称、租赁时间、空间配置、使用人数、入住时间并支持合同附件上传下载及特殊备注说明。平台能够根据合同时间对租户进行提醒。

11. 人员管理

人员信息：可将所有在职职工、配合单位等人员信息输入系统。信息包括姓名、性别、年龄、职称、职务等。能够在线编辑员工的资料信息。

具备完善的权限管理功能，能够根据管理需求，自定义管理组织架构，自主灵活地定义不同角色的权限。

根据平台的安全性要求，可后台生成平台运行日志，绑定人员及其动作状态，确保平台能够稳定运行，一旦发现问题能够及时定位追踪到相关人员。

12. 计费管理

3D 可视化/BIM 运维平台能够对各个租户的缴费及欠费情况进行实时跟踪及信息汇总。通过对接建筑租户收费管理系统，能够实现租户在线查询缴费信息，获取收费标准及详细账单信息。

运维管理平台需能够自动提醒用户进行缴费，同时对欠费用户发送相关信息提醒租户进行缴费。平台支持租户线上缴费操作，也可支持费用余额查询。

13. 停车管理

3D 可视化/BIM 运维平台结合弱电系统提供的信号和 BIM 模型，对视频监控系统的智能图像分析，对出入场车辆进行识别，对其行为进行分析，引导车辆进行疏导或停放。

结合弱电系统提供的信号和 BIM 模型，实现车位数量统计和寻车等功能。

停车管理能够以单独的车场管理监控界面反映对停车场的智能化监控信息；在 BIM 模型中，标注几个出入口位置，可以实时查看各类进出车记录、刷卡人收费信息、提供车辆出入场信息的查询与打印功能。

能够提供车库车辆数据分析，统计与报表功能。

14. 统计分析

运营分析：平台根据运营情况，能够定期输出建筑运营报告，形成建筑运营的同比及环比分析报告；

人员工单分析：针对物业管理人员的日常工作及工单反馈结果，形成人员工作分析报告，为工作统计与人员最优化分配提供数据基础；

报警分析：针对各个机电系统运行报警信息进行统计分析，向运维人员提供设备预警分析，及时发现系统存在安全隐患的设备。

15. 视频监控

3D 可视化/BIM 运维平台对监控设备的管理，可以显示出每个摄像头的位置，可显示视频信息，摄像设备与 BIM 虚拟场景相结合，用户有直观的位置对应关系，快速定位摄像机位置，能够在同一个屏幕上同时显示多个视频信息，并支持进行切换。

可通过点击摄像机 BIM 模型方式直接调用任意视频信号。

对于实时监控视频信号，应支持公安部认证的 ONVIF 协议或者支持数字 IP 方式直接访问。

16. 消防管理

3D 可视化/BIM 运维平台与消防报警系统进行对接，当消防设备产生报警时，BIM 模型可定位探测器地址，界面自动推送相关报警信息，同时界面展示该报警点位周围的视频画面。

系统可将消防报警信息以工单的形式应用并实现工单系统和视频系统的联动，便于物业管理人员对报警信息做出准确及时的判断，降低消防隐患，并对每一条报警都进行信息记录。

17. 应急管理

应急预案：事先制定应急预案，应对火灾、洪水、物体打击、触电等事故；

应急通信：平台具有指挥调度功能，管理中心可通过语音、信息等通信方式联系协调相关单位对突发事件进行处置；

应急处理：记录突发事件的处理结果和方式。

18. 垂直交通

3D可视化/BIM运维平台可通过集成BIM模型的方式获电梯系统的系统与设备信息，包括但不限于设备的名称、型号、参数、安装日期、使用年限、保养周期等。

可在设备列表中选择某一设备，获取设备的实时运行状态信息，也可通过在模型中直接选中的方式选中某一设备，获取设备的实时运行状态信息，其运行状态信息包括但不限于电梯的上/下行状态，开/关门状态、当前所在楼层，电梯内部的实时画面等。

报警定位，系统可识别电梯系统上传的报警信号，并实现报警与空间模型的绑定，可在三维模型中直观地定位报警设备或空间的所在位置，并自动获取报警电梯的实时内部画面信息。

故障记录，系统可实现设备的历史故障与报警信息的分类记录与存储功能，可通过关键字查询的方式实现历史故障与报警信息的快速查询。

19. 智能照明

3D可视化/BIM运维平台可通过集成BIM模型的方式获照明系统的系统与设备信息，包括但不限于设备的名称、型号、参数、安装日期、使用年限、保养周期等。

可在设备列表中选择某一设备，获取设备的实时运行状态信息，也可通过在模型中直接选中的方式选中某一设备，获取设备的实时运行状态信息，其运行状态信息包括但不限于照明的开/关状态。

报警定位，系统可识别照明系统上传的报警信号，并实现报警与空间模型的绑定，可在三维模型中直观地定位报警设备或空间的所在位置。

故障记录，系统可实现设备的历史故障与报警信息的分类记录与存储功能，可通过关键字查询的方式实现历史故障与报警信息的快速查询。

8.6.2 设备仿真可视化管理

通过对设备的可视化管理可监控到设备的运行状态，安装调试、运行过程实现实时全程监控与管理。可扩大资源之间的共享范畴，建立大量的故障诊断数据库和知识库；实现全方位、异地诊断，从而大大提高故障诊断的准确性。可以具有良好的跨平台性，由于该系统把复杂的应用程序放在了服务器上，客户端无须清楚程序和数据的具体位置，使得远程监控与故障诊断更加简易方便。通过对设备监控数据进行分析统计，可汇总故障信息，提高对设备故障的预见及诊断能力。

1. 冷水机组监测（图8-19）

通过对冷水机组进行建模，通过BIM模型展现冷水机组状态。

2. 给水排水系统监测（图8-20）

系统主要监视水泵的运行状态、故障显示；各类水池、水箱的水位及报警等。

3. 电梯系统监测（图8-21）

监测电梯运行状态、故障显示、负载状况、设备保养情况等。

4. 视频监控系统（图8-22）

任何用户只要获得授权，都可以实时查看视频，查看并下载硬盘录像机录像文件，远程录像，视频分析与回放。

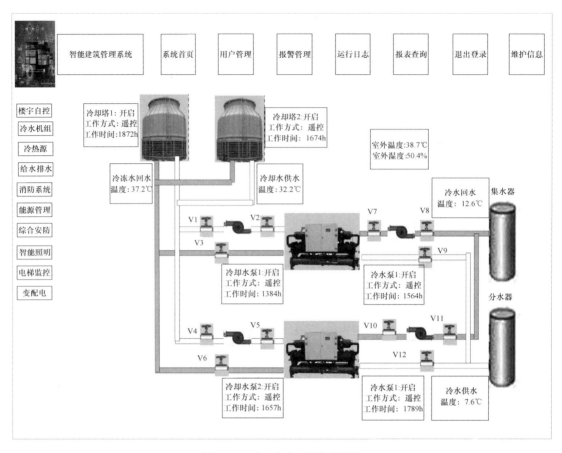

图 8-19 冷水机组监测可视化

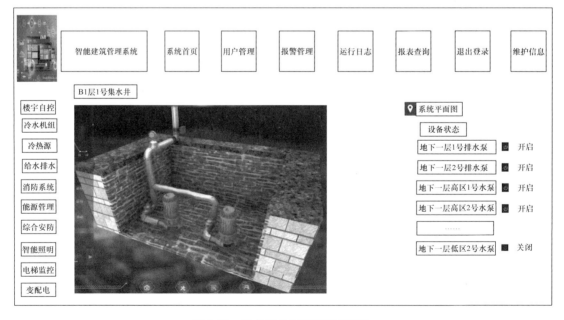

图 8-20 给水排水系统监测可视化

第8章 建筑设备管理系统的集成技术

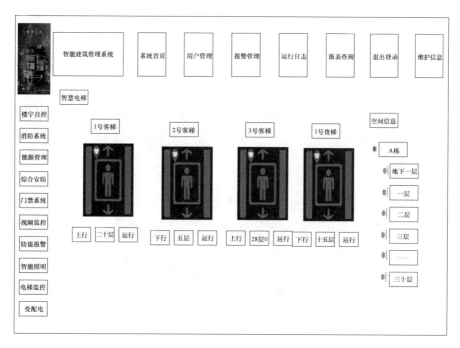

图 8-21　电梯系统监测可视化

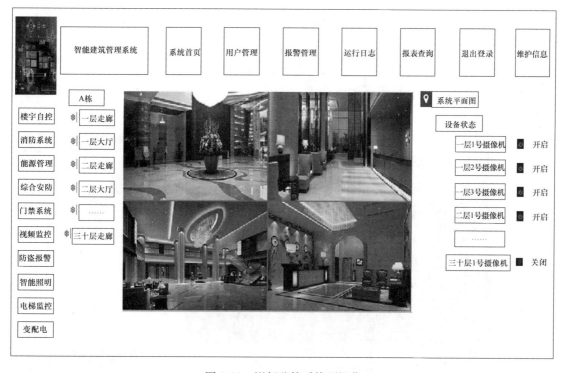

图 8-22　视频监控系统可视化

5. 入侵报警系统（图 8-23）

集成系统实时反映探测器的布防、设防、报警及各种状态，对报警信息进行及时提示，通过电子地图，在设定的布防时间内，实行入侵监控。

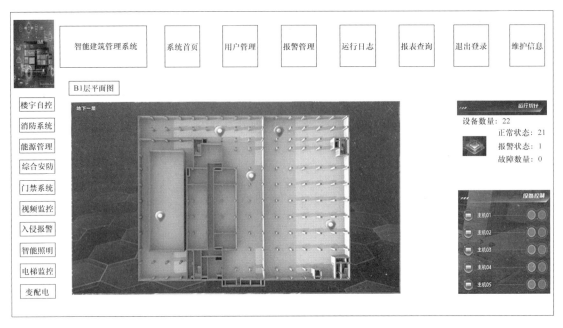

图 8-23 入侵报警系统可视化

6. 消防报警系统（图 8-24）

监测的消防设备主要包括：烟感探头、温感探头、报警按钮、警铃、排烟阀、消火栓以及相关联动设备等。

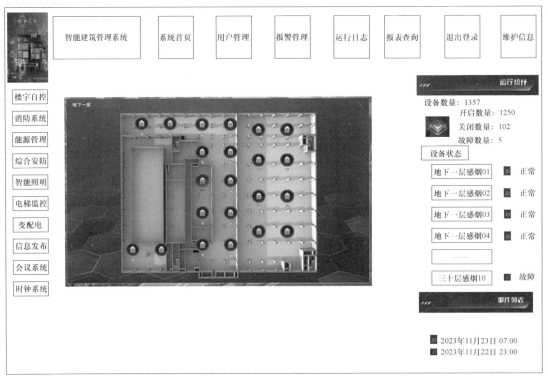

图 8-24 消防报警系统可视化

7. 能源管理系统（图 8-25）

系统对水、电、气能耗实行自动、集中、定时远传存储。按用量的峰、平、谷时间和季节自动核算每个用户的用量，实时精确地显示各个用户的实际用量。自动完成计量、存储、统计、分析、制表、入档，方便计量收费。

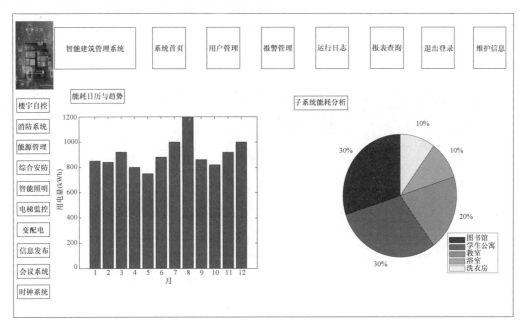

图 8-25 能源管理系统可视化

8. 智能照明系统（图 8-26）

监测整个建筑或园区内的所有照明设备的开、关、报警与故障状态。实现定时开关预案内的灯光设备，系统对每个灯光提供减光控制，实现灯光亮度的无级变化。

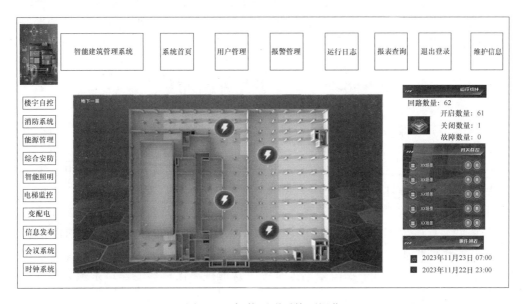

图 8-26 智能照明系统可视化

9. 光伏发电系统（图8-27）

监测光伏发电设备，主要包括运行状态、报警状态、阵列表面温度、充电电压、充电电流、今日发电量、累计发电量等信息，支持显示设备总览、设备报警统计、发电数据分析、发电设备类型等。

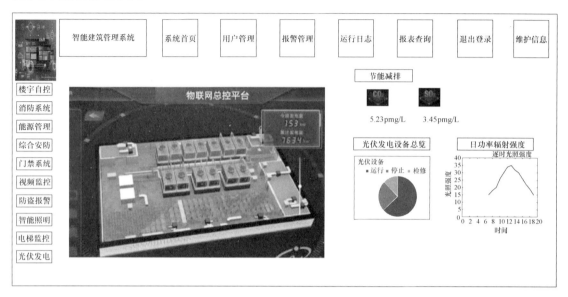

图8-27　光伏发电系统可视化

基于BIM的综合运维管理平台，综合应用物联网技术并与建筑各系统相结合，集成视频监控、智能照明、智能电梯、智能供水、智能消防等管理系统，实现了建筑物园区、建筑、室内、设备的逐级可视化。通过三维虚拟仿真技术还原园区的真实场景，提供资产管理、安防集成、人员管理等功能模块。可视化管理系统将分散的、二维的管理子系统整合到一个统一管理的平台上，使园区的管理更加直观、立体，构建了面向管理者的全局观，满足了告警查看、调度指挥、仿真推演、电子巡检等多项管理需求，有效帮助管理者提高园区信息化管理水平和管理效率。

8.7　本　章　小　结

建筑智能化系统集成（Systems Integration，SI）是将建筑智能化系统中的不同智能化子系统有机地合成，实现信息综合，资源共享，实现效率较高的协同运作。本章首先从系统集成的概念、功能、体系结构入手，进而介绍了建筑设备自动化系统中系统集成模式、最后介绍建筑设备自动化系统集成案例，并进一步阐述了基于BIM的三维可视化运维管理系统的基本功能和管理应用。系统集成管理环节具有开放性、可靠性、容错性和可维护性等特点。智能建筑的系统集成设计就是根据用户的需求，优化选择所需的各种产品、技术并有机地合成为一个完整的相互关联和协调运行的解决方案的过程。智能建筑建设是一项系统工程，而且是一项复杂的大系统，管理科学化是智能建筑系统集成的工程极为重要的问题之一。

复习思考题

8-1 简述系统集成的基本概念。

8-2 简述系统集成的实质。

8-3 智能化建筑的系统集成包括哪三个层面？

8-4 从集成的形式上，系统集成的体系结构通常是哪两种？

8-5 什么是 BMS 集成模式，请列出 3 种 BMS 的集成模式。什么是 IBMS 集成模式？这几种模式的特点分别是什么？

8-6 简述系统集成设计与实施的一般步骤和要点。

8-7 简述安防一体化集成的内容。

8-8 简述智能小区集成系统的基本内容与要点。

8-9 BMS 对冷/热源系统的集成，为了提供整个能源系统的联锁、程序、顺序与协调等控制功能，可以采取哪些通信手段？

第 9 章 建筑设备自动化系统的设计

建筑设备自动化系统设计的主要目的在于将建筑物内各种机电设备的信息进行分析、归类、处理、判断,采用最优化的控制手段并结合现代计算机技术对各系统设备进行全面有效地监控和管理,使各子系统始终有条不紊、协同一致地高效和有序运行,以确保建筑物内舒适和安全的环境,并尽量节省能耗和日常管理的各项费用,保证系统安全、有效、节能运行。

9.1 建筑设备自动化系统设计要素

建筑设备自动化系统,实际上是一套中央监控系统,它通过对建筑物(或建筑群)内的各种电力设备、空调设备、冷热源设备、防火、防盗设备等进行监控与管理,达到在建筑内环境舒适并充分考虑能源节约和环境保护的条件下,使建筑内的各种设备状态及利用率均达到最佳的目的。

9.1.1 系统规划、设计内容及依据

系统的规划与设计是指两个不同的工作阶段,规划在先,设计在后。原则上,楼宇自动化系统应由技术上成熟的产品构成。面对建筑物的特点及各类建筑设备的情况选定楼宇自动化系统产品的过程称为"规划";产品一经选定,面对产品的技术性能组成系统,并提供可以指导施工与调试的图纸与技术文件的过程称为"设计"。当然,规划过程中不能不考虑各种产品的技术性能,而设计必须要结合建筑物的特点和设备情况。因此,可以说两者既表现出明显的阶段性,又是一个互相渗透、交叉进行的过程,大多数情况是反复递推的过程。

1. 系统规划的内容

建筑设备自动化系统的规划内容包括:
(1) 系统服务功能的规划;
(2) 系统网络结构的规划;
(3) 系统(包括中央站和分站)硬件及其组态的规划;
(4) 软件(包括中央站软件和分站软件)的种类及驻留点的规划;
(5) 关于通信的规划。

2. 系统设计的内容

建筑设备自动化系统的设计内容包括:
(1) 监控总表的编制;
(2) 分站的类型、数量、软件与硬件配置及安装部位的设计;
(3) 中央站软件及硬件配置的设计;
(4) 电源(包括正常供电电源、应急电源和净化、稳压电源)系统的设计;

(5) 监控中心组态梯次及设备布置的设计;
(6) 管线系统及其敷设方式的设计。

3. 设计依据的有关标准和规范

建筑设备自动化系统的设计要依据有关规定,相关的标准和规范包括:
(1)《智能建筑设计标准》GB 50314—2015;
(2)《民用建筑电气设计标准》GB 51348—2019;
(3)《供配电系统设计规范》GB 50052—2009;
(4)《建筑给水排水设计标准》GB 50015—2019;
(5)《民用建筑供暖通风与空气调节设计规范》GB 50736—2012;
(6)《综合布线系统工程设计规范》GB 50311—2016;
(7)《低压配电设计规范》GB 50054—2011;
(8)《建筑电气工程施工质量验收规范》GB 50303—2015;
(9)《公共建筑节能设计标准》GB 50189—2015;
(10)《智能建筑弱电工程设计与施工》09X700;
(11)《自动化仪表工程施工及质量验收规范》GB 50093—2013;
(12)《智能建筑工程质量验收规范》GB 50339—2013 等;
(13) LonWorks 协议和标准;
(14) BACnetANSI/ASHREASPC 125p 标准。

此外,在设计过程中,要根据甲方提出的使用功能、管理要求及工程投资来决定楼宇自动化系统由多少子系统构成,各子系统的设计标准,设备如何配置。如楼宇自动化系统一般由设备运行与管理系统和防火与安防系统构成,而设备运行与管理系统又分为电力供应与管理、照明控制与管理、环境控制与管理、交通运输监控等子系统,防火与安防系统又分为火灾报警与消防系统、人员出入监控系统、保安巡更系统、防盗报警系统等子系统。《智能建筑设计标准》GB 50314—2015 中各建筑设备监控功能分成三级:甲级、乙级和丙级,对应于各级都有相应的设计标准和监控的具体要求,在方案论证阶段一定要和甲方充分沟通,了解用户需求,明确监控系统范围,根据甲方下达的设计任务书展开初步设计和施工图设计。

9.1.2 建筑设备自动化系统设计原则

建筑设备自动化系统的设计具有很大的灵活性,应根据建筑物的整体功能需求和物业管理方式控制水平,根据建筑物内不同区域的要求和被控系统的各个特点,选择技术先进、成熟、可靠、经济合理的控制系统方案和设备,避免投资的盲目性。系统设计时要遵循下列原则:
(1) 建筑设备自动化系统应支持开放式系统技术,应建立分布式控制网络;
(2) 技术先进、成熟、功能实用性强;
(3) 设备与系统的开放性和互操作性;
(4) 可集成性;
(5) 系统安全性;
(6) 可靠性和容错性。

9.1.3 系统构成

建筑设备自动化系统（BAS）的设计内容通常包含以下几个子系统：

(1) 暖通空调控制系统；

(2) 给水排水系统；

(3) 变配电系统；

(4) 照明系统；

(5) 电梯系统。

9.2 建筑设备自动化系统设计步骤

9.2.1 楼宇自动化设计过程

楼宇自动化系统设计方法的流程如图 9-1 所示。

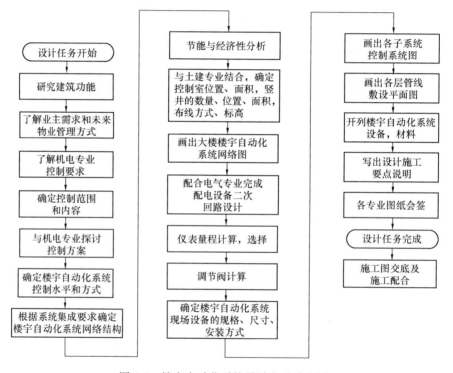

图 9-1 楼宇自动化系统设计方法流程图

9.2.2 项目简介

项目简介内容应该包括：机电系统设计状况、楼宇自控系统的设计范围与监控内容。

9.2.3 楼宇自控系统方案的选择

楼宇自控系统方案的选择过程包括：确定楼宇自控系统方案，阐述所选择的楼宇自控系统产品软硬件的特点。

在确定楼宇自控系统方案时要把握如下几个原则：

(1) 系统的方案设计要尽量做到集控制和管理于一体，分散控制，集中管理，尽量减少故障波及面。

(2) 系统要有一定的前瞻性及可变性。因楼宇自动化技术发展迅速,既要考虑系统功能扩展的可能性,又要注意功能的扩展不影响系统的主体使用。如在中央站用两台计算机分别管理空调系统和电力系统,当需要对空调监控系统进行改造时,电力监控系统仍能正常工作。

(3) 监控中心宜设在主楼底层,在确保设备安全的条件下亦可设在地下层。设备监控室可以与消防控制室及保安监控室安排在相邻或同一个控制室内。因为建筑设备自动化系统是一个综合性系统,该系统可以做到设备监控、消防、安防综合在同一个监控系统内管理,从而起到防灾救灾指挥中心的作用,能充分发挥各系统的协调功能,及时、快速地响应处理各类突发事件,提高防灾的能力和智能化物业管理的效率。同时,也可以节省管理人员,克服各子系统采用分散的房间而占用大量宝贵地面空间的缺点。

(4) 在选择软硬件上,即选择传感器、执行器、控制器及相关配套软件时,主要考虑品牌和性价比,目前的楼宇自动化系统一般由专业厂家成套供应,在设计时应做好产品调研工作,对产品性能要充分了解。此外,还应注意传感器可以有效工作的测量范围与实际系统参数变化范围的一致性,尽可能使传感器工作范围涵盖参数的实际变化范围,但又不过大,从而使实际的测量有足够的精度。选择执行器时除了要在阀门流通能力、执行器推力等方面满足工艺需求外,还应考虑设置反映这些执行器实际状态的反馈信号测点,使计算机控制系统能够随时了解这些电动执行器的实际状态。

9.2.4 绘制监控原理图并说明监控原理

对楼宇自动化各系统的监控原理进行说明,绘制监控原理图。通过原理图可以清楚地看到各个系统,如:空调机组,新风机组,风机盘管,冷、热源系统的监控点数和原理。此内容请参见本书第 4 章至第 7 章。

9.2.5 编写监控点表、设备清单

根据被控设备台数及每台设备的监控原理,确定监控点的类型及数量,编写系统监控点表,以便确定现场控制器的型号和数量。根据监控点表,确定所需各类设备、传感器、执行器的型号、规格、数量以及需要配置的软件,给出楼宇自动化系统的总设备清单。

监控点按其物理属性分为 DI、DO、AI、AO 四种,即数字输入、数字输出、模拟输入、模拟输出。每个监控点应表出的内容主要如下:

建筑设备自动化系统;所属设备名称及其编号;设备所属配电箱控制盘编号;设备安装楼层及部位;监控点的被监控量;监控点所属类型。

总表应列出的内容:

(1) 规划每个分站的监控范围,并赋予"分站编号";(2) 对于每个对象系统内的设备,赋予为楼宇自动化系统所用的系列"分组编号";(3) 通信系统为多总线系统时,赋予总线"通道编号";(4) 为每个监控点赋予"点号"。表 9-1 和表 9-2 的形式供参考。

楼宇自控系统监控功能输入/输出点表　　　　表 9-1

受控设备	数量	监控功能描述	输入		输出		传感器、阀门、执行机构等			控制器	
			AI	DI	AO	DO	类型	选型	数量	选型	数量

楼宇自控系统设备清单　　　　　　　　　表 9-2

序号	设备名称	型号	说明	数量

9.2.6　绘制监控系统图

根据监控点表，确定 DDC 控制箱，给每个 DDC 控制箱编号。DDC 控制箱用来放置 DDC（现场控制器、网络控制器等）、变压器、继电器、接线端子排等部件，一般情况下，DDC 控制箱应放置在被控设备附近，避免传感器与 DDC 的连线过长，造成信号衰减，根据 DDC 控制箱在楼层内的分布，绘制监控系统图。

9.2.7　绘制楼宇自控平面敷设图与大样图

根据监控系统图、监控点表、各工艺专业提供的图纸，绘制楼宇自控平面敷设图、机房大样图等。

1. 控制器的设置

DDC 应设在受控对象附近，按功能和管理类别实现区域划分，每栋楼的送排风、给水排水、照明和电量计量分别采用各自独立的 DDC 进行控制。

2. 控制系统配电设计

（1）线路敷设

楼宇自动化系统的线路通常包括：电源线、网络通信电缆和信号线三类。线路敷设具体要求如下：

1）现场控制器及监控主机之间的通信线，宜采用控制电缆或计算机专用电缆中的屏蔽对绞线，截面为 $0.5 \sim 1 mm^2$。也可根据选定系统的要求选用。

2）仪表控制电缆宜采用截面为 $0.75 \sim 1.5 mm^2$ 的控制电缆，根据现场控制器要求选择控制电缆的规格。一般模拟量输入、输出采用屏蔽电缆，开关量输入、输出采用非屏蔽电缆。大口径电动控制阀应根据其实际消耗功率选择电缆截面和保护设备。

3）系统的传输介质为双绞线时，应采用金属管、金属线槽或带有盖板的金属桥架配线方式，当传输介质为同轴电缆时可采用难燃塑料管敷设。所有信号线路不得与其他线路共管敷设。系统中的仪表信号、电源与通信电缆所穿的保护管，宜采用焊接钢管。电缆截面积总和与保护管内部截面积比应不大于 35%。在线缆较为集中的场所宜采用电缆桥架敷设方式。

4）电源线与信号线在无屏蔽平行布置时，宜保持 0.3m 以上的间距。当在同一金属线槽内敷设时，需装设金属隔离件。

5）水平方向布线宜采用以下方式：顶棚或架空地板内的线槽、线架配线方式；沟槽配线方式；楼板内的配线管、配线槽方式；房间内沿墙配线方式。在竖井内的配线宜与其他线路平行敷设。

（2）电源设置

1）建筑设备监控系统的现场控制器和仪表宜采用集中供电方式，即从控制室放射式地向现场控制器和仪表供电，以便于系统调试和日常维护。如采用就地供电方式，可由就近电源供给。分站电源可由监控中心专用配电箱上以放射式或树干式供电。当系统规模较大时，也可就地采用同级别电源供电。

2）系统用电负荷的总容量应为现有设备总容量与预计扩展总容量之和。无明确规划依据的，可按现有容量的20%估算。

3）系统的监控中心需由配变电所引出专用回路供电，监控中心内系统主机及其外部设备宜设专用配电盘，一般不与照明、动力混用。为提高用电可靠性，供电宜用一路供电、一路备用、末端自动切换的双回路供电方式。

4）控制室应设置配电柜。配电柜内对于总电源回路和各分支回路，都应设置低压断路器作为保护装置，并明显地标出所供电的设备回路与线号。

5）每台现场控制器的供电容量应包括现场控制器与其所带的现场仪表所需用的容量。供电线路宜选择铜芯控制或电力电缆，导线截面应符合相关规范，一般在 $1.5\sim4.0\text{mm}^2$ 之间。

6）一般均应设不停电电源（UPS，EPS）装置，其容量应根据包括监控系统在内的全部需要由其供电的装置（如办公室自动化装置等）的容量计算。UPS或EPS的供电时间按不低于20min计算。

（3）防雷与接地

1）建筑设备监控系统的接地一般包括屏蔽接地和保护接地，屏蔽接地用于屏蔽线缆的信号屏蔽接地处，保护接地用于正常不带电设备，如金属机箱机柜、电缆桥架、金属穿管等处。

2）建筑设备监控系统的接地方式可采用集中的共用接地或单独接地方式，应将本系统中所有接地点连接在一起后，采用一点接地方式，接地线不得形成封闭回路。采用共用接地时接地电阻应小于1Ω，采用单独接地时接地电阻应小于4Ω。

9.3 建筑设备自动化系统设计文件的编制

施工图设计要在经过招标投标或调研，确定了具体产品后进行，一般由集成商根据其初步设计文件来完成。施工图设计文件，应满足设备材料采购、非标准设备制作和施工的需要。

主要的设计文件包括：图纸封面、图纸目录、设计说明、设备材料表、控制对象监控分表、监控总表、BA系统网络图、设备监控原理图、DDC外部接线图、控制室平面布置图、BA系统各层设备平面布置图及管线敷设图。在施工图设计阶段，设计步骤及内容如下：

（1）确定控制对象系统监控方案，包括系统组成及工作原理、各个控制系统要求。

（2）画出各子系统的控制原理图。施工图及建筑设备自动化系统的控制原理图应表示出全部控制系统的原理图，要标注传感器、控制器、执行器的位号和点号。

（3）按控制对象系统编制监控分表。在初步设计的基础上，按照水、电、暖通专业再次提交的详细资料，重新复核检测控制的内容和数量，编制监控分表。

（4）确定分站的位置及数量，画出分站监控原理接线图。根据现场设备情况，合理选择DDC监控范围，确定DDC位置及数量，确定DDC布线长度，画出DDC监控原理接线图。

（5）进一步完善监控总表。

(6) 确定中央站硬件组态，监控中心的位置，画出监控中心设备布置图，对中央站供电电源、用房面积、环境条件提出具体要求。

(7) 确定系统的网络结构，画出系统网络图。应表示出全部控制系统的配置框图，表明每台控制器的位号以及相互之间的联系、相互位置和网络拓扑结构，并检查连接数量是否超出规定。

(8) 画出各层 BA 系统设备布置平面，包括中央站与控制器之间、控制器与控制器之间、控制器与现场设备之间的相对位置和接线及敷设方式，图中要标注设备的位号、位置相对、电缆号、敷设方式以及注意事项等。

根据上述文件按照顺序编制图纸目录，并设计要点说明。

9.4 本章小结

本章主要介绍了建筑设备自动化系统的设计要素和设计步骤。首先根据建筑物的特点及各类建筑设备的情况，遵循设计原则、完成系统规划、设计内容及依据；然后，介绍设计步骤，首先根据设计对象确定楼宇自控方案，接着绘制监控原理图和说明监控原理，并编写监控点表和设备清单，最后绘制系统图和平面图。最后介绍了建筑设备化系统设计文件的编制。

复习思考题

9-1 简述建筑设备自动化系统的设计内容。
9-2 简述建筑设备自动化系统的设计依据。
9-3 简述建筑设备自动化系统的设计原则。
9-4 简述建筑设备自动化系统设计时，系统构成一般包括哪些子系统。
9-5 简述建筑设备自动化系统的设计步骤。
9-6 根据 9.2.5 小节，说明如何给出楼宇自动化系统的总设备清单？
9-7 DDC 控制箱放置有哪些需要注意的地方？
9-8 简述设备自动化系统设计文件一般包含哪些内容？

第 10 章 典 型 工 程 案 例

基于第 9 章的理论基础，本章通过两个具体的案例来详细说明建筑设备自动化系统的设计步骤和设计内容。一是深圳市某办公楼 BMS 监控系统，另一个是某产业园地热供暖项目自控系统。通过案例介绍，读者可进一步掌握建筑设备管理系统的设计方法。

10.1 深圳市某办公楼 BMS 监控系统

10.1.1 工程概况

该项目位于深圳市福田中心区，基地占地 18931m^2，建筑总面积 458292.0m^2。本项目设地下五层，主楼由一栋 660m 高超高层塔楼和 52m 高裙楼组成，其中塔楼位于基地北侧，裙楼位于基地南侧，建成后将成为国际一流的、可持续发展的、智慧型办公、商业、观光等综合功能的城市建筑，为最终用户提供优质服务，并称为标志性建筑。

本项目主要功能分布：一～十层为多功能会议中心、高档餐厅，商场；十一～一百零九层为国际甲级写字楼，写字楼分八个区，主要办公区由标准办公层及交易层组成；一百一十～一百一十八层为观光区。本项目地上 115 层、地下 5 层，屋面高度 597m，塔楼共设置 7 个避难层，分别是十层、二十五层、三十五层、四十九层、六十五层、八十一层、九十五层、一百一十三层，另外设置 3 个设备层，分别是二十六层、五十层、八十二层。

10.1.2 空调系统概况

根据工程概况可知，本项目楼层多，功能区域多，结构复杂，其中空调系统设备构成数量最多，控制方法最复杂，所以下面先对本项目空调系统进行简要介绍。

该项目空调峰值负荷约为 47466kW，采用蓄冰空调。蓄冰系统采用盘管，蓄冰槽采用混凝土槽，蓄冰主机与基载主机并联运行，乙二醇供回水温度为 -5.6℃ / -1.4℃（要求在 8h 内完成）。

空调制冷机房设置在地下二，三层，蓄冰系统循环泵房设置在地下四层，蓄冰槽机房及部分蓄冰系统循环泵房设置在地下五层，冷却塔设置在塔楼六～九层。柴油发电机房变配电房及其他电气设备用房均设置在地下二层，给水排水和消防水泵房设置于地下三层。风冷热泵设置在塔楼第 8 区观光区一百一十层设备层，以及第二十六层、四十九层、八十层设备层。

1. 系统冷热源

（1）冷源形式

本项目空调冷源主要采用并联式蓄冰系统，双工况水冷离心式冷水机组在夏季利用晚上电网低谷时段蓄冰，白天用电高峰时段融冰供冷。在全年可通过调配水冷离心式冷水机组和蓄冰槽不同运行组合来满足大楼不同的负荷要求设计负荷采用主机与蓄冷装置联合运行的方式满足对负荷的要求，部分负荷日采用融冰优先，节省运行费用。

制冷机组配置如下：选用 3340kW/2356kW 双工况离心制冷机组（高压 10kV）8 台；

四台基载主机，其中7032kW基载离心制冷机组2台（高压10kV），2285kW基载变频离心制冷机组2台（380V），蓄冷量为140640kWh（40000RTH）[①]。

制冷机房内设计有对应双工况机组供冷用六台乙二醇-水板式换热器HR-B4-01～06，制冷机房内另外设计有冰槽供冷用五台乙二醇-水板式换热器HR-B4-07～11。

（2）热源形式

本项目位于广东深圳，全年平均气温23.3℃，考虑供热需求少，供热周期很短每年大约在1～2周，空调系统供热采用VAV-box箱自带电加热盘管的形式。VAV-box箱自带电加热盘管可以实现按照需求供热，供热系统初投资少，不需要机房，节约空间提高项目面积使用率。

（3）冷却塔

本项目的冷却塔设置于塔楼的六～九层挑空层，冷却塔选用专门设计的侧进侧出型共13台，单台名义处理水量1000m^3/h，其中5台冷却塔配置防雾加热盘管，采用热泵冷水机组供应热水，把部分新风经过加热处理后与冷却塔的排风在塔内混风后排出，提高排风温度，减少白色雾气。

2. 空调风系统

（1）本项目的空气处理主要采用全空气处理机组结合全热回收新风机组的形式。全空气处理机组，部分楼层采用全空气定风量系统，部分楼层采用全空气变风量系统。同理，与之对应的新风机组，部分楼层采用定风量送风，部分楼层采用变风量送风。

（2）裙楼商业公共部分、塔楼首层大堂等大空间采用全空气定风量系统。其中裙房商业公共部分的新风采用定风量送风、集中新风量处理，空调季节采用全热回收新风机组回收排风中的冷量，过渡季全空气处理机组直接就近从室外取新风，新风不再经过全热回收新风机组。

（3）裙房会议室、商铺及餐饮采用风机盘管加新风系统。

（4）塔楼办公层及交易层每层设两台变风量空气处理机组集中送风的全空气空调系统，末端采用单风道VAV-box箱。

室内设温度控制器，根据室内温控器的信号调节VAV-box箱的送风量。根据CO_2浓度确定，控制VAV-box箱的开度，调节VAV-box箱新风量。

其中塔楼办公层交易层每个办公区设置集中新风处理系统。集中新风处理系统采用变风量送风，定静压设计，风机变频根据新风主管的静压变化确定。

塔楼新风系统中，空调季节一部分新风采用全热回收新风机组回收排风中的冷量，另一部分经普通新风机组处理，最后新风送入各层全空气处理机组。

3. 空调水系统

冷水系统设计为二次泵变频变流量系统，一次泵定流量运行，二次泵变频运行，二次泵分裙房地下室，塔楼一区、塔楼低区三组主支路。其中塔楼低区供到二十六层设备层换热机房，二十六层设备层换热机房分别设置塔楼二区、塔楼三区冷水换热系统以及塔楼中区冷水转输系统；中区冷水转输系统通过管井供到五十层设备层换热机房及六十五层避难层换热机房；五十层设备层换热机房分别设置塔楼四区、塔楼五区、塔楼六区冷水换热系统；塔楼四区、塔楼五区，塔楼六区冷水系统经过换热通过管井供至塔楼四区，塔楼五

[①] 冷吨小时。

区、塔楼六区；六十五层避难层换热机房设置塔楼七区冷水换热系统，塔楼七区冷水系统经过换热通过管井供至塔楼七区，塔楼七区冷水系统的循环水泵设置在L82设备层换热机房。塔楼顶部的观光区采用独立的风冷热泵冷热水系统，系统设置在110设备层，详情见图10-1。所有塔楼冷水泵均变频运行。根据上述被控对象基本情况，其主要被控设备换热器分布与图10-1所示一致。

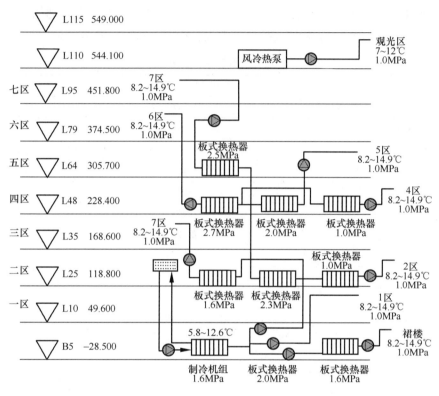

图10-1 空调水系统分区情况

10.1.3 需求分析

该项目分为地下停车库、办公区、商业区，业态多，整幢建筑物开放区域多，结构稍显复杂。结合大厦实际应用需求，本着"基础先行、经济适用、面向应用、适度超前"的设计理念，将该项目建设成一套完整的智能化大厦，并在智能化专业上符合"绿色建筑"认证的要求。

业主希望对本工程内主要的机电设备进行集中监视、控制和管理，最终达到舒适、节能和便利的目的。根据业主提供的整体控制要求，确定需纳入建筑设备自动化系统的子系统有：制冷站监控系统、热交换监控系统、空调机组监控系统、新风机组监控系统、送排风监控系统、给水排水监控系统、扶梯。此外，如果将来需要对楼宇自控系统进行扩充，则只需要通过在LonWorks网络上简单地增加DDC和相应的传感器，即可实现系统功能的扩展。

10.1.4 总体方案

本方案的目标是实现项目内楼宇设备自动化控制系统的综合控制与管理及系统集成。该项目采用先进的计算机技术、网络技术、控制技术以及集散控制方式，实现智能化管理系统的智能控制、管理目的；通过网络和数据库接口实现智能化集成管理，实现信息共享，功能互补。系统采用 BMS/IBMS 楼宇管理集成模式。系统服务器及操作站设在地下二层的楼宇集成控制室内，在冷冻机房内设置分控操作站。

其楼宇自控系统监控项目包括：冷冻站及换热设备的控制和监视、新风机组的控制和监视、通风系统的控制和监视、给水排水系统的控制和监视、电梯系统的监视；此外，还要求将电梯系统纳入楼宇自控系统统一管理。楼宇自控系统同时要求留有与火灾报警系统的通信接口，便于两系统集成。根据冷冻站及换热设备、空调与通风、给水排水、电梯等相关专业提供的设计条件（资料），确定需要监控的设备种类、数量、分布情况，见表10-1。

被控设备清单一览表　　　　　　　　　　表 10-1

系统	设备名称及位置	数量
中央制冷系统		
(1) 中央制冷系统		
1) 风冷冷水机组	L-L26-1～3；L-L49-1～2；L-L80-1～2；L-L111-1～2	9
2) 中央冷冻机房	冷却水泵/每台	6
	冷却塔	13
	冷凝器	2
	蓄冰	8
	膨胀水箱	2
(2) 空调及通风系统		
风机盘管设备表	FP-04（地下室）	若干
	FP-05（裙房商业）	若干
	FP-06（塔楼）	若干
组合式空调机组	K-B3-01；K-B2-01～11；K-B1-01～09	21
	K-L2-1～4；K-L3-1～2；K-L4-1～12；K-L5-1～2	20
	K-L6-01～02；K-L7-1～2；K-L9-1	5
	K-L51-1～2；K-L52-1～2；K-L81-1～2；K-L82-1～2	8
	K-L115-1～2；K-L116-1～2；K-L116J-1～7	11
新风机组	X-B1-01～04；X(Y)-L2-01～03；X(Y)-L3-01～03	10
	X(Y)-L4-01～04；X(Y)-L5-01～05；X-L6-1～5	14
	X-L7-01～07；X(Y)-L7-01～04；X-L8-5～14	21
	X-L8-4、15、16、17；X(Y)-L8-01～05；X-L9-3～5；X(Y)-L9-01～03	15
热回收式新风机组	X-L8-1、2、3；X-L9-1、2	5
(3) 送排风系统		
排风兼排烟风机	P(Y)-B5-01～8(双速)；P(Y)-B4-01～12(双速)	20
	P(Y)-B5-09～12；P(Y)-B4-13～14	6
	P(Y)-B3-01～08；P(Y)-B1-03～08	14
	P(Y)-B3-09（双速）；P(Y)-B2-01～08（双速）；P(Y)-B1-01～02（双速）	11
	P(Y)-L8-01 双速；P(Y)-L9-01～03（双速）	4

续表

中央制冷系统		
系统	设备名称及位置	数量
送风兼补风机	S(Y)-B5-01~14；S(Y)-B4-01~07；S(Y)-B3-01~12	33
	S(Y)-B2-01~09；S(Y)-B1-01~03	12
(4)塔楼交换站系统		
冷水泵	B-L50-5~13；B-L26-1~18；B-L82-1~3	30
板式换热机组	HR-L26-1~12；HR-L50-1~9；HR-L65-1~3	24
(5)塔楼给水排水系统		
	给水排水水泵	114
	变频水泵	17
	中水水箱	4
	生活水水箱	15
	屋顶稳压水箱、113层自动喷淋水箱、113层空调补水水箱、118层景观水池（每层1个）	4
(6)扶梯与EPS	地下一层	7
	裙楼一层	5
	裙楼二层、三层、五层、七层（每层2个）	8

10.1.5 确定各功能子系统的控制方案及监控原理图

根据前面的工程需求分析，可以确定建筑设备自动化系统各个子系统的控制方案。

1. 冷冻站系统

冷冻站监控系统是整个空调系统的核心，冷冻站控制系统具体监控内容如下：

1) 监测：

冷水机组、冷水泵、冷却水泵、冷却塔的运行状态监测、手自动状态、故障报警，冷却塔低水位报警；

冷却水泵、冷水泵两端压差报警、电动蝶阀开关反馈；

冷却水、冷水进出水回路旁通阀开度、压差报警、电动阀开度反馈，控制电动阀开度；

制冷主机供回水压差，回水温度、回水流量、电动蝶阀开关控制及反馈，流量开关控制及反馈；

2) 控制：

① 按冷冻机启停工艺要求，顺序启停相应的冷水泵、冷却水泵，冷却塔、冷水机组及有关阀门。

② 根据冷水供水流量和供回水温差计算建筑物实际冷负荷，据此控制冷水机组运行台数，节约能源，提高设备使用效率。

③ 根据冷水供回水总管压差，控制冷水旁通阀的开度，调节管网压差，保证供水压力稳定。

④ 冷冻机组的群控由空调专业负责。群控系统根据冷冻机组冷冻供水回水总水管的供/回水温度、总供水量计算冷负荷根据冷负荷的变化决定开启冷水机组及对应的一次泵台数同时自动控制二次泵启停使冷水机组工作在最佳状态，从而达到节能的目的。此外每次应启动累计运行时间最少的冷水机组，以达到运行时间的平衡，并根据冷负荷的

变化，自动控制机组的投入台数，选择主机的投入时间和顺序，保证冷水机组的定流量运行。

⑤ 冷水二次泵的变频控制和台数控制，由现场自动控制系统控制冷冻二次泵的启停，变频控制器独立采集冷冻二次泵前端和末端的压力和冷冻二次泵的水泵压差等数据，实现冷冻二次泵群控，即在保证冷水系统最不利环路供水末端回水压差不小于设定值的情况下，自动调节冷冻二次泵的流量或台数。同时，控制器通过标准、通用的接口、协议向BAS系统提供控制器的运行状态、故障报警等数据。

⑥ 冷却塔台数运行控制：系统开始运行后，冷却水首先采用自然降温模式运行，此时监测冷却水总回水管温度是否满足在设定值。当温度大于设定值，开启相应冷却塔风机。当温度仍高于设定值，则继续增加投入风机运行的台数，确保温度传感器的测量值为设计允许范围；当温度低于设定值，则逐步减少运行风机台数，以保证冷却水总出水管上的温度满足设定要求。

⑦ 根据冷却水供回水温度，控制冷却水旁通阀的开度及冷却塔风扇的启停，保证冷却水温度满足工艺要求和最大限度地节约能源。

⑧ 膨胀水箱设置液位开关，可在中控室监测液位。水位达到补水液位时开启补水阀，补水过程中，液位达到停泵液位后关闭补水阀。

根据上述控制方案，可以绘制出冷冻站子系统的监控原理图，部分细节见图10-2。因图中监控设备及点位较多，详细信息请扫码查看附录附图中的附图10-1~附图10-4。

附录附图10-1~
附录附图10-4

2. 风冷热泵系统

风冷热泵机组集中放置在塔楼第二十六层、四十九层、八十层、一百一十层。对其监测与控制信息如下：

监测：热泵机组的运行状态、故障报警；供回水水流状态；补水箱超高、超低液位报警；供水温度和流量；

控制：热泵机组启停控制、冷却水供水回路水阀开关控制。可参考其控制原理图如图10-3所示。

1）按冷冻机启停工艺要求，顺序启停相应的冷水泵、冷却水泵，冷却塔、冷水机组及有关阀门。

2）根据冷水供水流量和供回水温差计算建筑物实际冷负荷，据此控制冷水机组运行台数，节约能源，提高设备使用效率。

3）根据冷水供回水总管压差，控制冷水旁通阀的开度，调节管网压差，保证供水压力稳定。

3. 换热机房

二十六层、五十层、六十五层和八十二设备层分别设置换热机房，内置冷水换热系统以及塔楼中区冷水传输系统，详情可见前述分区情况详图。热交换监控系统通过安装在热交换器供水管温度传感器进行温度检测，由DDC根据温度检测值，利用其内置的控制算法（如PID和优化PID算法）进行控制量的计算。最后DDC发出控制信号到电动调节阀，调节水管内的水流量，保持二次侧供水温度在要求的控制范围内。本工程换热系统具体监控内容如下：

(1) 监测

1) 在换热器一、二次管路上通过安装温度传感器测量水温。

2) 在每台循环水泵处安装水流开关,监视水泵运行情况。

3) 根据系统时间表和使用情况控制水泵的启停,并监视水泵运行状态监测、手自动状态、故障报警;运行速度控制和反馈;变频器故障;换热器进水和出水水泵两端压差报警、电动蝶阀开关反馈;自动进行主备泵的切换。

4) 加装流量计,满足用户计量和统计方面的要求。

(2) 控制

1) 在换热器一次水进口设置调节阀,调节阀门开度使二次出水温度保持在设定值。

2) 记录设备运行参数和统计设备累计运行时间,平衡设备使用率,提醒管理人员定期检修。

根据上述控制方案,可以绘制出换热站子系统的监控原理图,部分细节见图10-4,请扫码参考附录附图10-5、附图10-6所示。

4. 空调风系统

根据本项目空调风系统设置情况,有三类风处理形式,针对10.1.2上述三种风处理形式,共有下述三种监控方案:空调机组监控、新风机组监控方案和变风量空调系统监控。

附录附图10-5、附录附图10-6

(1) 空调机组监控

裙楼商业公共部分、塔楼首层大堂等大空间采用全空气定风量系统,回风与新风混合后经组合式(卧式或吊柜式)空气处理机组处理,经过滤、降温、除湿后,由风管送入室内。本工程空调监控系统共设有空调机组65台,每台机组可由控制器实现自动控制。空调机组监控原理图如图10-5所示。

1) 空调机组监测内容

① 自动检测送回风温度、CO_2浓度、新风量。

② 自动检测风机启停状态、运行状态、手/自动状态、故障报警。

③ 自动检测过滤器压差。

④ 自动检测新风阀开度。

⑤ 自动检测回风阀开度。

⑥ 自动检测电动水阀的开度。

⑦ 对于具有变频风机的系统:增加变频风机的启停状态、变频风机频率检测、故障状态。

2) 控制与管理内容

① 当风机启动时,机组自控系统执行开机程序自动投入各设备,根据回风温度控制水阀开度。

② 根据新、回风温度调节新、回风阀开度。

③ 当风机关机时,机组自控系统执行关机程序,电动风阀、电动水阀关闭,实现防冻功能。

④ 监测并调整机组的运行情况。

⑤ 提供冬/夏季节能转换、时间控制程序、事故报警、专家诊断等功能。

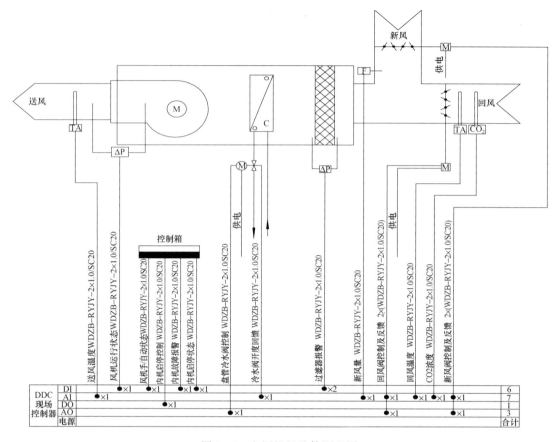

图 10-5 空调机组监控原理图

⑥ 对于具有变频风机的系统：增加变频风机频率控制。

(2) 新风机组监控

裙房会议室及商铺、餐饮采用风机盘管加新风系统，新风经过滤、降温、除湿后直接送入室内。其余部位采用新风机组集中处理新风，并送至组合式空调机组。上述两种情况，对于新风机组设置基本一致。所以可以直接按照新风机组下述形式：普通新风机组和带热回收装置新风机组设置监控方案。本工程空调监控系统共设有新风机组 60 台，热回收式新风机组 5 台，每台机组可由控制器实现自动控制。

该子系统检测：送排风温度、新风量、新风阀门反馈信号、过滤器报警、冷水阀开度、风机运行状态、启停状态、故障报警。

对于热回收式新风机组还需要监测：热回收器的启停状态、手/自动状态、故障报警，变频送风机和排风机的变频器频率反馈、故障报警。

该子系统控制：新风阀门开度、冷水阀门开度、风机启停。

对于热回收式新风机组还需要控制：热回收器的启停控制、变频送风机和排风机的变频器频率控制、启停控制。参考图 10-6。

新风机组监控如表 10-2 所示。

第 10 章 典型工程案例

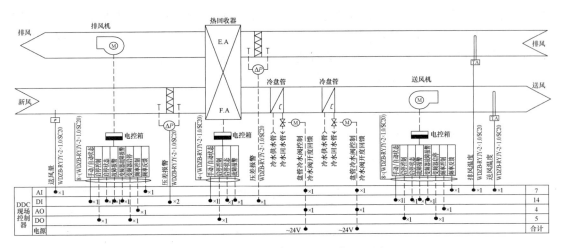

图 10-6 热回收式新风机组监控原理图

新风机组监控 表 10-2

序号	监控内容	控制方法
1	送风温度自动控制	送风风道温度传感器检测送风温度,送至 DDC 与设定值比较,根据 PID 运算结果,DDC 输出信号控制冷水电动调节阀的开度,使送风温度保持在所要求的范围。在过渡性季节,通过检测室外新风的温湿度,送至 DDC 计算新风焓值,通过网络传递信号给 AHU 的 DDC 控制 AHU 的电动风阀,调节新回风比使送风温度保持在所要求的范围
2	送风湿度自动调节	送风风道湿度传感器检测送风湿度,送至 DDC 与设定值比较,根据 PID 运算结果,DDC 输出信号开关加湿器蒸汽开关,使送风湿度保持在所要求的范围
3	过滤器堵塞报警	空气过滤器两端压差过大时报警,提醒清扫
4	新/排风机变频控制	根据各个 AHU 检测的二氧化碳的浓度信号,调节变频器的频率来调节新风机的转数来达到整个系统的新风量的要求,排风机根据新风机联锁来达到整个系统风量平衡
5	机组定时启停控制	根据事先安排的工作及节假日作息时间表,定时启停机组,自动统计机组工作时间,提示定时维修
6	软件联锁、保护控制	联锁:风机停止后,新风阀门及电动调节冷水阀自动关闭保护;风机启动后,其前后压差过低时故障报警,并联锁停机
7	热回收器启停控制	根据新风管检测的新风温度和排风管检测的排风温度,送至 DDC 计算温差,当温差大于设定值时,热交换器开启
8	新风量监测	所有新风机组将提供风量计监测新风量,当风量高于或低于设计风量的 10% 时候,需发出讯号至中央监控系统(BAS)通知控制组员

(3) 变风量空调系统监控

塔楼办公层及交易层每层设两台变风量空气处理机组,其为集中送风的全空气空调系统,末端采用单风道 VAV-box 箱。由全热回收新风处理机回收排风的能量、降温除湿过滤后的新风送入各层空气处理机或直接由室外引入的新风,按一定比例与回风在空气处理机混合段内充分混合后,经过滤、冷却处理后送入室内。室内设温度控制器,根据室内温控器的信号控制 VAV-box 箱的调节装置改变 VAV-box 箱的送风量。

塔楼 VAV 系统空调机组监控原理图见图 10-7。

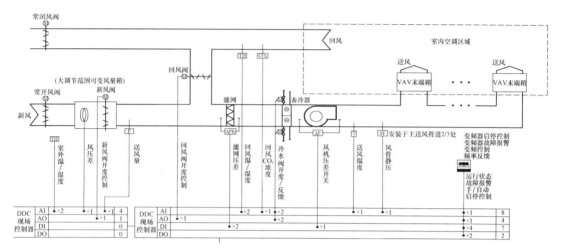

图 10-7 塔楼 VAV 系统空调机组监控原理图

1) 监控内容如下:

室外温湿度、风压差、送风量、过滤网压差、回风温湿度、回风 CO_2 浓度、冷水阀开度反馈、送风温湿度、风管静压、变频器频率反馈和故障报警、运行状态、手/自动状态、控制:新回风阀开度、冷水阀开度、变频器启停,变频器频率控制。

2) 控制方案:

① 送风温度控制:

根据初始设定送风温度,通过对安装于表冷器回水管的电动调节阀的开度进行调整,实现对送风温度的控制;冷负荷减少时,回风温度降低,当温度低于某一设定值时,控制器便会重设送风温度并关小冷水阀,使得在最小送风量的情况下,满足室内温度要求时,仍然能够保证新风量达到所需要求。

② 节能控制:

a. 新风量控制节能:

室外温湿度值通过 LonWorks 智能控制网络传输到自控系统中,为系统调节提供所需的温、湿度参考值。

制冷季节,根据室内 CO_2 浓度确定室内人数,通过调整新风阀来调整新风量,控制新/回风比例,按需(每人新风量×人数)供应新风量,减少在新风处理上的能耗,制热季节亦然。

过渡季节,当室外空气焓值优于室内焓值并超过预设的焓值时,全开新风阀,尽量利用室外新风辅助供冷,减少冷量消耗;当室外空气焓值低于设定送风焓值时,关闭冷水阀,全新风运行。

b. 冷水温差控制节能:

可根据水管回水温度控制调节水阀,调节通过的水量,来控制冷水温差。既能使回水温度维持在设定值,保证表冷器的换热量,又避免系统运作于低温差的状况下,提高水泵运行效率,提高冷机能效。

c. 预冷节能:

在制冷季节,清晨时分,室外温度较低,空气中粉尘含量较低,室外焓值优于室内焓值时,控制系统将自动启动换风模式,进行全新风运行,利用室外新风置换室内原有空气,达到预冷目的,减少上午预冷所需能耗。

③ 自动运行及反馈:

a. 自动运行:

系统根据 BMS 指令或预设的时间表运行。启动自动运行功能时,新风阀、回风阀和排风阀的转到初始阀位,风机启动。根据风量需求调整风机转速根据新风量需求,调整新/回风比例。

b. 风机故障检测:

当风机运行出现过载或其他故障时,BMS 上将发出风机故障警报。同时,停止风机运行,关闭新风阀,排风阀,全开回风阀,关闭冷水阀,为空调系统维护人员提供维护信息指示。

c. 滤网压差检测:

该系统将通过安装在滤网两端的压差传感器来监测各滤网的脏堵程度,如果滤网由于使用时间过长而发生堵塞,两端压差超过设定值时,BMS 上就会显示"过滤器堵塞"警报,提示管理人员及时清洗或更换滤网,减少滤网堵塞而引起的风机能耗增大的情况。

④ 火灾模式和排烟模式:

a. 如果消防报警系统发出火灾报警信号,该系统将立即关闭风机,打开常闭风阀、关闭常开风阁,同时将冷水阀置于关闭位置,新风系统作为正压补风使用。具体控制方式需待日后结合消防工程设计进行深化。

b. 系统可以启动排烟模式以便疏散各区域的烟雾。在排烟模式下,送风机将停止运行,新风阀和回风阀也都将被关闭,而排风阀将被完全打开,当火灾警报被解除并且排烟模式停止工作时,该系统将会回到其正常的工作状态。

⑤ 变静压控制模式:

变静压控制模式是本系统的控制核心,每个变风量末端装置的控制器将各自的末端调节风阀的阀位信息,通过控制网路传到空调箱的 DDC 控制器上。

控制器依据以下逻辑对系统风量进行控制:

a. 确定每个变风量末端装置调节风阀的阀位。

b. 读取各末端装置调节风阀的阀位开度信息,并进行比较分析,找出阀位开度最大值 POS_{max}。

c. 当 $POS_{max}>95\%$,表示阀位开度最大的末端的开度接近全开,由此可知其送风量将不能够满足其所控制的空调区域的负荷需求,系统静压处在较低的情况下。因此需要适度增加系统静压,提高风机转速,确保每个末端装置得到足够的需求风量。

d. 当 $POS_{max}<70\%$,表示阀位开度最大的末端的开度很小,由此可知,其他末端调节风阀的开度更小,系统静压值偏大,需降低静压节省少风机能耗。

e. 当 $70\% < POS_{max} < 90\%$，表示当前系统静压合适，无须改变静压设定值，风机保持在某转速不变。

f. 当某个风阀持续在最大位置流量，或变风量末端的风量及阀位与室内温差之间的逻辑关系出现异常时，变静压控制系统能自动屏蔽该末端并以其他正常工作的末端为参考，进行系统调节和控制。

⑥ 定静压控制模式：

除了变静压控制模式外，本系统还具备定静压控制模式。静压传感器置于送风管道 2/3 长度的位置，控制着空调机组的风机转速。当压力超过某一设定值时，风机的转速将会减低，直至压力到达设定值。同理，当管道内部的压力低于某一设定值时，风机的转速将会提高。

⑦ VAV 末端控制方案

监测内容：风压差、电加热器开关反馈、室内温度设定值，室内温度、室内有/人状态。

控制内容：风阀开度控制。

具体控制方案如下：

a. 采用压力无关型变风量末端箱控制器。

b. 专用 DDC 控制器自带精密压差传感器用于测量风量。

c. 设置专用室内温度控制器测量并显示区域温度，设定温度，设定有/无人状态。

d. 根据室内温度控制器的室内温度和设定温度调节风量以维持室内温度。

e. 在有人状态时，系统达到设定温度后，调整风阀开度以维持最小风量；在无人状态时，关闭风阀。

f. 将室内设定温度、有/无人状态、风阀开度、风量等变量通过 LonWorks 传送至网络，供变风量控制系统参考。带电加热功能的末端箱需将电加热的开关状态反馈至控制器，电加热手动开关（分三挡）靠近温控器安装。

VAV 末端监控原理图如图 10-8。

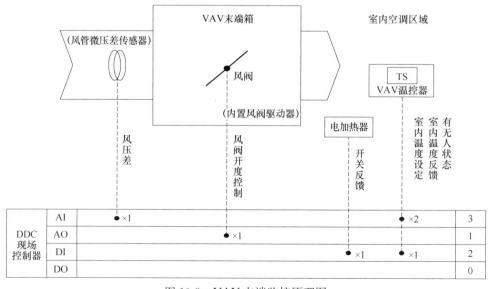

图 10-8　VAV 末端监控原理图

⑧ 其他：

所有新风机组将提供风量计监测新风量，当新风量高于或低于设计风量的10%时，须发出信号至中央监控系统（BAS）通知控制人员。

数字、模拟信号（输入/输出）采用线缆规格 WDZB-RYJY-2×1.0（SC20）。

5. 风机盘管

整栋大楼布置800个风机盘管，属于空调系统的末端设备，由设置在地下室、裙房商业和塔楼部分的控制器实现风机盘管系统的自动控制。其监测信息为房间温度、室内人员有无；控制信息为冷水阀开度、风机的高中低速。其控制方案为：通过在末端装置的温度传感器和设置的红外热释电传感器，检测房间温度及室内人员情况，根据室内设定温度，自动控制风机盘管工作。能够解决无人空调和空调设置过冷或过热情况。具体情况见图10-9。

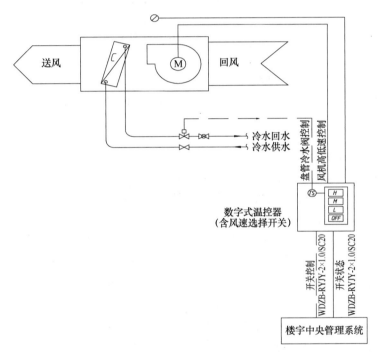

图10-9　风机盘管监控原理图

6. 送排风系统

本工程送排风系统的设备分设在地下室地下一层、地下二层、地下三层、地下四层、地下五层以及八层和九层，其中排风兼排烟风机有55台，送风兼补风机有45台。监控原理图见图10-10。

（1）监控内容

1）自动检测送、排风机启停状态、风机手/自动状态、运行状态。

2）自动检测送、排风机故障状态。

3）对于厨房排风机增加：除油烟器的启停状态、手/自动状态、故障状态。

4）对于具有变频风机的送排风系统：增加变频风机的启停状态、变频风机频率检测、故障状态。

建筑设备管理系统

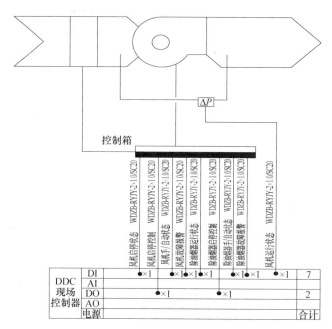

图 10-10 消防/平时变频送排风系统监控原理图

(2) 控制与管理内容

送、排风机的启停控制。

对于厨房排风机增加：除油烟器的启停控制。

对于具有变频风机的送排风系统：增加变频风机的频率控制。

7. 给水排水监控系统

给水排水系统包括生活给水系统和污水排水系统，本工程给水排水系统设备均设在地下一层，包括生活水泵 19 台，中水泵 9 台，空调补水泵 2 台，洒水泵 2 台，污水泵 51 台，输水泵 4 台，给水变频泵 9 台，给水提升泵 2 台，生活水箱 15 个，中水水箱 4 个，屋顶稳压水箱 1 个，一百一十三层自动喷淋水箱 1 个，一百一十三层空调补水水箱 1 个，及一百一十八层景观水池 1 个。监控原理图见图 10-11。该系统具体监控功能如下：

1) 监视水池水位，超限报警。

2) 监视各水泵的启停、手/自动状态、故障信号及水流开关反映的水泵运行状态，控制水泵启停状态。

3) 累计各设备运行时间，提示管理人员定时维修。

4) 根据各泵运行时间，自动切换主、备泵，平衡各设备运行时间。

8. 电梯系统

本工程在机房层设电梯控制室，有电梯两部，目前电梯系统一般都由厂家配套提供的控制器来控制运行，所以建筑设备自动化系统对电梯系统的监控主要集中于在对电梯的运行状况（上行和下降）、故障报警进行监视，由电梯供应商提供相关监视接口实现状态监测，使用触点信号进行监控。其监控原理图见图 10-12。

10.1.6 绘制各个监控子系统监控点表

根据前面上述各个子系统的控制方案，可以绘制出各个子系统的监控原理图。根据监

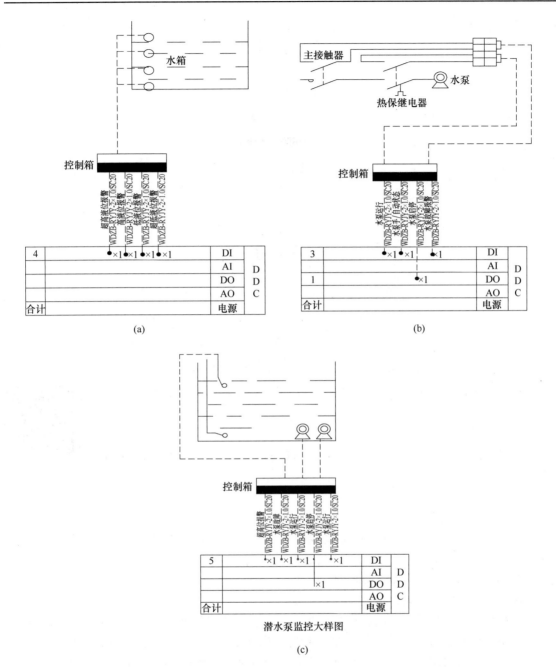

图 10-11 给水排水系统监控原理图
(a) 水箱控制原理；(b) 给水泵监控原理图；(c) 潜水泵监控原理图

控原理图可以整理得本次设计监控点一览表：

中央制冷系统：制冷站控制系统具体监控点表可扫码查看附录附表 1。其换热站部分监控点表见表 10-3。

新风机：新风机组监控点一览表参考表 10-4 所示。

空调机组：空调机组监控点表可扫码查看附录附表 2。VAV 系统为独立系统，系统通过接口与 BMS 系统连接，变风量空调机组监控点一览表可扫码查看附录附表 3。

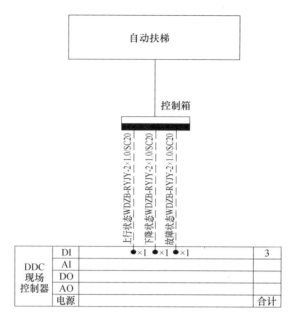

图 10-12 电梯系统监控原理图

送/排风机：送排风系统监控点一览表可扫码查看附录附表 4。

给水排水设备：根据前述监控原理图，可得给水排水系统监控点一览表见附录附表 5。

扶梯设备：

1）扶梯设备：自动扶梯只监不控，扶梯监控点一览表可扫码查看附表 6。

附录附表1～
附录附表5

2）信号线采用 WDZ-RYJYP 型。

线路敷设

1）垂直布线：沿弱电井镀锌金属线槽敷设。水平布线：线路采用镀锌金属电线管沿顶棚内或暗敷敷设。

2）信号线采用 WDZ-RYJYP 型。

10.1.7 系统及设备选型

建筑设备自动化系统选型以产品质量、性能、可集成性及价格为第一原则，同时兼顾系统产品完整性、与其他系统兼容性、系统可升级等因素，最终上位机软件、DDC、末端检测及执行设备选用海湾公司的 HW-BA5000 楼宇控制系统，该系统基于 LonWorks 现场总线技术开发，选用数字控制器，可为其他供应商提供开放性接口，并可根据需要将楼宇控制系统、消防报警系统及安全防范系统及其他子系统集成在统一平台上。

HW-BA5000 系列产品，包含多种基于神经元芯片的 DDC 控制模块和由十几种基本软件功能模块组合而成的配套软件构成。BA5000 系列中的每一种智能控制模块都是 LonWorks 网络中的智能节点，可以直接连接在控制网络上。由于设计上实现了软、硬件分离，每种硬件模块可以根据工程需要配置不同种类和数量的软件模块，使得设计人员可以真正按照模块的 I/O 口种类和数量进行设备选型和系统配置，而不必关心其软件实现细节。表 10-5 给出了 HW-BA5000 系列主要软件和 DDC 常用的输入输出模块。

表 10-3 换热站监控点表

控制点	数量	数字信号输出				模拟信号输出			数字信号输入										模拟信号输入														
		开/关控制	电动蝶阀控制	水泵高水位报警	低水位报警	速度控制	水阀门控制	控制阀冷水温度设定	开/关状态	水阀开关状态	设备错误/跳闸	冷水流状态[流量]	阀门开关状态	冷却水状态[压力]	液位检测	水流开关	手动自动状态	变频器错误/跳闸	室外温度/湿度	冷水/热水供水温度	速度反馈	冷水/热水回水温度	冷水流量	冷水温度	水流速	冷却水/热水供水温度	冷却水回水温度	压力	热交换器出水温度	环路压力	电动蝶阀控制	水阀门控制	旁通水温度
冷水泵 B-L50-5~13	14	14	14			14			14	14				14			14	14			14											14	
B-L26-1~18	18	18	18			18			18	18				18			18	18			18											18	
B-L82-1~3	3	3	3			3			3	3				3			3	3			3											3	
板式换热机组																																	
HR-L26-1~12	12		12				12			12												12	12	12		12	12	24				12	
HR-L50-1~9	9		9				9			9												9	9	9		9	9	18				9	
HR-L65-1~3	3		3				3			3												3	3	3		3	3	6				3	
主管网			9						9											28					7			7					
膨胀水箱				10	10																												
总计			154				74					260											350										

新风机组监控点表

表10-4

控制点	数量	数字信号输出							模拟信号输出					数字信号输入													模拟信号输入													
		风机开关控制	变频器开关控制	电加热器开关控制	风阀开关控制	除油烟器开关控制	风机盘管开关控制	风机转速控制	变频器转速控制	调整水阀	调整风阀	送风阀控制	室内温度控制	风机开关状态	除油烟器手/自动状态	变频器手动自动状态	变频器跳闸	除油烟器故障报警	除油烟器开关状态	水阀开关状态	新风阀状态报警	高/低水位报警	空调机手自动状态	压差报警	风机故障报警	风机盘管运行状态	送风温度	湿度	回风温度	调整风温度	冷水供水温度	冷水回水温度	冷水阀开度回馈	二氧化碳浓度	变频器反馈	静压	送风量	风压压差	室外湿度	室外温度
新风机组																																								
X-B1-1~4	4	4								4	4	4		4		4								12	4		4			4			4				4			
X(Y)-L2-1~3	3	3								3	3	3		3		3								9	3		3			3			3				3			
X(Y)-L3-1~3	3	3								3	3	3		3		3								9	3		3			3			3				3			
X(Y)-L4-1~4	4	4								4	4	4		4		4								12	4		4			4			4				4			
X(Y)-L5-1~5	5	5								5	5	5		5		5								15	5		5			5			5				5			
X(Y)-L6-1~6	6	6								6	6	6		6		6								18	6		6			6			6				6			
X-L6-1~5	5	5								5	5	5		5		5								15	5		5			5			5				5			
X-L7-01~07	7	7								7	7	7		7		7								21	7		7			7			7				7			
X(Y)-L7-01~04	4	4								4	4	4		4		4								12	4		4			4			4				4			
X-L8-5~14	10	10								10	10	10		10		10								30	10		10			10			10				10			
X-L8-4,15~17	4	4								4	4	4		4		4								12	4		4			4			4				4			
X(Y)-L8-01~05	5	5								5	5	5		5		5								15	5		5			5			5				5			
X-L9-03~05	3	3								3	3	3		3		3								9	3		3			3			3				3			
X(Y)-L9-01~03	3	3								3	3	3		3		3								9	3		3			3			3				3			
热回收式新风机组																																								
X-L8-1,2,3	3	3	6						6	6	6	6		6		6								9	6		3		3				6	6			3			
X-L9-1,2	2	4	4						4	4	4	4		4		4								6	4		2		2				4	4			2			

HW-BA5000 系列主要软件和 DDC 常用的输入输出模块　　　　表 10-5

名称	型号	说明
应用软件	iBS3.0	管理软件系统，可用于楼宇自动化系统控制或系统集成
应用软件	LonMaker3.1	LON 网络组态管理工具，用于构建 LON 网络
LON 网卡	PCLTA 20	PCI 接口的 LON 网卡，用于台式 PC 与 LON 网络相连
LON 网卡	PCC 10	PCMCIA 接口的 LON 网卡，用于笔记本电脑和 LON 网络相连
路由器	HW-BA5260	用于扩展网络规模
232/485 网关	HW-BA5221	用于连接 232 或 485 接口的设备，如冷冻机
DDC	HW BA5201	11UI/2UO/4DO/2AO，通用控制器，适合于空调机、新风机的控制
DDC	HW BA5202	11UI/7DO，适合配电系统、水泵系统等监测模拟量、控制启停
DDC	HW BA5203	17DI，适合大量开关量输入信号的采集
DDC	HW BA5204	9DI/8DO，适合照明、变配电、给水排水等系统开关量输入输出控制
DDC	HW BA5205	11UI/7DI，适合大点数模拟量和开关量数据集中采集
DDC	HW BA5206 11/6/3	11/6/3UI，小点数的通用输入模块，是特殊配置时的补充
DDC	HW BA5207 8/4/2	8/4/2DO，小点数的输出模块，是特殊配置时的补充
DDC	HW BA5208	5DI/5DO，小点数的输入输出模块，适合于照明、配电、给水排水
DDC	HW BA5209 4/2	4UO，小点数的通用输出模块是特殊配置时的补充
智能电量变送器	HW-BA5401/4	用于测量四路三相四线电路参数，如电压、电流、功率因数等
智能电量变送器	HW-BA5401/3	用于测量三路三相四线电路参数，如电压、电流、功率因数等
智能电量变送器	HW-BA5401/2	用于测量二路三相四线电路参数，如电压、电流、功率因数等
智能电量变送器	HW-BA5401/1	用于测量一路三相四线电路参数，如电压、电流、功率因数等
Ⅰ型自控箱	HW BA5810	可装 2 个模块，提供对外供电，支持明装和预埋
Ⅱ型自控箱	HW BA5811	最多可装 4 个模块，提供对外供电，支持明装和预埋

根据现场条件，确定前端传感器，根据风阀、水阀、蒸汽阀等相关阀门的面积、管径、承压和工作温度等参数的要求，选择阀门的型号，再根据阀门的型号，选择合适的阀门执行器。在前端设备的选用上关键设备如风阀执行器和水阀采用世界知名品牌的产品，从而使系统的先进性、开放性、可靠性、可扩展性得到有效保证，系统造价得到有效控制。

以塔楼五层楼宇自控系统为例，有新风机组 2 台，排风机 2 台，结合前述新风机组监控原理图和送排风监控原理图，见表 10-6。

五层楼宇自控系统监控点表　　　　表 10-6

位置	设备名称与控制功能	数量（台）	类型				设备名称（选型参见相关资料）
			AI	AO	DI	DO	
空调机组	新风机组	2					
	冷水阀门开度控制			1			两通阀（带执行器）
	冷水阀门反馈		1				阀门定位器
	新风风阀控制			1			风阀执行器
	新风阀门反馈		1				阀门定位器

续表

位置	设备名称与控制功能	数量（台）	类型 AI	类型 AO	类型 DI	类型 DO	设备名称（选型参见相关资料）
空调机组	新风量		1				风量传感器
	风机启停控制					1	DDC 数字输出
	风机运行状态				1		交流接触器辅助触点
	风机故障报警				1		热继电器辅助触点
	风机手/自动				1		转换开关
	风机两侧压差				1		压差开关
	过滤网报警状态				2		压差开关
	送风温度检测		1				风道温度传感器
	小计		4	2	6	1	
排风机	风机	2					DDC 数字输出
	风机启停控制					1	
	风机运行状态				1		交流接触器辅助触点
	风机启停状态				1		阀门定位器
	风机手/自动状态				1		转换开关
	风机故障报警				1		热继电器辅助触点
	小计		0	0	4	0	
	智能节点控制箱配置	1 台					HW-BA5811 Ⅱ型楼宇控制箱

由表 10-6 可知，五层塔楼 2 台新风机组加 2 台排风机需要配置 2 个 HW-5201 模块和 1 个 HW-5206-6 模块，配置智能节点控制箱 HW-BA5811Ⅱ型楼宇控制箱 1 台，编号为 DDC-P5-1，如表 10-7 所示。其余楼层按照此方法，逐一进行监控点表统计和 DDC 选型。

塔楼五层新风机组和送风机 DDC 选型　　表 10-7

类型	AI	AO	DI	DO
本系统需要点数	4×2=8	2×2=4	6×2+4×2=20	1×2+1×2=4
2 个 5201 模块提供点数	4×2	4×2	7×2	4×2
1 个 5206-6 模块提供点数			6	
剩余点数	0	4	0	4

10.1.8 系统图

根据各个子系统在各个楼层的监测设备和 DDC 设置情况，绘制出楼宇自动化系统图，详情可扫描二维码查看附录附图 10-7～附录附图 10-12。

附录附图10-7～
附录附图10-12

10.2 产业园地热供暖项目自控系统

10.2.1 工程概况

本工程供热方式为地源热泵系统,这类系统不采用载冷剂来传递热量,而是将热泵机组的一个换热器(蒸发器、冷凝器)埋入地下土壤中,制冷剂通过此换热器直接换热。

地热机房为整个园区提供空调冷热源和卫生热水。冷源采用热泵机组+冷却塔,热源采用中深层地热水+水源热泵系统,水系统采用一次泵变流量。设计总热负荷:8220kW,其中生活热水热负荷320kW,空调热负荷为5652kW;设计冷负荷:8693kW。

10.2.2 设计依据

(1)其他专业提供的设计资料条件与甲方运行要求;
(2)现场踏勘资料;
(3)《供配电系统设计规范》GB 50052—2009;
(4)《锅炉房设计标准》GB 50041—2020;
(5)《通信线路工程设计规范》GB 51158—2015;
(6)《安全防范工程技术标准》GB 50348—2018;
(7)《工业电视系统工程设计标准》GB/T 50115—2019;
(8)《建筑物电子信息系统防雷技术规范》GB 50343—2012;
(9)《压力容器 第1部分:通用要求》GB/T 150.1—2024;
(10)《压力容器 第2部分:材料》GB/T 150.2—2024;
(11)《压力容器 第3部分:设计》GB/T 150.3—2024;
(12)《压力容器 第4部分:制造、检验和验收》GB/T 150.4—2024;
(13)《低压配电设计规范》GB 50054—2011;
(14)《电力工程电缆设计标准》GB 50217—2018;
(15)《通用用电设备配电设计规范》GB 50055—2011;
(16)《交流电气装置的接地设计规范》GB/T 50065—2011;
(17)《自动化仪表选型设计规定》HG/T 20507—2014;
(18)《地热站智能化技术规范》NB/T 10712—2021;
(19)《冷水机组能效限定值及能效等级》GB 19577—2015;
(20)《温度传感器系列型谱》JB/T 7486—2008;
(21)《压力传感器》JB/T 6170—2006;
(22)《油气田及管道工程仪表控制系统设计规范》GB/T 50892—2013;
(23)《环境空气质量标准》GB 3095—2012;
(24)《公共建筑节能设计标准》GB 50189—2015;
(25)《建筑设备管理系统设计与安装》19X201;
(26)其他有关国家现行设计规范及地区性规定。

10.2.3 仪表自控系统

1. 设计内容

仪表自控系统设计内容包含新建的中深层地热能机房、1口开采井、1口回灌井工艺仪表检测及控制系统的设计。

2. 设计范围

本次设计范围包含以下两部分：

（1）新建的中深层地热能机房、1口开采井、1口回灌井仪表自控系统，主要设备有：

1）测量仪表及变送器。对换热站的运行参数及室内外温度进行测量，主要包括：二次供水温度、室内外温度、二次侧供水流量、一二次压力等。

2）执行机构。对于换热站运行的调节机构进行电动调节，主要由变频器和泵电机组成。

3）PLC和工控机。对于换热站运行的自动控制和运行参数进行监测控制、记录、统计、报警、报表打印等。

（2）仪表自控系统数据预留接口对接至原二期调度中心。

3. 设计目标

本工程建成后，将实现井口及地热机房站内温度、压力、流量、电参量监测报警；远程启停开采井；实时调节取水及回灌井的流量；实现开采井、回灌井和地热机房无人值守远程集中监控的自动控制。

4. 自控系统方案

（1）总体设计方案

本系统完成对新建地热机房和取、回灌井工艺设备的自动控制。采用的控制方式为三级控制：调度控制中心控制、站控控制和就地控制。

1）调控中心控制：调控中心与原二期调控中心合用，具有对地热机房进行远方集中监视、主要设备控制等功能。

2）站控控制：地热机房/井场控制系统，对站/井场内工艺参数及设备运行状态进行数据采集、监视控制及联锁保护。站控系统由PLC控制系统和现场仪表组成，单井设置远程终端单元（RTU）系统。

3）就地控制：指站内单体设备、子系统或阀门的就地独立控制。

正常情况下，系统的基本操作由调控中心完成，调控中心对各个站场监控、调度、管理。当调控中心的数据采集与监视控制系统（SCADA）发生故障或数据通信系统发生故障时，第二级控制即站控系统获取控制权，由站控系统对站内生产工艺过程进行全面监控，并能按照预先设定的控制程序运行，确保工艺安全及设备稳定运行。当站内进行设备检修事故处理时，调控中心及站控系统无法实施控制，采用就地手动操作控制方式。

（2）新建地热机房控制系统

本工程在地热机房站内设置一套站控PLC系统，用于实现生产过程参数的采集（压力、温度、流量、液位信号）、显示、报警、阀门控制、联锁和工艺流程自动切换等功能。实现主要工艺过程及设备的启停控制，正常运行工况下实现对生产过程的监视与调控，在异常工况时实现异常部位的报警等功能。同时负责将有关信息传送给调控中心，并接受和执行其下达的命令。具体设置情况如下：

1）地热机房PLC系统的组成

① 2个PLC、I/O模板（预留20%）、电源、通信网络等；

② 以太网交换机、机柜等安装附件；

③ 其中控制器 CPU、电源、通信网络采用 1∶1 冗余配置。

2) 地热机房 PLC 系统的功能

① 二次网供水温度 PID 控制：通过一次网调节阀进行二次侧供水温度定值控制；

② 二次网供水压力 PID 控制：通过循环泵调频进行供水压力定值控制；

③ 补水箱水位限值控制：二次侧回水压力小于低限时开补水泵，大于高限时关补水泵；

④ 二次网回水压力限值控制：回水压力小于低限时启动补水泵，大于高限时停泵；

⑤ 联锁控制：水箱水位小于低低限时，补水泵禁止运行；二次网回水压力小于低低限时，循环泵禁止运行。

(3) 取、回灌井系统

本工程两座单井各设置一套 RTU 系统，两座单井 RTU 系统先上传数据至地热井机房，再通过通信链路上传至调度中心 SCADA 系统进行数据监控。

(4) 第三方设备

水源热泵的控制柜由厂商配套提供，预留与过程控制系统的通信接口，通信方式为启停信号采用 RS-485 硬接线方式进行远程控制。

5. 主要设备控制方案与控制原理

(1) 地热机房部分

1) 地热机房主要设备控制策略及其运行工况设置

地热机房设备有换热器、循环水泵、补水泵、电动调节阀和软水器，以及若干温度计、流量计、压力检测器。对主要设备循环水泵、补水泵、电动调节阀和软水器其控制策略如下：

循环水泵频率：首先进行压差控制，将二次侧供水压力和回水压力之差与设置的压差进行比较，若后者大，则通过循环水泵控制器增大频率，若后者小则反之，将二次侧的回水压差维持在设定范围内以满足系统的动力需求。然后通过室外温度传感器，根据室外温度变化对循环水泵进一步进行变频，以满足系统末端用户的热负荷需求。循环水泵频率控制控制策略可见图 10-13 所示流程图。

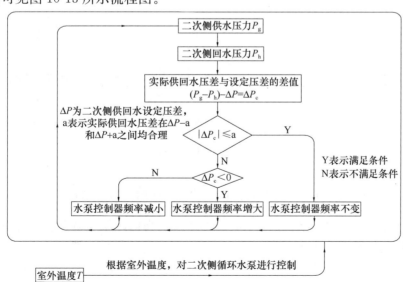

图 10-13 循环水泵频率控制策略流程图

补水泵控制：根据二次侧回水压力，对补水泵进行控制。若压力小于 M1，启动补水泵，当压力升至 M2 时，关闭补水泵；当压力升至 M3 时，二次侧循环泵前的母管安全阀门启动进行泄压，将压力维持在定压线高度。补水泵控制控制策略可见图 10-14 所示流程图。

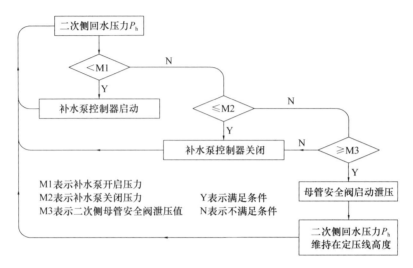

图 10-14　补水泵控制策略流程图

电动调节阀：根据二次侧出水温度传感器和室外温度传感器对一次侧电动调节阀进行开度调节，从而实见对二次侧出水温度调节。电动调节阀控制策略可见理图 10-15 所示流程图。

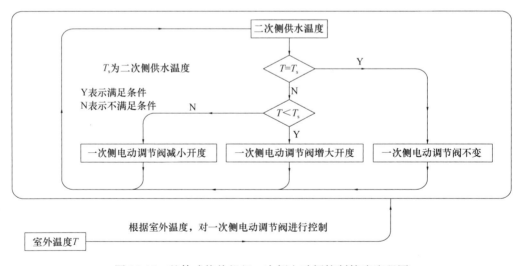

图 10-15　整体式换热机组一次侧电动阀控制策略流程图

软水器：软水箱内设有水位控制器，根据水位的高低，软水箱控制器自动对软水器进水管上的电磁阀进行开关操作。

设备投入运行顺序：在开启热泵机组前，应先保证冷却水泵、冷水泵运行，以保证热泵机组的安全。热泵机组的启动和停止都需要联锁控制，联锁控制冷水泵、冷却水泵、冷却塔风机、相应的电动蝶阀及热泵机组。单台热泵机组的投入运行顺序如图10-16所示。

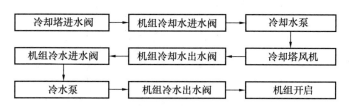

图 10-16 热泵机组投入运行顺序图

2) 主要设备运行工况设置

相关设备根据冬季，或者夏季的运行所需的供热负荷或者供冷负荷来决定冷却塔、热泵机组、换热器的启停状态。具体如下：

冬季供热系统运行，运行设备包括水源热泵机组 CB02 和 CB03，以及板式换热器。假设 Q_1 为二级板式换热器热量，Q_2 为新建水源热泵机组额定供热量，则系统根据冬季供热热负荷 Q_r 控制投入运行的热泵机组的组数，当 $0<Q_r<Q_1$ 时，只需要投入运行地热水热泵机组 CB02 和二级板式换热器；当 $Q_1<Q_r<Q_1+Q_2$ 时，投入运行地热水热泵机组 CB02、CB03 和二、三级板式换热器。另外一级板式换热器供应二期机房热水系统。

夏季制冷系统运行，运行设备包括原二期系统两台空调热泵机组 CB04、CB05 和一台冷却塔 LT01，以及新增加的地热水热泵机组设备 CB02、CB03 和 2 台冷却塔 LT02 和 LT03。①对于原二期系统，假设 Q_3 为原二期热泵机组额定供冷量，则系统根据夏季供冷冷负荷 Q_c 控制投入运行的热泵机组的组数，当 $0<Q_c<Q_3$ 时，只需要投入运行原二期热泵机组 CB04 和 1 台冷却塔 LT01；当 $Q_3<Q_c<2\times Q_3$ 时，投入运行原二期热泵机组 CB04 和 CB05 和 1 台冷却塔 LT01。②对于新投入系统，假设 Q_4 为新建地热水热泵机组额定供冷量，则系统根据夏季供冷冷负荷 Q_c 控制投入运行的热泵机组的组数，当 $0<Q_c<Q_4$ 时，只需要投入运行新热泵机组 CB02 和 1 台冷却塔 LT02；当 $Q_4<Q_c<2\times Q_4$ 时，投入运行新机组 CB02、CB03 和 2 台冷却塔 LT02、LT03。具体详情参考表 10-8。

3) 地热机房运行能效分析与诊断

为了实时获得系统运行中能效情况，设置能效系统功能如下：

能效可视化：能效监测系统，时刻采集数据，时刻展示能源站运行效率［冷站制冷（热）能效比 EER、主机制冷（热）能效比 COP，输配系数等］。

能效对标：主要包含制冷站能效对标、主机 COP 能效对标、水塔能效对标、水泵能效对标。

能效管理：展示空调能效指标并根据国际等级划分标准标注当前空调指标的优良等级。默认界面为今日平均能效指标，并以树状图的方式展示各指标值及当前优良等级。各种参数指标计算和诊断如图 10-17 所示。

4) 监控原理图

5) 根据前述监控方案和设计目标，有地源热泵自控系统监控原理图 10-18。

地源热井仪表自控系统主要设备运行情况

表10-8

0表示关闭，1表示开启

转换阀门不同季节开关设置

	M03	M04	M05	M06	M11	M12	M13	M14	M15	M16	M19	M20
冬季	1	1	0	0	1	1	0	0	1	1	0	0
夏季	0	0	1	1	0	0	1	1	0	0	1	1

过渡季运行策略

	M01	M02	MS07	MS08
阀门开关	0	1	0	0

冬季供热运行策略

Q_1 为二级板换接热量，Q_2 为中深层地热水热泵机组额定供热量，Q_r 为冬季供热热负荷，MS为手动阀，LT为冷却塔

阀门/水泵	M01	M02	MS05	MS06	MS07	MS08	M10	B01	B02	B03(备)	B04	B05	B06(备)	B07	B08	B09(备)	CB02	CB03	LT02	LT03
$0<Q_r<Q_1$ 低负荷	0	0	1	1	0	0	0	1	0	0	0	0	0	0	0	0	1	0	1	0
$0<Q_r<Q_1$ 高负荷	0	0	1	1	0	0	0	1	1	0	0	1	0	1	1	0	1	1	1	1
$Q_1 \leq Q_r<Q_1+Q_2$ 低负荷	0	0	0	1	1	1	1	1	1	0	1	1	0	1	1	0	1	1	1	1
$Q_1 \leq Q_r<Q_1+Q_2$ 高负荷	0	0	0	1	1	1	1	1	1	0	1	1	0	1	1	0	1	1	1	1

夏季供冷运行策略

Q_3 为原二期热泵机组额定供冷量，Q_4 为新建热泵机组额定供冷量，Q_c 为夏季供冷冷负荷，MS为手动阀，LT为冷却塔

使用新建热泵机组

阀门/水泵	M03	M04	M07	M08	M09	M10	B01	B02	B03(备)	B04	B05	B06(备)	B07	B08	B09(备)	CB02	CB03	LT02	LT03
$0<Q_c<Q_4$ 低负荷	0	0	1	1	0	0	0	1	0	0	1	0	1	0	0	0	1	1	0
$Q_4 \leq Q_c<2 \times Q_4$ 高负荷	0	0	1	1	1	1	1	1	0	1	1	0	1	1	0	1	1	1	1

使用原二期热泵机组

	CB04	CB05	M17	M18	MS10	B07	B08	B09(备)	LT01
$0<Q_c<Q_3$	1	0	1	1	0	1	0	0	1
$Q_3<Q_c<2 \times Q_3$	1	1	1	1	0	1	1	0	1

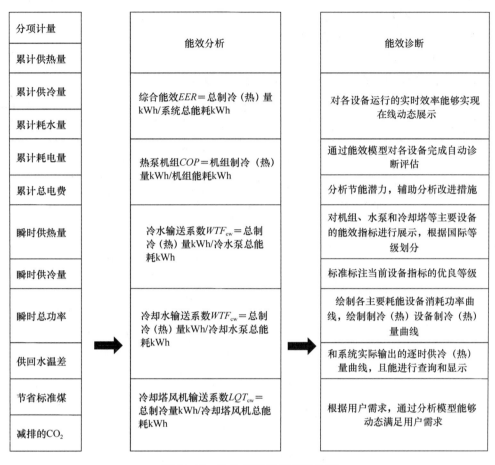

图 10-17　地热机房运行能效分析

(2) 取、回灌井系统

1) 回灌泵流量变频控制，就地启停和中央控制室启停，回灌泵运行状态（运行、停止、故障）、进出口压力、出口流量和出口温度就地显示并远传。

2) 深井泵流量变频控制，远程启停，深井泵运行状态（运行、停止、故障）、出口压力和出口温度就地显示并远传。

地热井数据上传给地热机房 PLC，由 PLC 统一将数据上传至调度中心。

6. 绘制监控点表

结合控制方案及原理图，各个主要设备检测和控制信息如下：

热泵机组：启停控制，运行状态，故障报警，冷水（冷却水）出入口温度、压力、流量，台数控制，运行主机能耗监测、展示主机能效监测、显示。

冷热水循环泵、板式换热器循环泵：电源开闭控制、启停控制，变频器频率反馈，变频器频率设定，水泵工作状态、手自动状态、故障状态，水泵运行能耗监测、显示。

冷却塔：电源开闭控制、风机启停控制、频率设定、频率反馈、工作状态、手自动状态、故障状态，风机运行能耗监测显示。

补水控制器：运行状态、故障状态。

板式换热器：板式换热器一次侧供回水温度流量、压力，二次侧温度、流量、压力。
电动阀：开关控制，开到位反馈、关到位反馈。
压差开关：压差反馈、开度控制、开关反馈。
其余包含电量参数、冷热量参数。
根据上述设备检测和控制信息，进行汇总，可以得到监控点表10-9。

自控系统监控点表　　　　　　　　　　　　　表10-9

设备编号	设备名称	监控参数	数据类型	点位数量
CB01	热源井控制箱	热源井参数	通信	1
CB02	1号中深层地热水热泵机组	机组参数	通信	1
		启停控制	DO	1
		运行状态	DI	1
		故障状态	DI	1
CB03	2号中深层地热水热泵机组	机组参数	通信	1
		启停控制	DO	1
		运行状态	DI	1
		故障状态	DI	1
CB04	1号原有二期空调热泵机组	机组参数	通信	1
		启停控制	DO	1
		运行状态	DI	1
		故障状态	DI	1
CB05	2号原有二期空调热泵机组	机组参数	通信	1
		启停控制	DO	1
		运行状态	DI	1
		故障状态	DI	1
CB06	软水器控制箱	运行状态	DI	1
		故障状态	DI	1
AP1	1号空调定压及补水控制器	运行状态	DI	1
		故障状态	DI	1
AP1	2号空调定压及补水控制器	运行状态	DI	1
		故障状态	DI	1
AP5	冷水循环泵（兼板式换热器循环泵）B01、B02控制箱AP5	电源开闭控制	DO	2
		启停控制	DO	2
		频率设定	AO	2
		频率反馈	AI	2
		工作状态	DI	2
		手/自动状态	DI	2
		故障状态	DI	2
		其他	通信	2

续表

设备编号	设备名称	监控参数	数据类型	点位数量
AP3	冷却循环泵 B04、B05 控制箱 AP3	电源开闭控制	DO	2
		启停控制	DO	2
		频率设定	AO	2
		频率反馈	AI	2
		工作状态	DI	2
		手/自动状态	DI	2
		故障状态	DI	2
		其他	通信	2
AP2	二级板式换热器循环泵（兼冷却循环泵）B07、B08、B09 控制箱	电源开闭控制	DO	2
		启停控制	DO	2
		频率设定	AO	2
		频率反馈	AI	2
		工作状态	DI	2
		手/自动状态	DI	2
		故障状态	DI	2
		其他	通信	2
AP8 AP9	冷却塔 LT02、LT03 控制箱 AP8 冷却塔 LT01 控制箱 AP9	电源开闭控制	DO	3
		启停控制	DO	3
		频率设定	AO	3
		频率反馈	AI	3
		工作状态	DI	3
		手/自动状态	DI	3
		故障状态	DI	3
		其他	通信	3
M01	一级板式换热器一次侧阀门	开到位反馈	DI	1
		关到位反馈	DI	1
		开关控制	DO	1
M02	二级板式换热器一次侧阀门	开到位反馈	DI	1
		关到位反馈	DI	1
		开关控制	DO	1
M03	二级板式换热器二次侧出水阀门（冬夏转换）	开到位反馈	DI	1
		关到位反馈	DI	1
		开关控制	DO	1
M04	二级板式换热器二次侧回水阀门（冬夏转换）	开到位反馈	DI	1
		关到位反馈	DI	1
		开关控制	DO	1

续表

设备编号	设备名称	监控参数	数据类型	点位数量
M05	中深层地热水热泵机组冷水回水阀门（冬夏转换）	开到位反馈	DI	1
		关到位反馈	DI	1
		开关控制	DO	1
M06	中深层地热水热泵机组冷水供水阀门（冬夏转换）	开到位反馈	DI	1
		关到位反馈	DI	1
		开关控制	DO	1
M07	1号中深层地热水热泵机组蒸发器进水阀门	开到位反馈	DI	1
		关到位反馈	DI	1
		开关控制	DO	1
M08	1号中深层地热水热泵机组冷凝器出水阀门	开到位反馈	DI	1
		关到位反馈	DI	1
		开关控制	DO	1
M09	2号中深层地热水热泵机组蒸发器进水阀门	开到位反馈	DI	1
		关到位反馈	DI	1
		开关控制	DO	1
M10	2号中深层地热水热泵机组冷凝器出水阀门	开到位反馈	DI	1
		关到位反馈	DI	1
		开关控制	DO	1
M11	供热回水管道阀门（冬夏转换）	开到位反馈	DI	1
		关到位反馈	DI	1
		开关控制	DO	1
M12	供热供水管道阀门（冬夏转换）	开到位反馈	DI	1
		关到位反馈	DI	1
		开关控制	DO	1
M13	中深层地热水热泵机组冷却水进水阀门（冬夏转换）	开到位反馈	DI	1
		关到位反馈	DI	1
		开关控制	DO	1
M14	中深层地热水热泵机组冷却水出水阀门（冬夏转换）	开到位反馈	DI	1
		关到位反馈	DI	1
		开关控制	DO	1
M15	三级板式换热器至中深层热泵机组供水阀门（冬夏转换）	开到位反馈	DI	1
		关到位反馈	DI	1
		开关控制	DO	1
M16	三级板式换热器至中深层热泵机组回水阀门（冬夏转换）	开到位反馈	DI	1
		关到位反馈	DI	1
		开关控制	DO	1

续表

设备编号	设备名称	监控参数	数据类型	点位数量
M17	1号原有二期空调热泵机组冷却水出水阀门	开到位反馈	DI	1
		关到位反馈	DI	1
		开关控制	DO	1
M18	2号原有二期空调热泵机组冷却水出水阀门	开到位反馈	DI	1
		关到位反馈	DI	1
		开关控制	DO	1
M19	原有二期空调热泵机组冷却水进水阀门（冬夏转换）	开到位反馈	DI	1
		关到位反馈	DI	1
		开关控制	DO	1
M20	原有热泵机组与中深层热泵机组冷却水回水分流阀门（冬夏转换）	开到位反馈	DI	1
		关到位反馈	DI	1
		开关控制	DO	1
M21	三级板式换热器一次侧旁通电动调节阀	开到位反馈	DI	1
		关到位反馈	DI	1
		开关控制	DO	1
T01	开采井出水温度	温度	AI	1
T02	一级板式换热器二次侧出水温度	温度	AI	1
T03	二级板式换热器二次侧出水温度	温度	AI	1
T04	回灌井进水温度	温度	AI	1
T05	三级板式换热器二次侧出水温度	温度	AI	1
F01	开采井出水流量	流量	通信	1
LL	液位计	液位	AI	1
ZNSB01	进软水箱自来水表	水量	通信	1
ZNSB02	进冷却塔自来水表	水量	通信	1
EM01	一期机房供热量	热量	通信	1
EM02	二期机房供热量	热量	通信	1
YC	压差开关	压差反馈	AI	1
		开度控制	AO	1
		开关反馈	AI	1

另有用于能效分析的冷却塔、三级板式换热器、冷却塔的进出水的温度、压力、流量AI信号共计69个。

7. 仪表选型

（1）选型原则

1）本工程工艺介质为水。所选仪表应能满足所需的精度要求、压力等级要求及温度等级要求，并应根据所处环境条件确定相应的防护等级。防护等级要求如下：

防护等级：不低于IP65（室外）/IP55（室内）。

2) 为了防止感应雷对现场重要仪表设备和自控系统的损害，均采取防雷保护措施。

3) 电动变送器输出信号为 4~20mADC，支持 Hart 协议，二线制。

4) 开关型仪表的输出接点采用无源接点，接点容量最小为 24V DC，1A。

5) 仪表设备的设计选型应尽量统一，选用设备的制造厂家应尽量少，便于维修维护、购买备件和厂家售后服务。

6) 所有现场电器仪表和设备均选用相应等级的防护产品。

标准：《爆炸危险环境电力装置设计规范》GB 50058—2014 或其他等效的标准。

防护等级：IP55（最低）——室内；IP65（最低）——室外。

(2) 主要仪表选型

1) 温度仪表：温度远传指示选用的一体化温度变送器。

2) 液位仪表：地热井液位监测选用自动水位监测仪；水箱液位检测选用磁浮子液位计配套液位变送器。

3) 压力仪表：压力远传指示选用带现场指示表头的智能压力变送器。

4) 电动执行机构：工艺电动执行机构采用硬接线型电动执行机构。

5) 流量仪表：流量检测仪表选用电磁流量计。

PLC 控制柜是整个自控控制的核心，辅以先进的控制软件，内部采用西门子 S7-200PLC 控制器。根据表 10-10，PLC 控制点数统计如下：仪表自控系统 AI 是 17 个，DI 是 59 个，AO 是 10 个，DO 是 31 个；能效分析部分 AI 是 69 个。本着够用且实用的原则，选择西门子 s7-200PLC 两套及模拟量输入、数字量输入输出扩展模块 3 套；详见表 10-10 和表 10-11。

自控系统 PLC 选型　　　　　　　　　　　　　　　　　　　　表 10-10

类型	AI	AO	DI	DO
本系统需要点数	17	10	59	31
1 个 s7-200-SR60I/O 模块提供点数（通用型）	20	14	25	0
2 个 EM DR 32 模块提供点数			32	32
EM DE08			8	
剩余点数	3	4	6	0

能效分析系统 PLC 选型　　　　　　　　　　　　　　　　　　表 10-11

类型	AI	AO	DI	DO
本系统需要点数	69			
1 个 s7-200-SR60I/O 模块提供点数（通用型）	60			
1 个 SB AE08	11			
剩余点数	2	0	6	0

(3) 检测和控制电缆选用和敷设

根据现场检测仪表及检测控制设备所输出的电信号选择电缆的型号、现场仪表型号、计算机通信选用双绞总屏＋分屏电缆，接地电缆选用电力电缆，所有控制电缆均选用铠装，联动控制电缆采用耐火型。

电缆根据各站实际情况采用直埋和电缆桥架相结合方式敷设。

信号电缆的线芯截面积为 1.0mm^2，电源电缆的线芯截面积不小于 2.5mm^2。

8. 平面图和系统图

根据前述设备分布情况，绘制监控设备平面布置图 10-19。

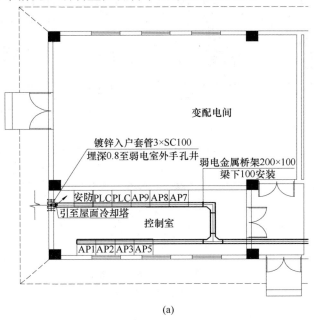

(a)

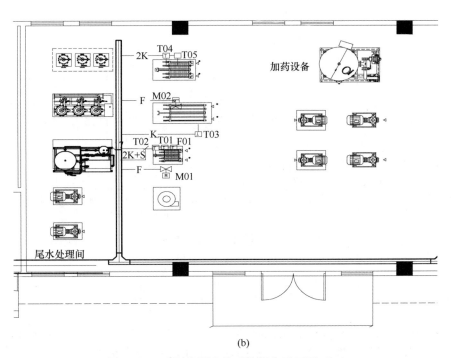

(b)

图 10-19 地源热泵自控系统设备平面图（一）

(a) 一层控制室设备平面图；(b) 一层板式换热器间设备平面图；

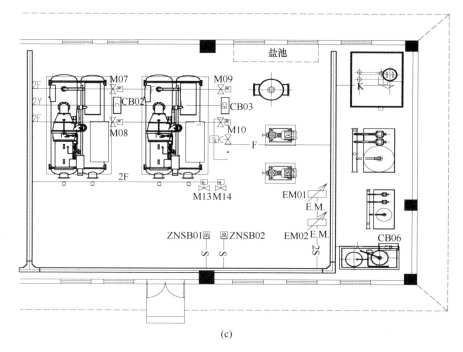

(c)

图 10-19 地源热泵自控系统设备平面图（二）
(c) 一层热泵机组间设备平面图

根据上述监控点表和设备选型结果，绘制本项目系统图 10-20。

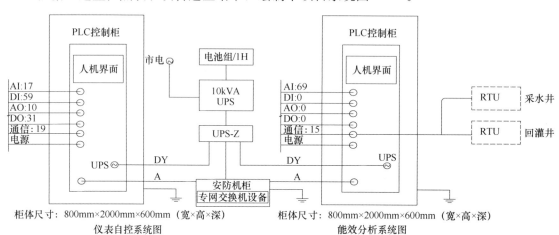

图 10-20 地源热泵自控系统系统图

10.3 本 章 小 结

根据第 9 章建筑设备管理系统设计原则和设计步骤，本章给出了两个典型建筑对象的建筑设备管理系统设计实例。第一，平安国际金融中心建筑设备管理系统设计，系统采用 BMS/IBMS 楼宇管理集成模式，系统服务器及操作站设在地下二层的楼宇集成控制室内，在冷冻机房内设置分控操作站。系统监控范围包括：冷源系统、空调系统、给水排水系统、扶梯。第二，某产业园地热供暖项目自控系统，该仪表自控系统设计内容包含新建的中深层地热能机房、1口开采井、1口回灌井工艺仪表检测及控制系统的设计，主要介绍了自控系统方案、控制原理和仪表选型。

复 习 思 考 题

10-1　10.1节中建筑设备管理系统由哪些子系统组成？
10-2　10.1节智能建筑中有哪些冷热源装置？
10-3　简述10.1节设计中冷冻站的监控原理。
10-4　结合10.1节，简述新风机组系统的监控原理。
10-5　结合10.1节，简述送排风系统的监控原理。
10-6　根据10.2节，说明该设计方案地热机房中主要设备循环水泵，补水泵，电动调节阀和软水器的控制策略。

参 考 文 献

[1] 李生权，曹晴峰. 建筑设备自动化工程[M]. 2版. 北京：中国电力出版社，2018.
[2] 邓鹏. 传感器与检测技术[M]. 成都：电子科技大学出版社，2020.
[3] 顾德英，罗云林，马淑华. 计算机控制技术[M]. 4版. 北京：北京邮电大学出版社，2020.
[4] 李正军，李潇然. 现场总线与工业以太网[M]. 武汉：华中科技大学出版社，2021.
[5] 汪军，严楠. 计算机网络[M]. 北京：北京理工大学出版社，2021.
[6] 中华人民共和国住房和城乡建设部. 国家机关办公建筑和大型公共建筑能耗监测系统分项能耗数据传输技术导则[S]. 北京：中华人民共和国住房和城乡建设部，2008.
[7] 中华人民共和国住房和城乡建设部. 国家机关办公建筑和大型公共建筑能耗监测系统分项能耗数据采集技术导则[S]. 北京：中华人民共和国住房和城乡建设部，2008.
[8] 中华人民共和国住房和城乡建设部.《国家机关办公建筑和大型公共建筑能耗监测系统建设、验收与运行管理规范[S]. 北京：中华人民共和国住房和城乡建设部，2008.
[9] 中华人民共和国住房和城乡建设部. 国家机关办公建筑和大型公共建筑能耗监测系统楼宇分项计量设计安装技术导则[S]. 北京：中华人民共和国住房和城乡建设部，2008.
[10] 中华人民共和国住房和城乡建设部. 国家机关办公建筑和大型公共建筑能耗监测系统数据中心建设与维护技术导则[S]. 北京：中华人民共和国住房和城乡建设部，2008.
[11] 中华人民共和国住房和城乡建设部. 公共建筑节能设计标准：GB 50189—2005[S]. 北京：中国建筑工业出版社，2005.
[12] 中华人民共和国建设部. 民用建筑能耗数据采集标准：JGJ/T 154—2007[S]. 北京：中国建筑工业出版社，2008.
[13] 中华人民共和国住房和城乡建设部. 智能建筑设计标准：GB 50314—2015[S]. 北京：中国计划出版社，2015.
[14] 中华人民共和国住房和城乡建设部. 绿色建筑评价标准（2024年版）：GB/T 50378—2019[S]. 北京：中国建筑工业出版社，2019
[15] 中华人民共和国国家发展和改革委员会. 多功能电能表通信协议：DL/T 645—2007[S]. 北京：中国电力出版社，2008.
[16] 中华人民共和国住房和城乡建设部. 户用计量仪表数据传输技术条件：CJ/T 188—2018[S]. 北京：中国标准出版社，2018.
[17] 中华人民共和国国家质量监督检验检疫总局，基于Modbus协议的工业自动化网络规范 第1部分：Modbus应用协议：GB/T 19582.1—2008[S]. 北京：中国标准出版社，2008.
[18] 中华人民共和国住房和城乡建设部. 公共建筑能耗远程监测系统技术规程：JGJ/T 285—2014[S]. 北京：中国建筑工业出版社，2015.
[19] 中华人民共和国住房和城乡建设部. 民用建筑能耗标准：GB/T 51161—2016[S]. 北京：中国建筑工业出版社，2016.
[20] 中华人民共和国住房和城乡建设部. 综合布线系统工程设计规范：GB 50311—2016[S]. 北京：中国计划出版社，2017.
[21] 中华人民共和国住房和城乡建设部. 建筑节能与可再生能源利用通用规范：GB 55015—2021[S]. 北京：中国建筑工业出版社，2022.
[22] 中华人民共和国住房和城乡建设部. 建筑电气与智能化通用规范：GB 55024—2022[S]. 北京：中国建筑工业出版社，2022.

[23] 中华人民共和国住房和城乡建设部. 建筑电气工程施工质量验收规范:GB 50303—2015[S]. 北京:中国建筑工业出版社,2016.
[24] 中华人民共和国住房和城乡建设部. 智能建筑设计标准:GB 50314—2015[S]. 北京:中国计划出版社,2015.
[25] 中华人民共和国住房和城乡建设部. 智能建筑工程质量验收规范:GB 50339—2013[S]. 北京:中国建筑工业出版社,2014.
[26] 中华人民共和国住房和城乡建设部. 民用建筑电气设计标准:GB 51348—2019[S]. 北京:中国建筑工业出版社,2020.
[27] 中华人民共和国住房和城乡建设部. 民用建筑供暖通风与空气调节设计规范:GB 50736—2012[S]. 北京:中国建筑工业出版社,2012.
[28] 中华人民共和国住房和城乡建设部. 可再生能源建筑应用工程评价标准:GB/T 50801—2013[S]. 北京:中国建筑工业出版社,2013.
[29] 中华人民共和国住房和城乡建设部. 数据中心设计规范:GB 50174—2017[S]. 北京:中国计划出版社,2017.
[30] 中华人民共和国住房和城乡建设部. 建筑设备监控系统工程技术规范:JGJ/T 334—2014[S]. 北京:中国建筑工业出版社,2014.
[31] 中华人民共和国国家质量监督检验检疫总局,中国国家标准化管理委员会. 自动扶梯和自动人行道的制造与安装安全规范:GB 16899—2011[S]. 北京:中国标准出版社,2011.
[32] 中华人民共和国住房和城乡建设部. 建筑节能与可再生能源利用通用规范:GB 55015—2021[S]. 北京:中国建筑工业出版社,2022.
[33] 江萍. 建筑设备自动化[M]. 北京:中国建材工业出版社,2016.
[34] 李玉云. 建筑设备自动化[M]. 2版. 北京:机械工业出版社,2019.
[35] 喻李葵. 建筑设备自动化[M]. 长沙:中南大学出版社,2018.
[36] 余志强. 智能建筑环境设备自动化[M]. 2版. 北京:北京大学出版社,2024.
[37] 方忠祥. 智能建筑设备自动化系统设计与实施[M]. 北京:机械工业出版社,2021.
[38] 中国建筑标准设计研究院有限公司. 建筑设备管理系统设计与安装:19X201[M]. 北京:中国建筑标准设计研究院有限公司,2019.
[39] 谢秉正. 智能建筑类专题课程设计与毕业设计指导教程[M]. 北京:中国水利水电出版社,2008.
[40] 靳宏. 建筑电气及智能化课程设计指导[M]. 北京:机械工业出版社,2016.